中等职业学校工业和信息化精

网·络·技·术

网络操作系统

（Linux）

项目式微课版

石京学 崔升广 蒲俊松◎主编

邹文彬 吴乐璋◎副主编

人民邮电出版社

北京

图书在版编目（CIP）数据

网络操作系统 : Linux : 项目式微课版 / 石京学，崔升广，蒲俊松主编. -- 北京 : 人民邮电出版社，2024.7
中等职业学校工业和信息化精品系列教材
ISBN 978-7-115-64139-7

Ⅰ. ①网… Ⅱ. ①石… ②崔… ③蒲… Ⅲ. ①Linux操作系统－中等专业学校－教材 Ⅳ. ①TP316.89

中国国家版本馆CIP数据核字(2024)第068843号

内 容 提 要

本书以 CentOS 7.6 为例，由浅入深、全面系统地讲解 Linux 操作系统的基本概念和多种设备配置。本书共 8 个项目，内容包括认识与安装 Linux 操作系统、Linux 基本操作命令、用户组群与文件目录权限管理、磁盘配置与管理、网络配置与管理、软件包管理、Shell 编程基础、常用服务器配置与管理。本书是将理论与实践相结合的 Linux 操作系统入门教材，以丰富的实例、大量的插图和典型的项目案例进行项目化、图形化界面教学，实用性强、简单易学。

本书既可作为中等职业学校计算机相关专业的教材，也可作为网络管理员和广大计算机爱好者自学 Linux 操作系统的参考书，还可作为相关社会培训的教学资料。

◆ 主　　编　石京学　崔升广　蒲俊松
副 主 编　邹文彬　吴乐璋
责任编辑　顾梦宇
责任印制　王　郁　焦志炜

◆ 人民邮电出版社出版发行　　北京市丰台区成寿寺路 11 号
邮编　100164　　电子邮件　315@ptpress.com.cn
网址　https://www.ptpress.com.cn
大厂回族自治县聚鑫印刷有限责任公司印刷

◆ 开本：889×1194　1/16
印张：15.75　　2024 年 7 月第 1 版
字数：333 千字　　2024 年 7 月河北第 1 次印刷

定价：59.80 元

读者服务热线：(010) 81055256　印装质量热线：(010) 81055316
反盗版热线：(010) 81055315
广告经营许可证：京东市监广登字 20170147 号

前言

Linux 操作系统自诞生以来为 IT 行业的发展做出了巨大的贡献。随着云计算、大数据和人工智能时代的来临，Linux 操作系统更是飞速发展。Linux 操作系统因为具有稳定性、安全性和开源性等诸多优良特性，所以已成为中小型企事业单位搭建网络服务的首选。本书以培养读者在 Linux 操作系统上的实际应用技能为目标，以 CentOS 7.6 为平台，详细介绍在虚拟机上安装 CentOS 7.6 的方法，讲解常用的 Linux 操作命令及 Vim 编辑器的使用方法，并通过具体配置案例，讲解常用网络服务器的配置与管理。

党的二十大报告提出，教育是国之大计、党之大计。培养什么人、怎样培养人、为谁培养人是教育的根本问题。本书融入了编者丰富的教学经验和实践经验，从 Linux 初学者的视角出发，根据“教、学、做一体化”的教学模式编写，是培养应用型人才的合适的教学与训练教材。本书以实际项目转化的案例为主线，在完成技术讲解的同时，对读者提出相应的自学要求并给予指导。读者在学习本书的过程中，不仅可以完成对基础知识的学习，还能够进行实际项目的开发。

本书主要特点如下。

（1）内容丰富、技术新颖、图文并茂。

（2）组织合理、有效。本书按照由浅入深的顺序组织内容，在逐渐丰富系统功能的同时，介绍相关知识与技能，实现技术讲解与训练的“合二为一”，有助于“教、学、做一体化”教学模式的实施。

（3）内容充实、实用性强，理论教学与实际项目开发紧密结合。本书的训练紧紧围绕实际项目进行，同时在重要知识点后面根据实际项目设计相关实例，使读者能够快速掌握相关技术，并按实际项目开发要求熟练运用所学内容。

为方便读者使用，书中全部实例的源代码及电子教案均向读者提供，读者可登录人邮教育社区（www.ryjiaoyu.com）下载。

本书由石京学、崔升广和蒲俊松任主编，邹文彬和吴乐璋任副主编。由于编者水平有限，书中难免存在不妥之处，请广大读者批评指正。

编　者

2023 年 12 月

目录

目录

目 录

目 录

项目1 认识与安装Linux操作系统

01

项目目标

知识目标

◎ 了解 Linux 的发展历史。
◎ 掌握 Linux 的版本以及 Linux 的特性。
◎ 掌握登录、注销、退出 Linux 的方法。

技能目标

◎ 掌握 VMware Workstation 及 Linux 的安装方法。
◎ 掌握系统克隆与快照的方法。
◎ 掌握 SecureCRT 与 SecureFX 远程连接管理 Linux 的方法。

素质目标

◎ 加强爱国主义教育，弘扬爱国精神与工匠精神。
◎ 培养自我学习的能力和习惯。
◎ 树立团队互助、合作进取的意识。

项目陈述

回顾 Linux 的发展历史，可以说它是“踩着巨人的肩膀”逐步发展起来的。Linux 在很大程度上借鉴了 UNIX 操作系统的成功经验，继承并发扬了 UNIX 的优良传统。由于 Linux 具有开源的特性，因此 Linux 一经推出便得到了广大操作系统开发爱好者的积极响应和支持，这也是 Linux 得以迅速发展的关键因素之一。

项目知识

1.1 Linux 概述

Linux 操作系统是一种类 UNIX 的操作系统，UNIX 是一种主流、经典的操作系统。Linux 操作系统来源于 UNIX，是 UNIX 在计算机上的完整实现。1969 年，工程师肯·汤普森（Ken Thompson）在美国贝尔实验室开发了 UNIX 操作系统。1972 年，他与丹尼斯·里奇（Dennis Ritchie）一起用 C 语言重写了 UNIX 操作系统，大幅增强了其可移植性。由于具有良好而稳定的性能，UNIX 在计算机领域中得到了广泛应用。

1.1.1 Linux 的发展历史

微课

V1-1 Linux 的发展历史

由于美国电话电报公司的政策改变，在 Version 7 UNIX 推出之后，该公司发布了新的使用条款，将 UNIX 源代码私有化，在大学中不能再使用 UNIX 源代码。1987 年，荷兰的阿姆斯特丹自由大学计算机科学系的安德鲁·斯图尔特·塔嫩鲍姆（Andrew Stuart Tanenbaum）教授为了能在课堂上教授学生操作系统运作的实务细节，决定在不使用任何美国电话电报公司的源代码的前提下，自行开发与 UNIX 兼容的操作系统，以避免版权上的争议。他以小型 UNIX（Mini-UNIX）之意将此操作系统命名为 MINIX。MINIX 是一种基于微内核架构的类 UNIX 操作系统，除了启动的部分用汇编语言编写以外，其他大部分是用 C 语言编写的，其内核系统分为内核、内存管理及文件管理 3 部分。

MINIX 最有名的一个学生用户之一是芬兰人莱纳斯·托瓦尔兹（Linus Torvalds），他在芬兰的赫尔辛基大学用 MINIX 操作系统搭建了一个新的内核与 MINIX 兼容的操作系统。1991 年 10 月 5 日，他在一台文件传输协议（File Transfer Protocol，FTP）服务器上发布了这个消息，将此操作系统命名为 Linux，这标志着 Linux 操作系统的诞生。在设计原则上，Linux 和 MINIX 大相径庭，MINIX 在内核设计上采用了微内核的设计原则，但 Linux 和原始的 UNIX 相同，都采用了宏内核的设计原则。

Linux 操作系统增加了很多功能，这些功能被完善后发布到互联网中，所有人都可以免费下载、使用 Linux 的源代码。Linux 的早期版本并没有考虑用户的使用体验，只提供了最核心的框架，使得 Linux 编程人员可以享受编制内核的乐趣，这促成了 Linux 操作系统内核的强大与稳定。随着互联网的兴起与发展，Linux 操作系统迅速发展，许多优秀的程序员都加入了 Linux 操作系统的编写行列之中。随着编程人员的扩充和完整的操作系统基本软件的出现，Linux 操作系统开发人员认识到 Linux 已经逐渐变成一个成熟的操作系统。1994 年 3 月，

Linux 内核 1.0 的推出，标志着 Linux 第一个版本的诞生。

Linux 一开始要求所有的源代码必须公开，且任何人均不得从 Linux 交易中获利。然而，这种纯粹的自由软件的理想对于 Linux 的普及和发展是不利的，于是 Linux 开始转向通用公共许可证（General Public License，GPL）项目，成为 GNU（GNU's Not UNIX）阵营中的主要一员。GNU 项目是由理查德·斯托尔曼（Richard Stallman）于 1984 年提出的，理查德·斯托尔曼建立了自由软件基金会，并提出 GNU 项目的目的是开发一种完全自由的、与 UNIX 类似但功能更强大的操作系统，以便为所有计算机用户提供一种功能齐全、性能良好的操作系统。

Linux 凭借优秀的设计、不凡的性能，加上 IBM、Intel、CA、Oracle 等国际知名企业的大力支持，市场份额逐步扩大，逐渐成为主流操作系统之一。

1.1.2　Linux 的版本

微课

V1-2　Linux 的版本

Linux 操作系统的标志是一只可爱的小企鹅，它寓意着开放和自由，这也是 Linux 操作系统的精髓。Linux 是一种诞生于网络、成长于网络且成熟于网络的操作系统，具有开源的特性，是基于 Copyleft（无版权）的软件模式进行发布的。其实，Copyleft 是与 Copyright（版权所有）相对立的新名称，这造就了 Linux 操作系统发行版多样的格局。目前，Linux 操作系统已经有超过 300 个发行版，被普遍使用的有以下几个。

1. Red Hat Linux

红帽 Linux（Red Hat Linux）是知名的 Linux 版本之一，其不但创造了自己的品牌，而且有越来越多的用户。2022 年 5 月 18 日，红帽公司宣布推出红帽企业 Linux 9（Red Hat Enterprise Linux 9，RHEL 9），RHEL 9 为支持混合云创新提供了更灵活、更稳定的基础，并为在其之上进行跨物理、虚拟、私有云、公共云的应用程序和工作负载部署提供了更快速、更一致的体验。

2. CentOS

社区企业操作系统（Community Enterprise Operating System，CentOS）是 Linux 发行版之一，它是基于 RHEL 依照开源规定释出的源代码编译而成的。由于它们出自同样的源代码，因此有些要求稳定性强的服务器以 CentOS 代替 RHEL 使用。两者的不同之处在于，CentOS 并不包含封闭源代码软件，而 RHEL 则包含；CentOS 完全免费，而 RHEL 需要序列号；CentOS 独有的 yum 命令支持在线升级，可以即时更新系统，而 RHEL 需要购买支持服务；CentOS 在大规模的系统下也有很好的性能，能够提供可靠、稳定的运行环境。

3. Fedora

Fedora 是由 Fedora 社区开发的 Linux 发行版，由红帽公司赞助。Fedora 在开发中提供了 RHEL 的新功能和技术。Fedora 作为开放的、创新的、具有前瞻性的操作系统和平台，允许任何人自由使用、修改和重新发布。它由一个强大的社区开发，无论是现在还是将来，Fedora 社区的成员都将以自己的不懈努力，提供并维护自由、开源的软件和开放的标准。

4. Mandrake

Mandrake 于 1998 年由一个推崇 Linux 的小组创立，它的目标是尽量让编程工作变得更简单。Mandrake 提供了优秀的图形安装界面，它的最新版本中包含许多 Linux 软件包。作为 Red Hat Linux 的一个分支，Mandrake 将自己定位为桌面市场的最佳 Linux 版本。但其也支持服务器上的安装，且效果还不错。Mandrake 的安装步骤简单明了，为初级用户设置了简单的安装选项，还为磁盘分区制作了适用于各类用户的简单图形用户界面。软件包的选择非常标准，用户可以选择软件组和单个工具包。安装完毕后，用户只需重启系统并登录即可。

5. Debian

Debian 诞生于 1993 年 8 月 13 日，它的目标是提供一个稳定、容错的 Linux 版本。支持 Debian 的不是某家公司，而是许多在其改进过程中投入了大量时间和精力的开发人员，Debian 的改进吸取了早期 Linux 的经验。Debian 的安装是完全基于文本的，但对于初级用户来说不太友好。因为它仅仅使用 fdisk 作为分区工具而没有自动分区功能，所以它的磁盘分区过程对于初级用户来说非常复杂。磁盘设置完毕后，软件工具包的选择通过一个名为 dselect 的工具实现，dselect 不向用户提供安装基本工具组（如开发工具）的简易设置步骤。它需要使用 anXious 工具配置 X Windows，这个过程与其他版本的 Windows 配置过程类似，用户完成这些配置后，即可使用 Debian。

6. Ubuntu

Ubuntu 是一个以桌面应用为主的 Linux 操作系统，Ubuntu 基于 Debian 发行版和 Unity 桌面环境，与 Debian 的不同之处在于，其每 6 个月会发布一个新版本。Ubuntu 的目标是为一般用户提供最新的、相当稳定的、主要由自由软件构建而成的操作系统。Ubuntu 具有强大的社区力量，用户可以方便地从社区获得帮助。随着云计算的流行，Ubuntu 推出了一个用于云计算环境搭建的解决方案，可以在其官方网站找到相关信息。

1.1.3 Linux 的特性

微课

V1-3 Linux 的特性

Linux 操作系统是目前发展最快的操作系统之一，这与 Linux 具有的良好特性是分不开的。它包含 UNIX 的全部功能和特性。Linux 操作系统作为一

款免费、自由、开放的操作系统，其发展势不可当，它高效、安全、稳定，支持多种硬件平台，支持多任务、多用户，用户界面友好，网络功能强大。Linux 具有如下特性。

（1）开放性。Linux 操作系统遵循世界标准规范，特别是遵循开放系统互连（Open System Interconnection，OSI）国际标准，遵循OSI国际标准所开发的硬件和软件能彼此兼容，可方便地实现互连。另外，Linux 的源代码免费开放，这使 Linux 的获取非常方便，用户使用 Linux 可节省开销。用户能控制 Linux 源代码，可按照需求对部件进行配置，以及自定义建设系统安全设置等。

（2）支持多用户。Linux 操作系统的资源可以被不同用户使用，每个用户对自己的资源（如文件、设备）有特定的权限，不会互相影响。

（3）支持多任务。使用 Linux 操作系统的计算机可同时运行多个任务，而各个任务的运行互相独立。

（4）具有友好的用户界面。Linux 操作系统为用户提供了图形化终端界面。它利用菜单、窗口、滚动条等元素，为用户呈现直观、易操作、交互性强的图形化终端界面。

（5）设备独立性强。Linux 操作系统将所有外部设备统一当作文件看待，用户只需要安装它们的驱动程序，就可以像使用文件一样使用这些设备，而不必知道它们的具体存在形式。Linux 是具有设备独立性的操作系统，它的内核具有很强的适应能力。

（6）提供了丰富的网络功能。Linux 操作系统是在互联网基础上产生并发展起来的，因此，具有完善的内置网络是 Linux 的一大特点。Linux 操作系统支持互联网访问、文件传输和远程访问等功能。

（7）具有可靠的安全系统。Linux 操作系统采取了许多安全措施，包括读写控制、带保护的子系统、审计跟踪、核心授权等，为网络多用户环境中的用户提供了必要的安全保障。

（8）具有良好的可移植性。Linux 操作系统从一个平台转移到另一个平台后仍然能用自身的方式运行。Linux 是一种可移植的操作系统，能够在从微型计算机到大型计算机的任何环境和任何平台上运行。

（9）支持多文件系统。Linux 操作系统可以把许多不同类型的文件系统以挂载形式连接到本地主机，这些文件系统包括 Ext2/3、FAT32、NTFS（Windows NT 环境的文件系统）、OS/2，以及网络中其他计算机共享的文件系统。Linux 操作系统是数据备份、同步、复制的良好平台。

1.2 Linux 操作系统的安装

在学习 Linux 操作系统的过程中必定要进行大量的实验操作，而完成这些实验操作较方便的方法就是借助虚拟机（Virtual Machine，VM）。虚拟机是指通过软件模拟的、具有完整硬件系统功能的、运行在完全隔离环境中的完整计算机系统。使用虚拟机，一方面用户可以很方便地搭建各种实验环境；另一方面可以很好地保护真机，尤其是在完成一些诸如硬盘分区、操作系统安装的操作时，对真机没有任何影响。

虚拟机软件有很多，本书选用 VMware Workstation。

1.2.1 虚拟机的安装

1. VMware Workstation 介绍

VMware Workstation 是一款功能强大的桌面虚拟机软件，可在单一桌面上同时运行不同操作系统，并完成开发、调试、部署等操作。通过 VMware Workstation，用户可以在一台物理计算机上模拟出一台或多台虚拟机，这些虚拟机像真正的计算机那样进行工作，例如，用户可以安装操作系统、安装应用程序、访问网络资源等。对于用户而言，VMware Workstation 只是运行在物理计算机上的一个应用程序，但是对于在 VMware Workstation 中运行的应用程序而言，它就是一台真正的计算机。

2. VMware Workstation 的安装

本书选用 VMware Workstation 16 Pro，具体安装步骤如下。

（1）下载“VMware-workstation-full-16.1.2-17966106”软件安装文件。双击安装文件，弹出 VMware Workstation Pro 安装主界面，如图 1.1 所示。单击“下一步”按钮，弹出“最终用户许可协议”窗口，如图 1.2 所示。

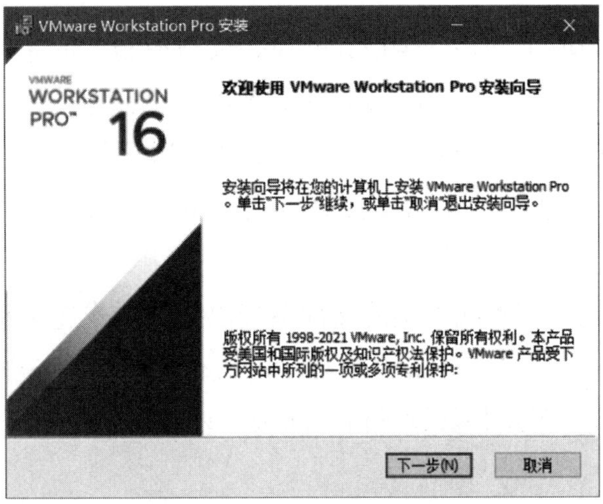

图 1.1 VMware Workstation Pro 安装主界面

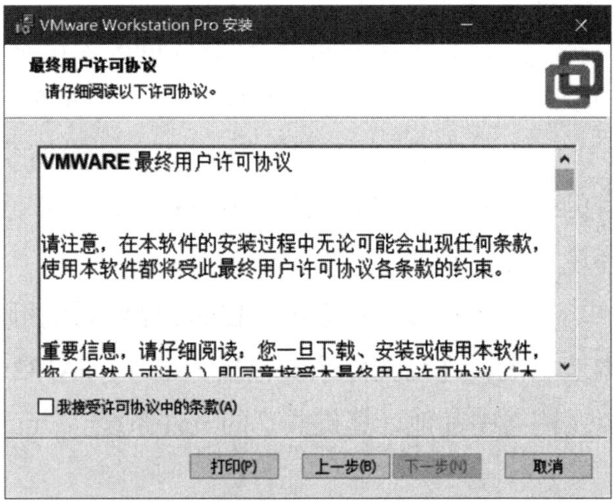

图 1.2 “最终用户许可协议”窗口

（2）在“最终用户许可协议”窗口中，勾选“我接受许可协议中的条款”复选框，如图 1.3 所示。单击“下一步”按钮，弹出“自定义安装”窗口，如图 1.4 所示。

（3）在“自定义安装”窗口中，勾选图 1.4 所示的复选框，单击“下一步”按钮，弹出“用户体验设置”窗口，如图 1.5 所示。单击“下一步”按钮，弹出“快捷方式”窗口，如图 1.6 所示。

（4）在“快捷方式”窗口中，保留默认设置，单击“下一步”按钮，弹出“已准备好安装 VMware Workstation Pro”窗口，如图 1.7 所示。单击“安装”按钮，弹出“正在安装 VMware Workstation Pro”窗口，如图 1.8 所示。

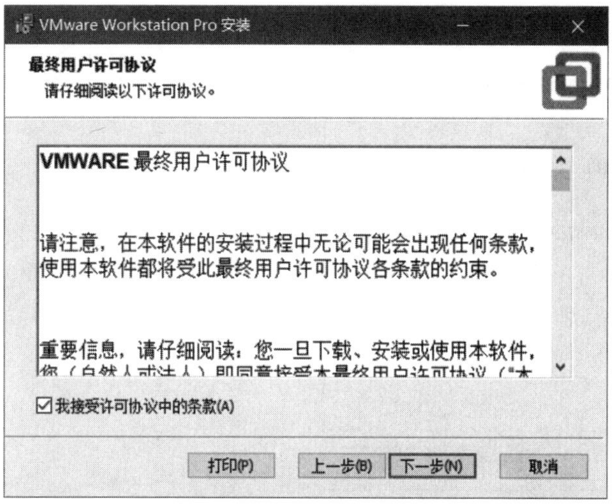

图 1.3 勾选“我接受许可协议中的条款”复选框

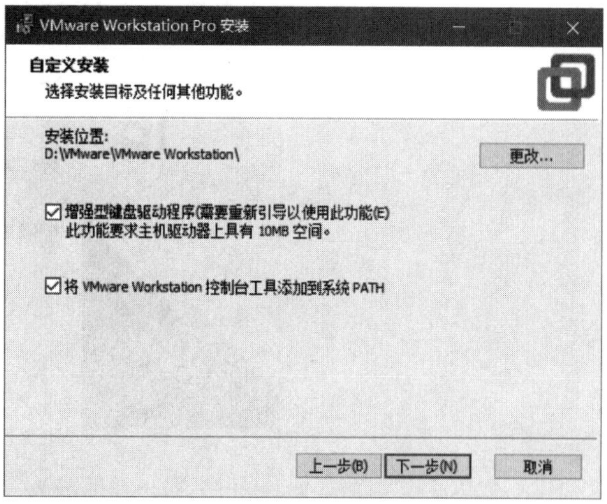

图 1.4 “自定义安装”窗口

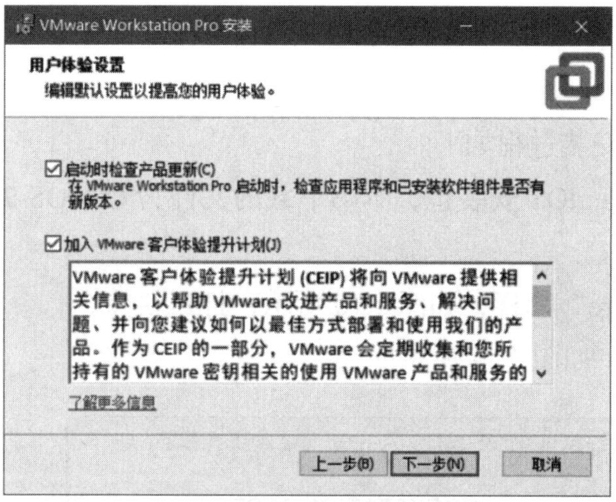

图 1.5 “用户体验设置”窗口

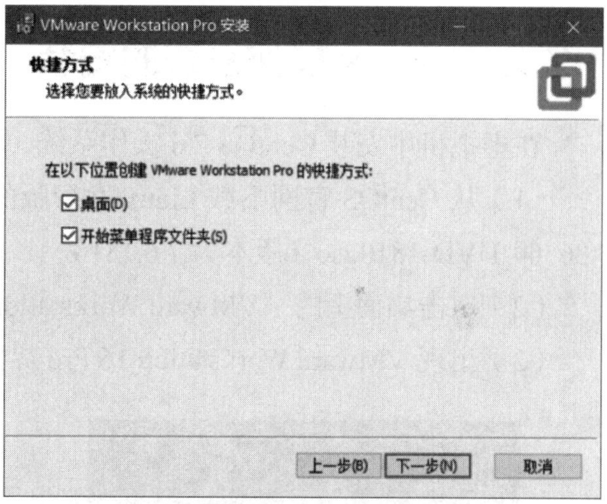

图 1.6 “快捷方式”窗口

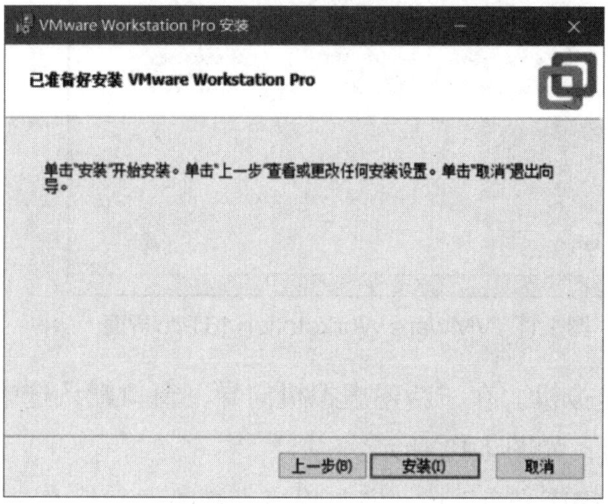

图 1.7 “已准备好安装 VMware Workstation Pro”窗口

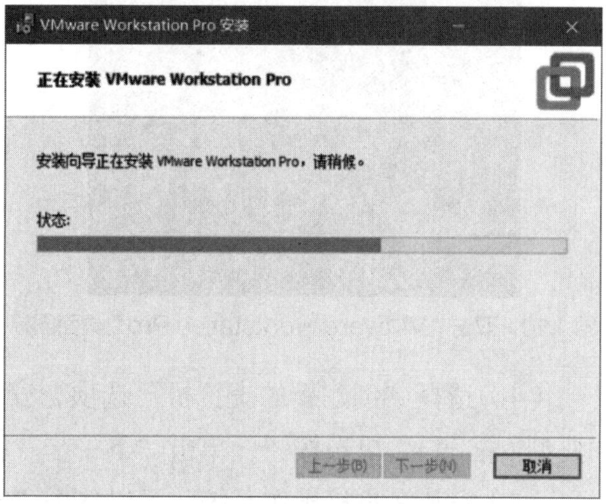

图 1.8 “正在安装 VMware Workstation Pro”窗口

（5）完成安装后，弹出 VMware Workstation Pro 安装向导已完成界面，单击“完成”按钮，如图 1.9 所示。

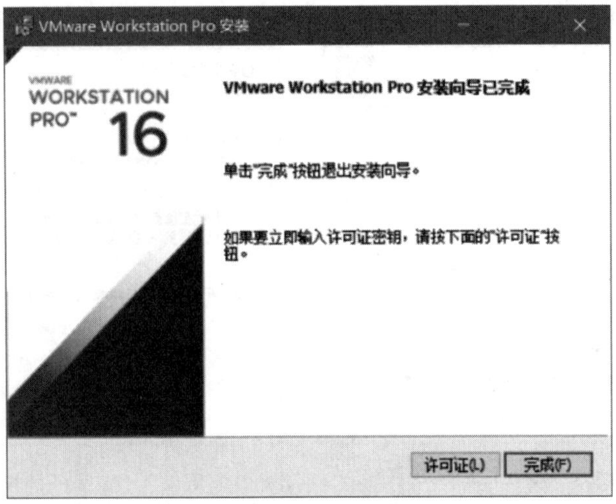

图 1.9　VMware Workstation Pro 安装向导已完成界面

1.2.2　Linux 操作系统的安装

在虚拟机中安装 CentOS 7.6 操作系统，其安装过程如下。

（1）从 CentOS 官网下载 Linux 发行版的 CentOS 安装包，本书下载的文件为 CentOS-7-x86_64-DVD-1810.iso，版本为 7.6.1810。

（2）双击桌面上的“VMware Workstation Pro”图标，如图 1.10 所示，打开软件。

（3）出现 VMware Workstation 16 Pro 界面，如图 1.11 所示。

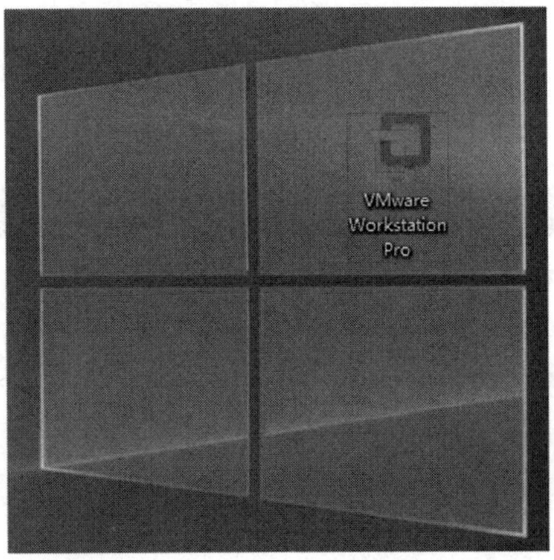

图 1.10　双击“VMware Workstation Pro”桌面图标

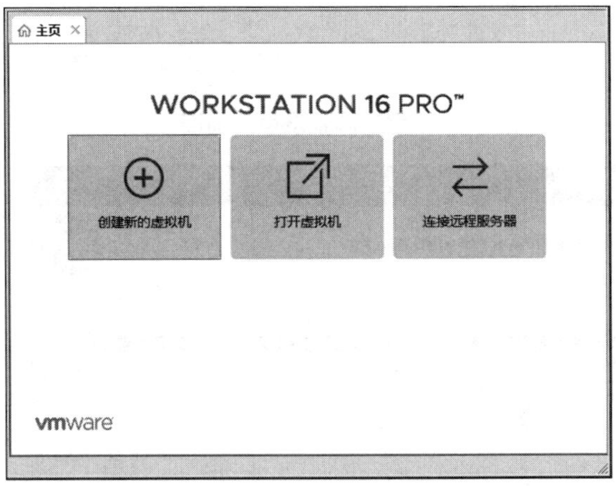

图 1.11　VMware Workstation 16 Pro 界面

（4）选择“创建新的虚拟机”选项，安装虚拟机，在“新建虚拟机向导”窗口默认选中“典型 (推荐)”单选按钮，单击“下一步”按钮，如图 1.12 所示。

（5）安装客户机操作系统，可以选中“安装程序光盘”或“安装程序光盘映像文件 (iso)”

单选按钮，并浏览选择相应的 ISO 文件，也可以选中“稍后安装操作系统”单选按钮。本书中选择选中“稍后安装操作系统”单选按钮，并单击“下一步”按钮，如图 1.13 所示。

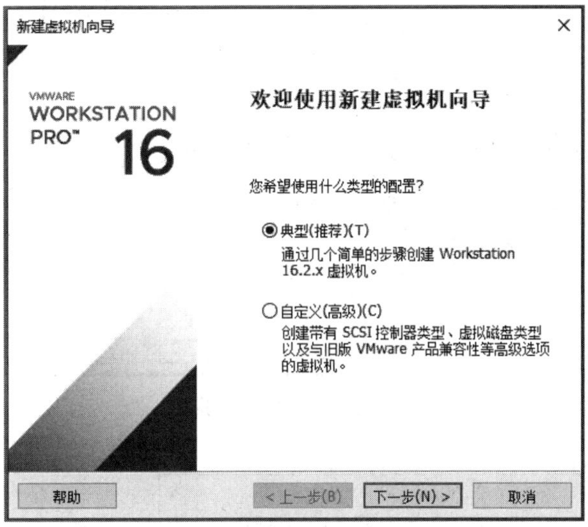

图 1.12　“新建虚拟机向导”窗口

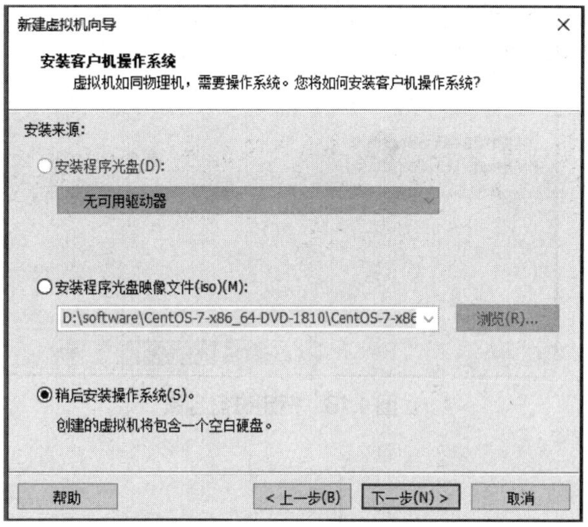

图 1.13　安装客户机操作系统

（6）选择客户机操作系统，本书中选择“Linux”，版本为“CentOS 7 64 位”，创建的虚拟机将包含一个空白硬盘，单击“下一步”按钮，如图 1.14 所示。

（7）命名虚拟机，输入虚拟机名称，并选择安装位置，单击“下一步”按钮，如图 1.15 所示。

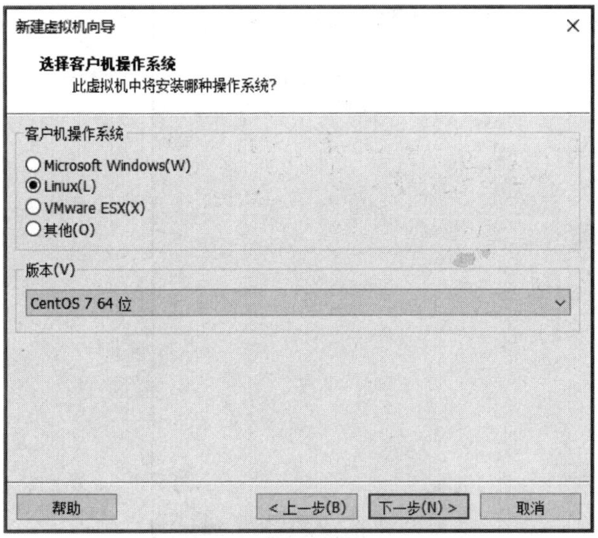

图 1.14　选择客户机操作系统

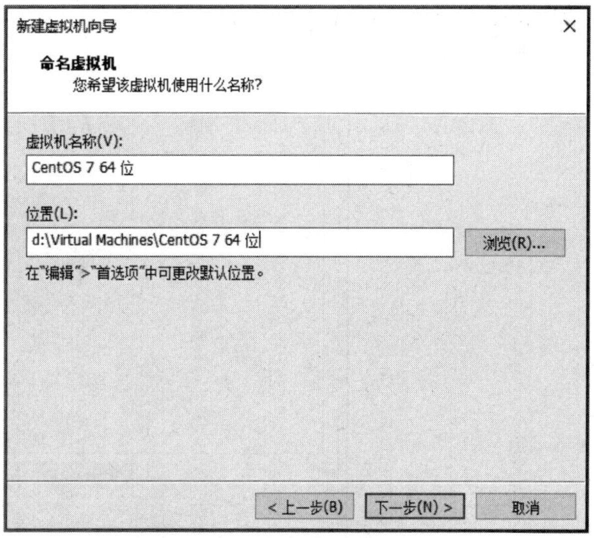

图 1.15　命名虚拟机

（8）指定磁盘容量，设置最大磁盘大小为“40”，选中“将虚拟磁盘拆分成多个文件”单选按钮，单击“下一步”按钮，如图 1.16 所示。

（9）已准备好创建虚拟机，如图 1.17 所示。

（10）单击“自定义硬件”按钮，按照图 1.18 所示进行虚拟机硬件相关信息配置。

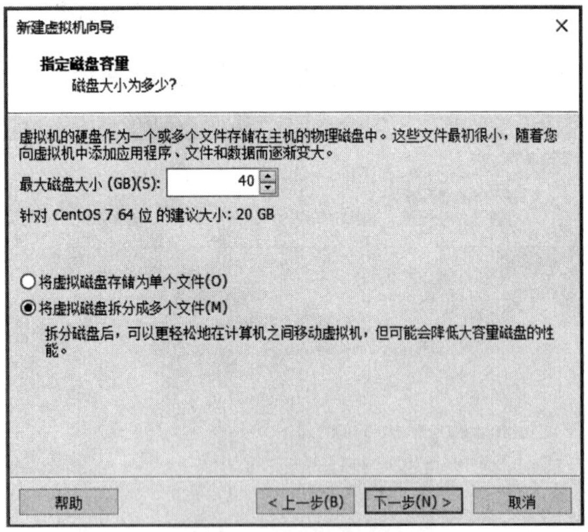

图 1.16　指定磁盘容量

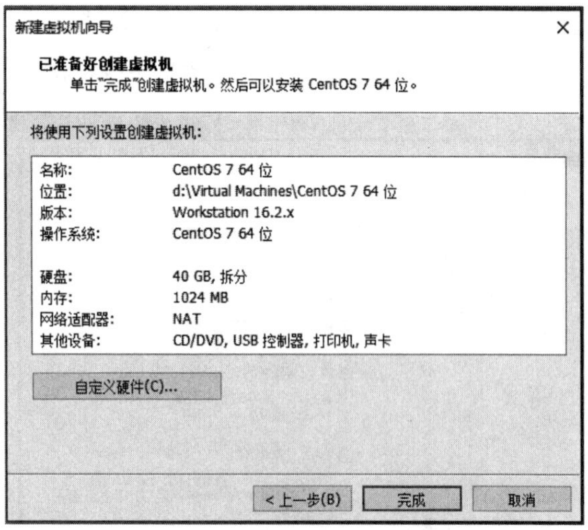

图 1.17　已准备好创建虚拟机

图 1.18　虚拟机硬件相关信息配置

（11）单击“关闭”按钮，虚拟机初步配置完成，如图 1.19 所示。

（12）进行虚拟机设置。选择图 1.19 中的“编辑虚拟机设置”选项，进入“虚拟机设置”窗口，选择“CD/DVD(IDE)”选项，选中“使用 ISO 映像文件”单选按钮，单击“浏览”按钮，选择 ISO 镜像文件 CentOS-7-x86_64-DVD-1810.iso，单击“确定”按钮，如图 1.20 所示。

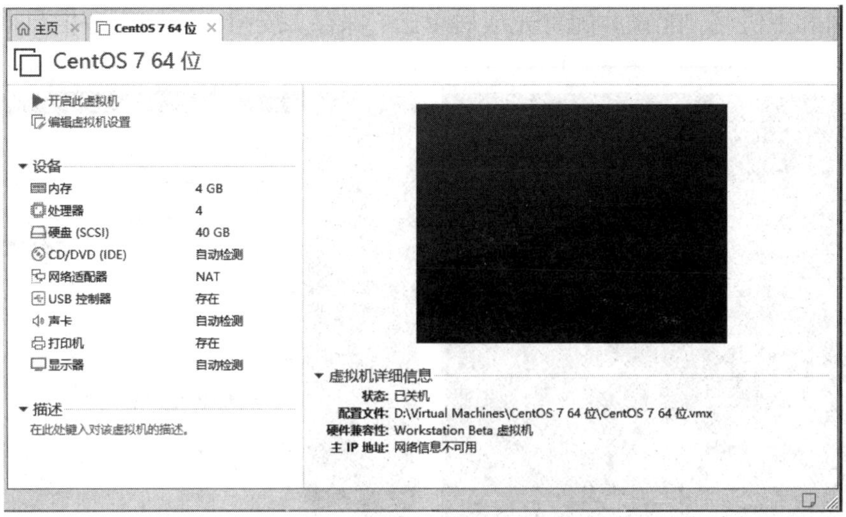

图 1.19　虚拟机初步配置完成

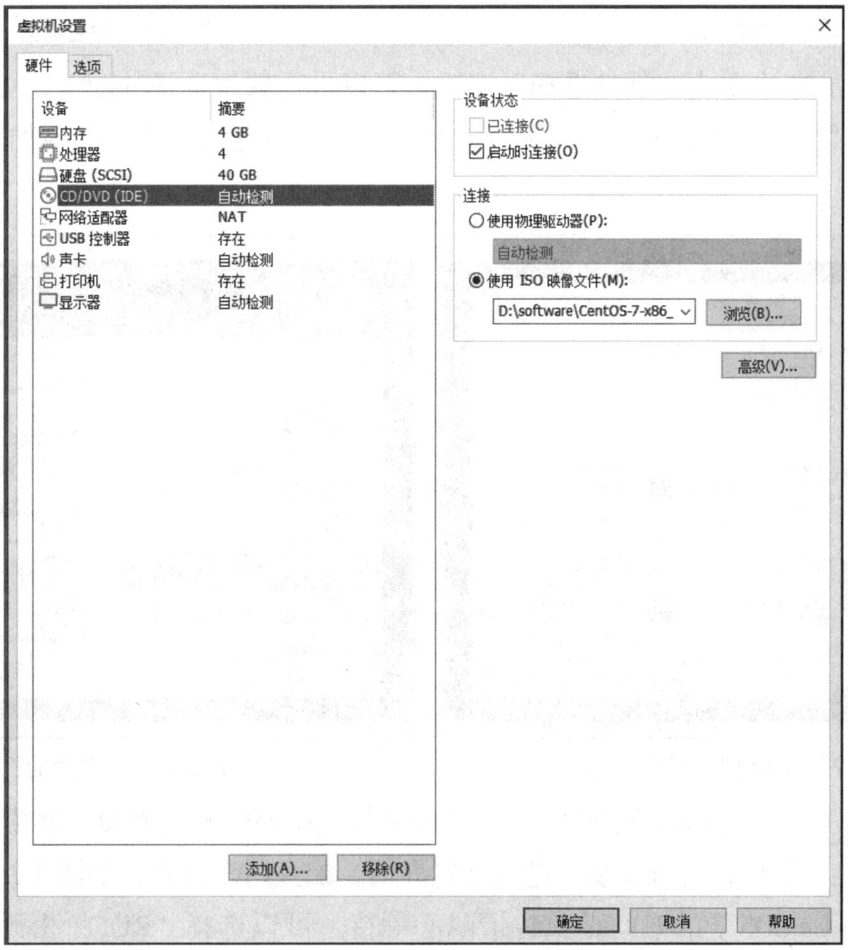

图 1.20　进行虚拟机设置

（13）安装 CentOS 7，如图 1.21 所示。

（14）设置语言，选择“中文”→“简体中文（中国）”选项，如图 1.22 所示，单击“继续”按钮。

（15）进行安装信息摘要的配置，如图 1.23 所示，可以进行“安装位置”配置，自定义分区，也可以进行“网络和主机名”配置。配置完成后单击“保存”按钮，返回安装信息摘要的配置界面。

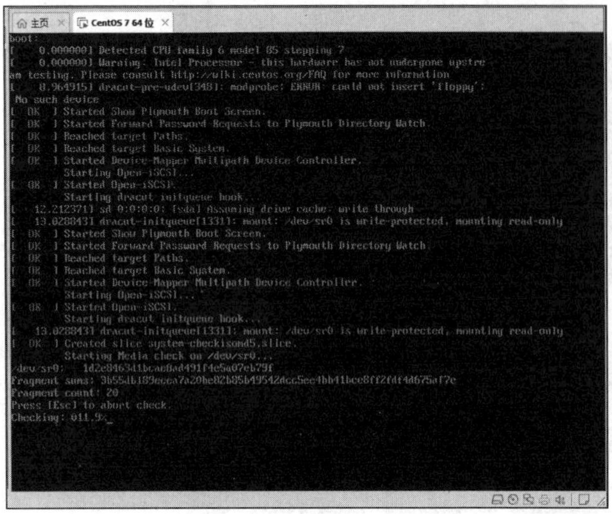

图 1.21　安装 CentOS 7

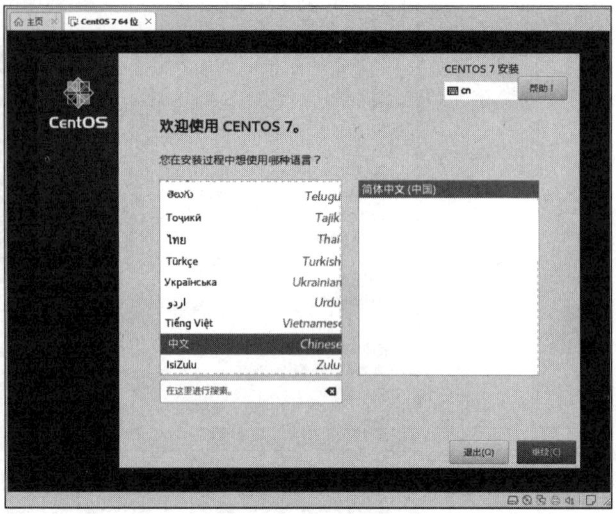

图 1.22　设置语言

（16）在图 1.23 中单击“软件选择”选项，可以进行软件选择的配置，可以安装桌面化 CentOS，选中“GNOME 桌面”单选按钮，并根据需要勾选已选环境的附加选项的复选框，如图 1.24 所示。

图 1.23　安装信息摘要的配置

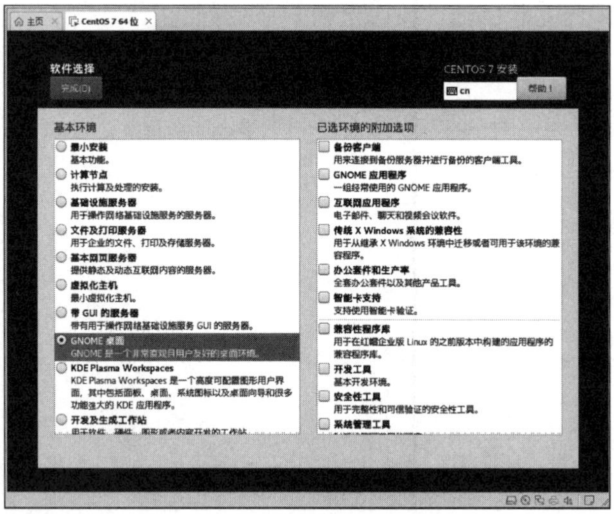

图 1.24　软件选择的配置

（17）单击“完成”按钮，返回 CentOS 7 安装信息摘要的配置界面，继续进行其他配置，单击“开始安装”按钮，进行安装，进入配置界面，配置用户设置，如图 1.25 所示。

（18）安装 CentOS 7 的时间稍长，请耐心等待。可以选择“ROOT 密码”选项，进行 root 密码设置，如图 1.26 所示。设置完成后单击“完成”按钮，返回安装界面。

（19）CentOS 7 安装完成，如图 1.27 所示。

（20）单击“重启”按钮，重启后进入系统，可以进行系统初始设置，如图 1.28 所示。

（21）单击“退出”按钮，弹出 CentOS 7 Linux EULA 许可协议界面，勾选“我同意许可协议”复选框，如图 1.29 所示。

图 1.25　配置用户设置

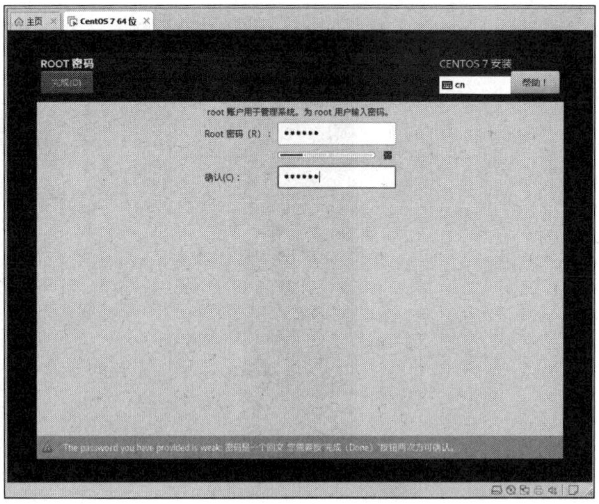

图 1.26　root 密码设置

图 1.27　CentOS 7 安装完成

图 1.28　系统初始设置

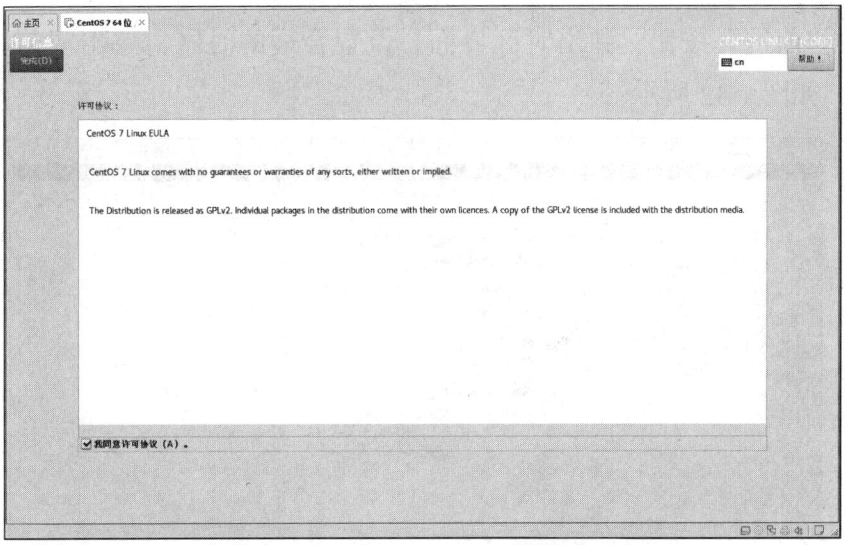

图 1.29　CentOS 7 Linux EULA 许可协议界面

（22）单击“完成”按钮，弹出初始设置界面，如图 1.30 所示。

（23）单击“完成配置”按钮，弹出欢迎界面，选择语言为“汉语”，如图 1.31 所示。

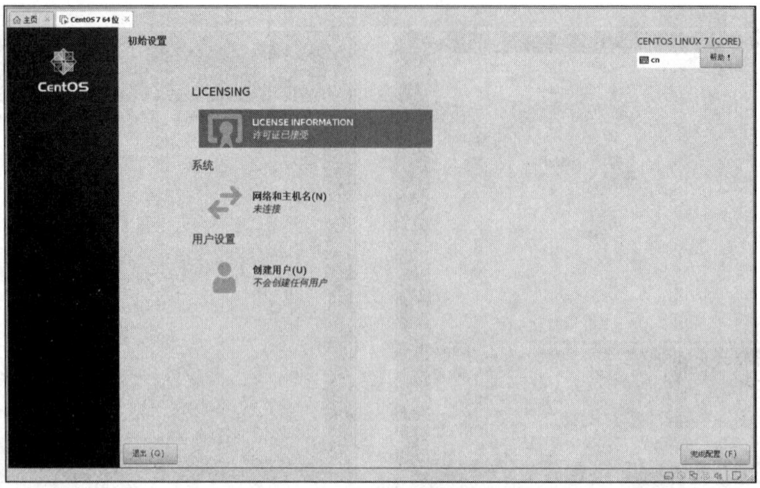

图 1.30　初始设置界面

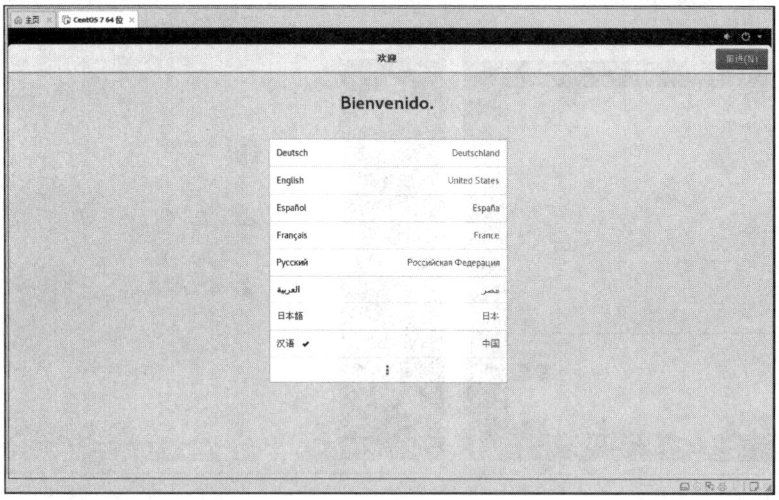

图 1.31　选择语言为“汉语”

（24）单击“前进”按钮，弹出时区界面，设置合适的时区，单击“前进”按钮，弹出在线账号界面，如图 1.32 所示。

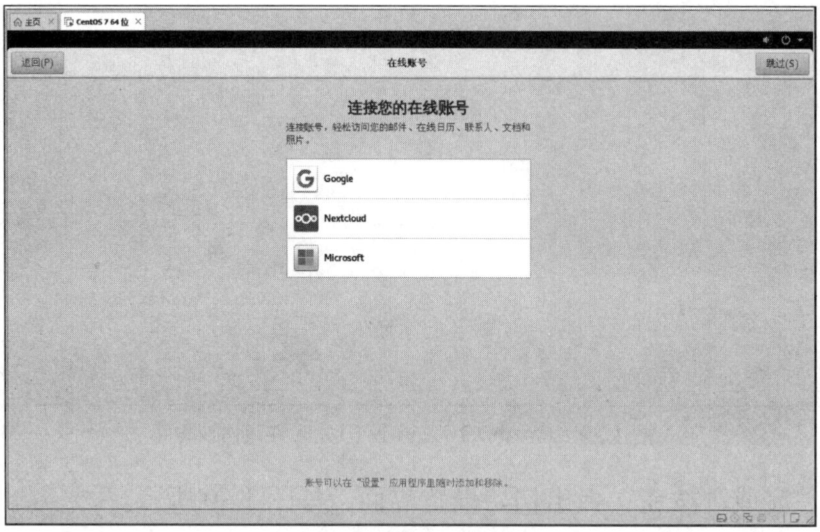

图 1.32　在线账号界面

（25）单击“跳过”按钮，弹出准备好了界面，如图 1.33 所示。

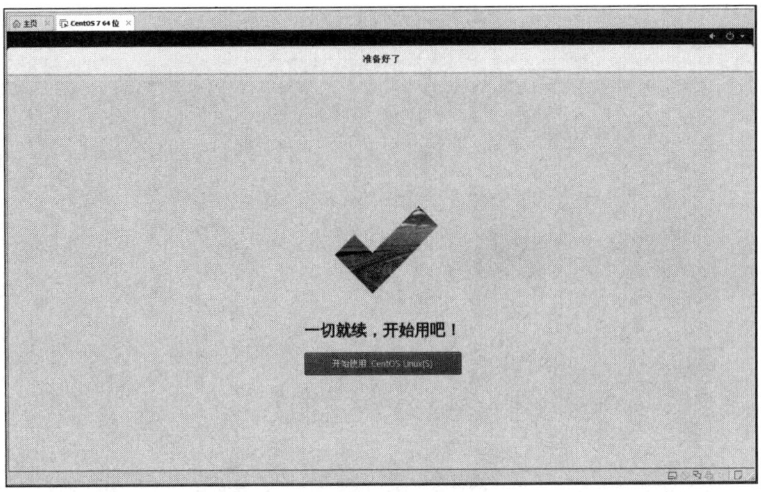

图 1.33　准备好了界面

1.3 Linux 操作系统登录与管理

在完成 Linux 操作系统的安装之后，需要熟练掌握 Linux 操作系统的登录、用户注销、重启、关机等相关操作，同时也需要掌握虚拟机的克隆与快照功能，以及掌握使用 SecureCRT 与 SecureFX 远程连接管理 Linux 操作系统的方法。

1.3.1 图形化系统的相关操作

1. 图形化系统登录

（1）系统安装完成后，在虚拟机中启动 CentOS 7，选择“开启此虚拟机”选项，如图 1.34 所示。

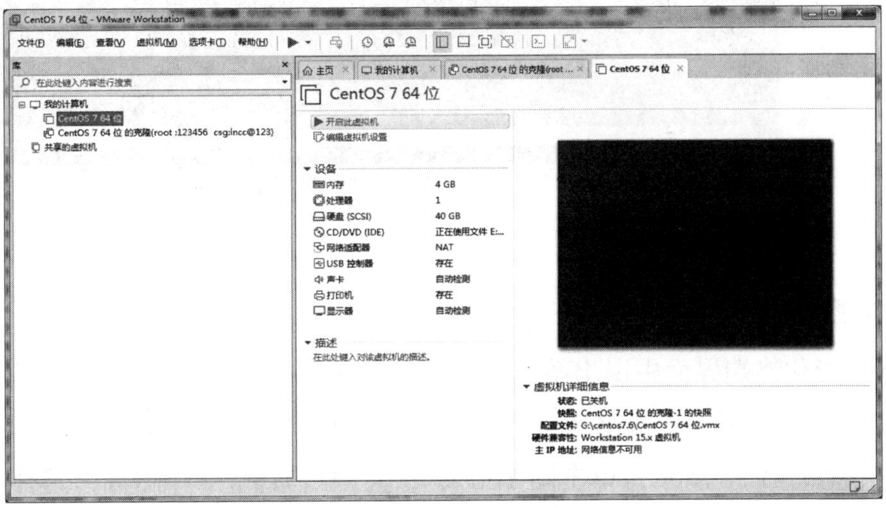

图 1.34　启动 CentOS 7

（2）在系统启动后进入系统登录界面，表示 CentOS 7 已经成功启动，如图 1.35 所示。

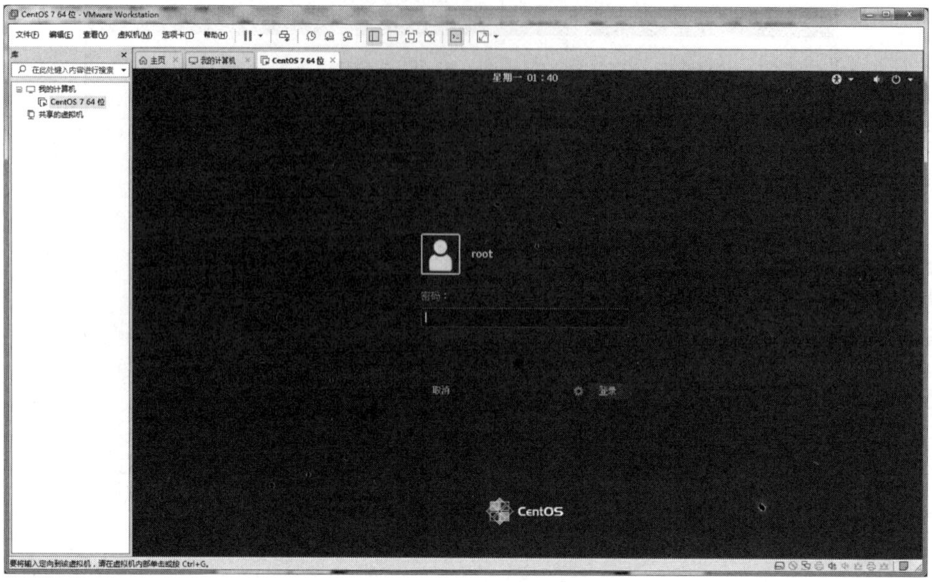

图 1.35　系统登录界面

（3）选择登录用户，输入密码，单击“登录”按钮，进入 CentOS 7 主界面，如图 1.36 所示。

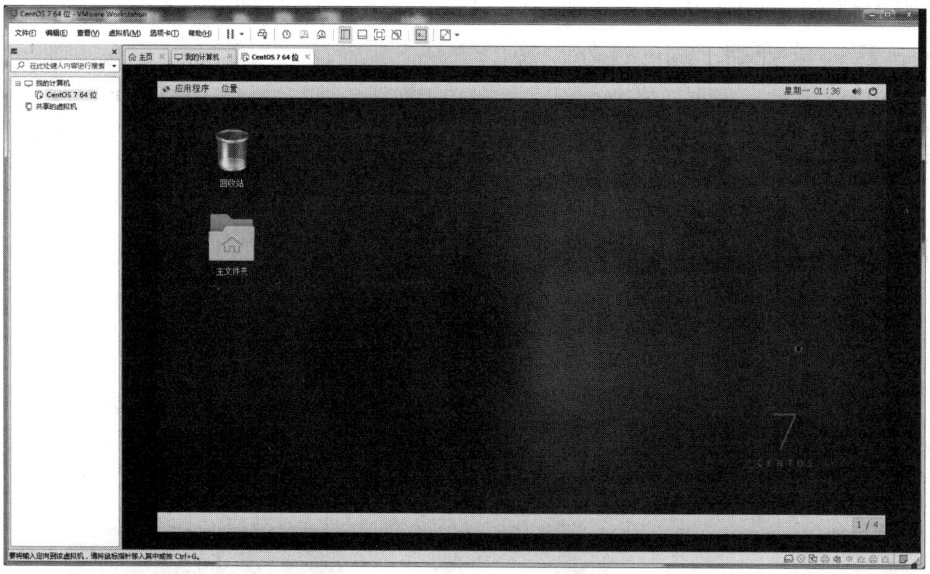

图 1.36　CentOS 7 主界面

2. 图形化系统关机、重启与用户注销

如果要在图形化终端界面中退出系统，则可单击界面右上角的“关机”按钮⏻，如图 1.37 所示。此时，弹出的面板右下角也有一个“关机”按钮⏻，单击该按钮可以进行系统的重启、关机操作，如图 1.38 所示；单击图 1.37 中 root 用户右侧的 ▸ 图标，选择“注销”选项，可以进行用户注销操作，如图 1.39 所示。

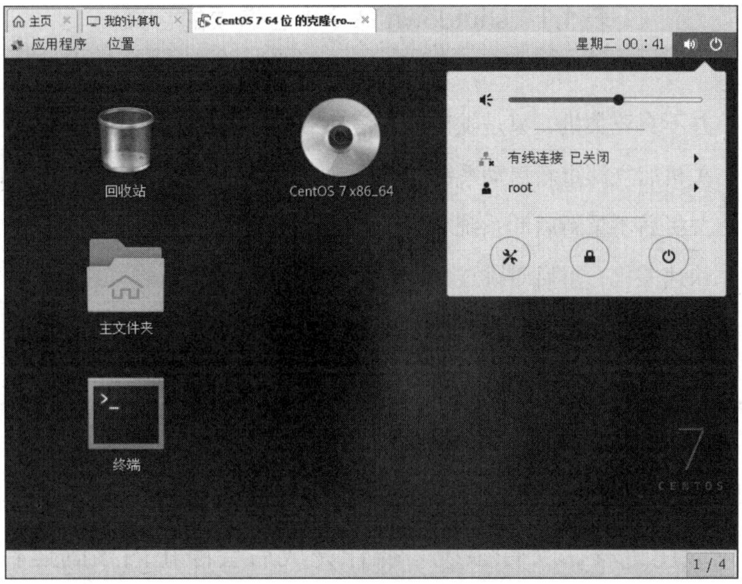

图 1.37 单击“关机”按钮

图 1.38 系统重启、关机

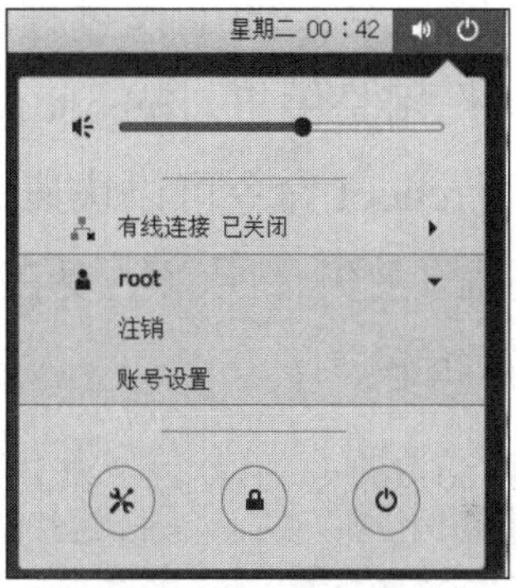

图 1.39 用户注销

1.3.2 文本模式系统关闭与重启

在 Linux 中，reboot 命令和 shutdown 命令均可用于重新启动系统，二者虽然都为重启系统命令，但在使用上是有区别的。

（1）shutdown 命令可以安全地关闭或重启 Linux 操作系统，它在系统关闭之前给系统中的所有登录用户发送一条警告信息。该命令还允许用户指定一个时间参数，用于指定什么时间关闭操作系统，时间参数可以是一个精确的时间，也可以是从现在开始的一个时间段。

精确时间的格式是 hh:mm，hh 和 mm 分别表示小时和分钟，时间段由小时和分钟数表示。系统执行该命令后会自动进行数据同步的工作。

该命令的一般格式如下。

```
shutdown [选项] [时间] [警告信息]
```

shutdown 命令中各选项的含义如表 1.1 所示。

表 1.1 shutdown 命令中各选项的含义

选项	含义
-k	并不真正关机，只是发出警告信息给所有用户
-r	关机后立即重新启动系统
-h	关机后不重新启动系统
-f	快速关机，重启时跳过文件系统检查
-n	快速关机且不经过 init 程序
-c	取消一个已经运行的 shutdown 操作

需要特别说明的是，该命令只能由超级用户使用。

halt 是最简单的关机命令之一，其实际上是调用 shutdown -h now 命令，如下所示。halt 命令执行时，会结束应用进程，文件系统写操作完成后会停止内核的运行。

```
[root@localhost ~]# shutdown -h now                    //立刻关闭系统
```

（2）reboot 命令的工作过程和参数与 halt 命令的类似，但其作用是重新启动系统，而 halt 命令的作用是关机。reboot 命令重启系统时会删除所有进程，而不是平稳地终止它们。因此，使用 reboot 命令可以快速地关闭系统，但当还有其他用户在该系统中工作时，此操作会引起数据的丢失，所以主要在单用户模式下使用 reboot 命令。reboot 命令和 shutdown 命令使用示例如下。

```
[root@localhost ~]# reboot                             //立刻重启系统
[root@localhost ~]# shutdown -r 00:05                  //5 min 后重启系统
[root@localhost ~]# shutdown -c                        //取消 shutdown 操作
```

（3）退出终端窗口可使用 exit 命令，如下所示。

```
[root@localhost ~]# exit                               //退出终端窗口
```

1.3.3 系统终端界面切换

Linux 是一个多用户操作系统，默认情况下，Linux 会提供 6 个终端用于用户登录，切换的方式为按“Ctrl+Alt+F1”组合键～“Ctrl+Alt+F6”组合键。系统会为这 6 个终端界面以 tty1、tty2、tty3、tty4、tty5、tty6 的方式进行命名。除此之外，Linux 还有一个默认的 X 窗口桌面（X Window），按“Ctrl+Alt+F7”组合键，即可切换到此桌面进行登录。

Linux 主要有文本模式终端界面和图形化终端界面两种，文本模式终端界面如图 1.40 所示，图形化终端界面如图 1.41 所示。

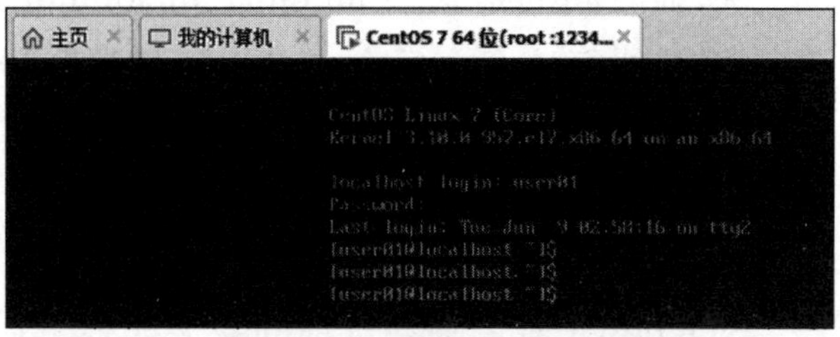

图 1.40 文本模式终端界面

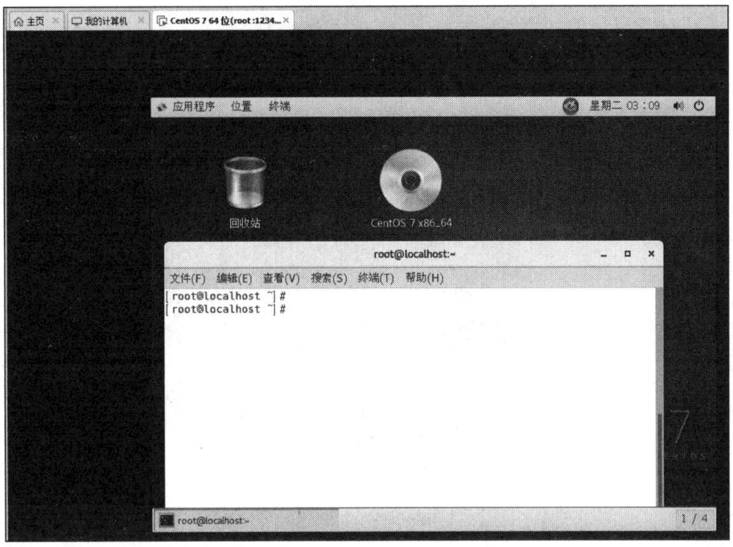

图 1.41 图形化终端界面

1.3.4 系统克隆与快照

微课

V1-4 系统克隆

人们经常用虚拟机做各种实验，初学者很可能因误操作而导致系统崩溃、无法启动，或者在进行集群操作的时候，如利用多台服务器搭建 MySQL 服务、Redis 服务、Tomcat 服务、Nginx 服务等，通常需要使用多台服务器进行测试。搭建一台服务器已经非常费时费力，一旦系统崩溃、无法启动，则需要重新安装操作系统或部署多台服务器，这将会浪费很多时间，系统克隆与快照为上述问题提供了解决办法，它们可以提高系统的部署效率、配置管理能力和故障修复速度等。

1. 系统克隆

在虚拟机中安装好原始的操作系统后，可以进行系统克隆，将操作系统复制几份以备用，方便日后使用多台机器进行实验测试，这样就可以避免重新安装操作系统，方便快捷。系统克隆的步骤如下。

（1）打开 VMware Workstation 主界面，关闭虚拟机中的操作系统，选择要克隆的操作系统，选择“虚拟机”→“管理”→“克隆”，如图 1.42 所示。

（2）弹出“欢迎使用克隆虚拟机向导”窗口，如图 1.43 所示。单击“下一步”按钮，弹出“克隆源”窗口，如图 1.44 所示，选中“虚拟机中的当前状态”或“现有快照 (仅限关闭的虚拟机)”单选按钮。

（3）单击“下一步”按钮，弹出“克隆类型”窗口，如图 1.45 所示。在此窗口中选择克隆方法，可以选中“创建链接克隆”单选按钮，也可以选中“创建完整克隆”单选按钮。

（4）单击“下一步”按钮，弹出“新虚拟机名称”窗口，如图 1.46 所示，在该窗口中为虚拟机命名并进行安装位置的设置。

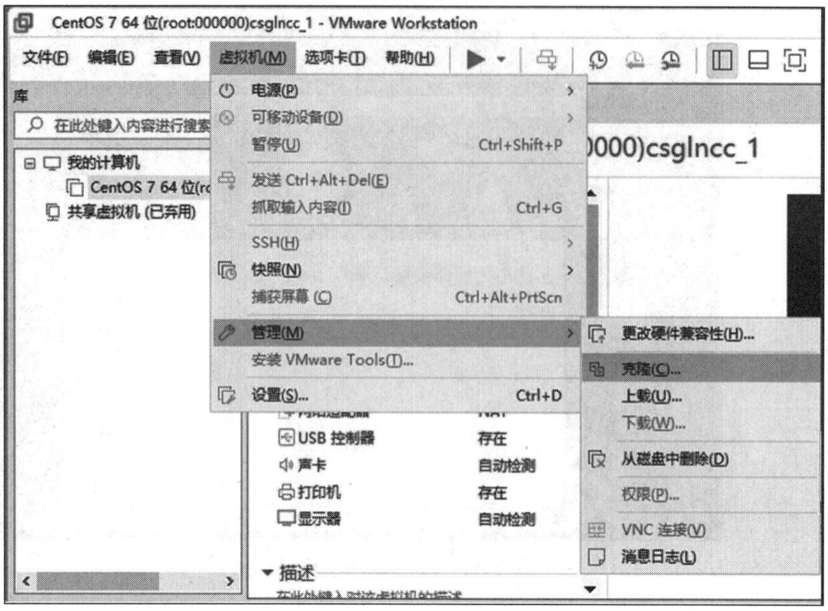

图1.42 选择“克隆”选项

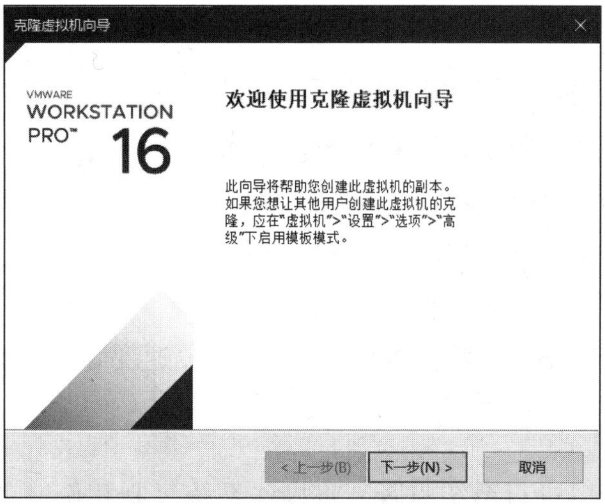

图1.43 “欢迎使用克隆虚拟机向导”窗口

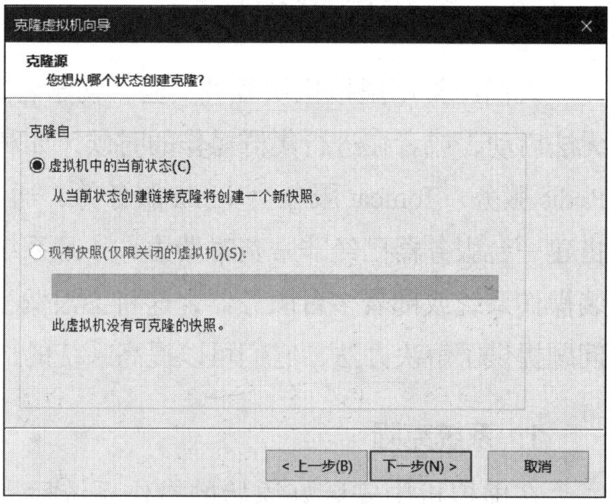

图1.44 “克隆源”窗口

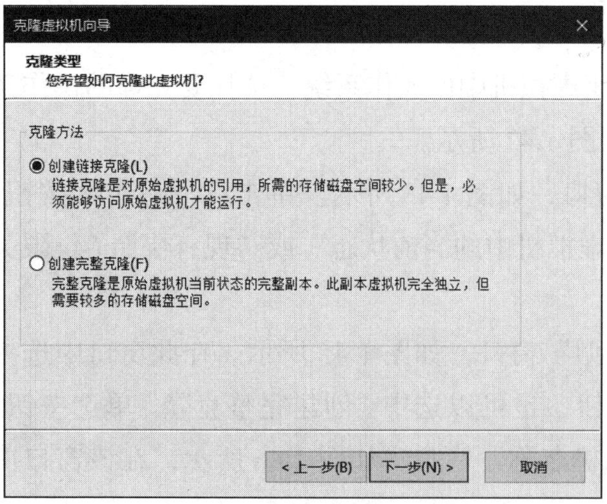

图1.45 “克隆类型”窗口

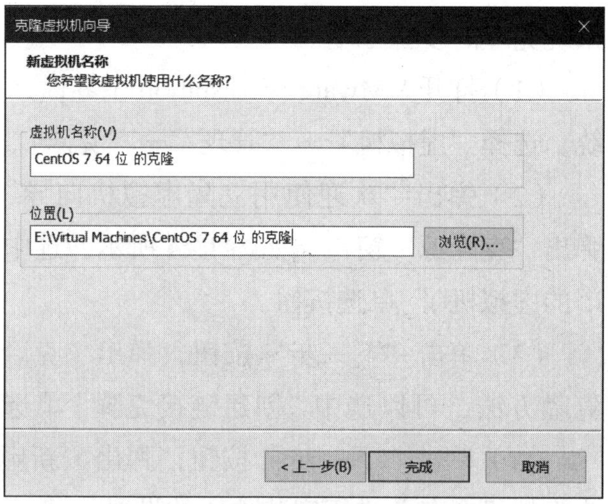

图1.46 “新虚拟机名称”窗口

（5）在图 1.46 中单击“完成”按钮，弹出“正在克隆虚拟机”窗口，如图 1.47 所示。单击“关闭”按钮，返回 VMware Workstation 主界面，系统克隆完成，如图 1.48 所示。

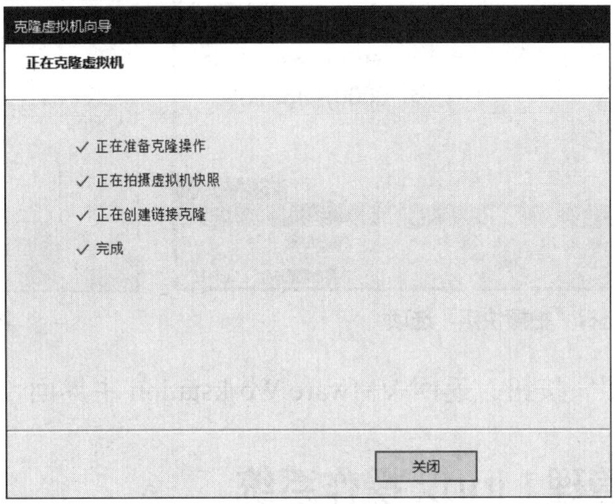

图 1.47　“正在克隆虚拟机”窗口

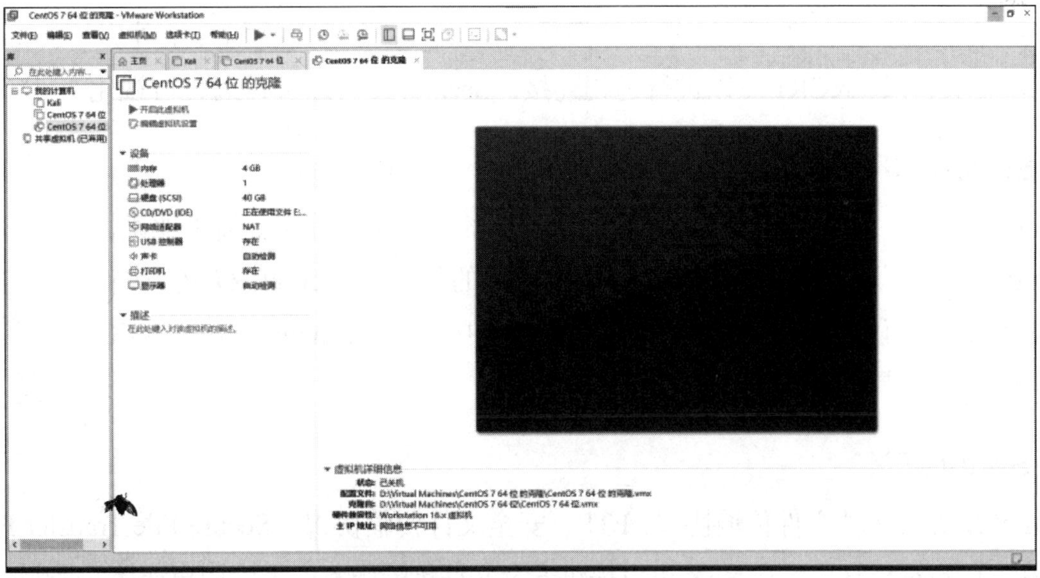

图 1.48　系统克隆完成

2. 快照

VMware 快照是 VMware Workstation 中的一个特色功能，用户可以通过恢复快照来保障磁盘文件系统和系统的正常运行，即对于设置好的系统，为其做一个快照以保存备份，日后系统出现问题时，可以通过快照恢复系统。

微课

V1-5 快照

创建快照的具体操作如下。

（1）打开 VMware Workstation 主界面，启动虚拟机中的系统，选择要通过快照保存备份的内容，选择“虚拟机”→“快照”→“拍摄快照”，如图 1.49 所示。在弹出的对话框中命名快照，如图 1.50 所示。

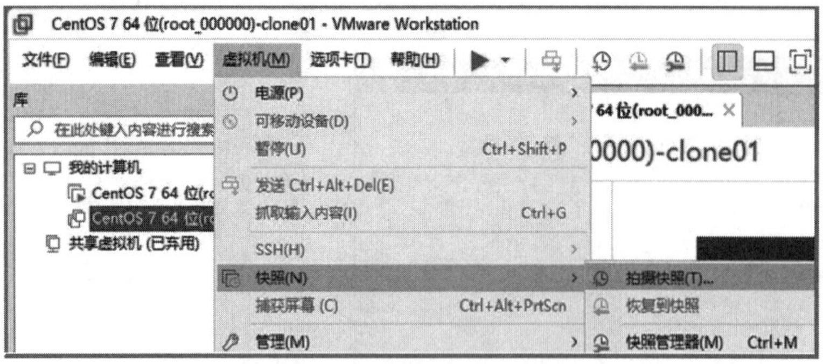

图 1.49　选择“拍摄快照”选项

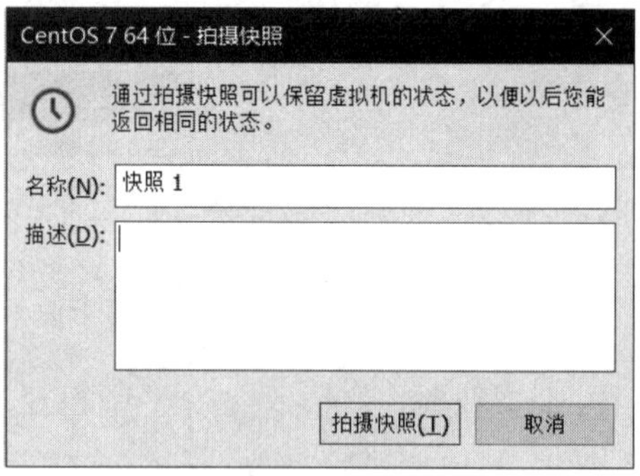

图 1.50　命名快照

（2）单击“拍摄快照”按钮，返回 VMware Workstation 主界面，拍摄快照完成。

1.3.5　远程连接管理 Linux 操作系统

安全远程登录（Secure Combined Rlogin and Telnet，SecureCRT）和安全文件传输（Secure FTP、SFTP 和 FTP over SSH2，SecureFX）都是由 VanDyke 公司出品的安全外壳（Secure Shell，SSH）传输工具，SecureCRT 可以进行远程连接，SecureFX 可以进行远程可视化文件传输。

1. SecureCRT

SecureCRT 是一种支持 SSH（SSH1 和 SSH2）的终端仿真程序，简单地说，它是 Windows 下登录 UNIX 或 Linux 服务器主机的软件。SecureCRT 还支持 Telnet 和 Rlogin 协议。SecureCRT 是一种用于连接和运行 Windows、UNIX 和虚拟机的理想工具。

微课

V1-6　远程连接管理 Linux 操作系统

2. SecureFX

SecureFX 支持 3 种文件传输协议：FTP、安全文件传输协议（Secure File Transfer Protocol，SFTP）和 FTP over SSH2。SecureFX 可以提供安全文件传输服务。无论用户连接的是哪一种操作系统的服务器，它都能提供安全的传输服务。它主要用于 Linux 操作系统，如 Red Hat、Ubuntu 等，用户可以利用 SFTP 通过加密的 SSH2 实现安全传输，也可以利用 FTP 进行标准传输。

3. SecureCRT 远程连接配置

SecureCRT 远程连接配置涉及的设备有本机（当前使用的计算机）、跳板机、目标服务器。因为本机与目标服务器不能直接进行 ping 操作，所以需要在 SecureCRT 中配置端口转发功能，将本机的请求转发到目标服务器。具体操作如下。

（1）为了方便操作，使用 SecureCRT 连接 Linux 服务器，选择相应的虚拟机操作系统。在 VMware Workstation 主界面中，选择“编辑”→“虚拟网络编辑器”，如图 1.51 所示。

（2）在“虚拟网络编辑器”对话框中，选择“VMnet8”选项，设置NAT模式的子网IP地址为192.168.100.0，如图1.52所示。

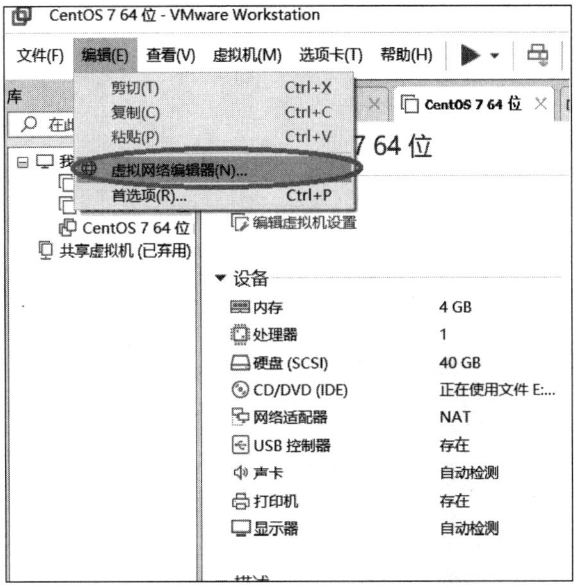

图1.51 选择“虚拟网络编辑器”选项

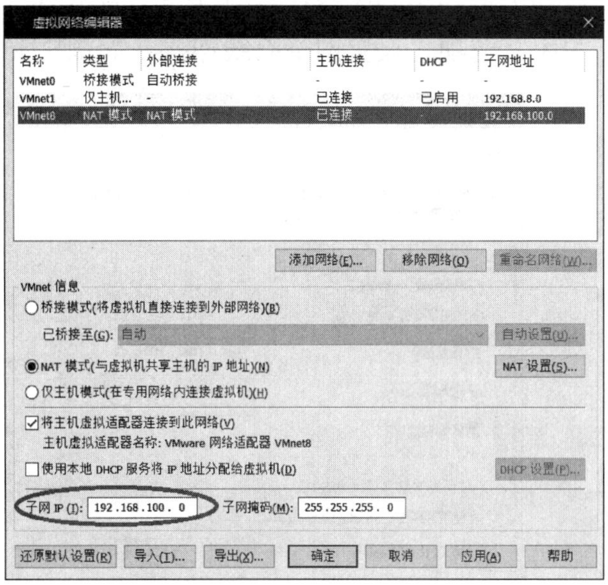

图1.52 设置NAT模式的子网IP地址

（3）在“虚拟网络编辑器”对话框中，单击“NAT设置”按钮，弹出“NAT设置”对话框，设置网关IP地址，如图1.53所示，依次单击“确定”按钮。

（4）打开控制面板，选择“网络和Internet”→“网络连接”，查看VMware Network Adapter VMnet8连接，如图1.54所示。

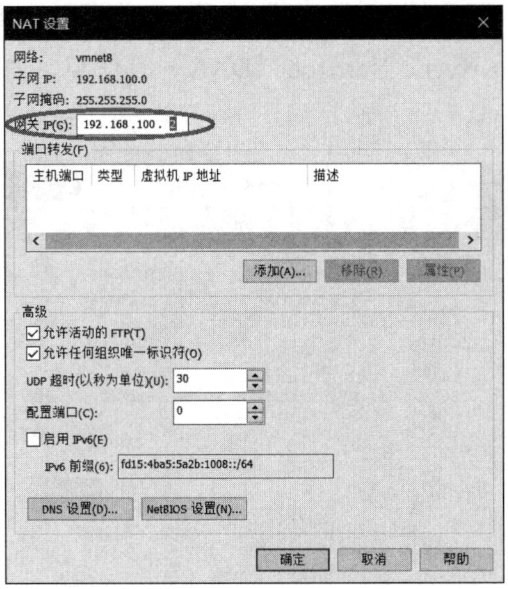

图1.53 设置网关IP地址

图1.54 查看VMware Network Adapter VMnet8连接

（5）选中VMnet8的IP地址，单击鼠标右键，选择“属性”选项，弹出“属性”对话框，选择“Internet协议版本4（TCP/IPv4）属性”选项，单击“属性”按钮，弹出“Internet协议版本 4（TCP/IPv4）属性”对话框，如图 1.55 所示，按图 1.55 所示进行设置，并依次单击“确定”按钮。

（6）进入 Linux 操作系统桌面，单击桌面右上角的“启动”按钮，选择“有线连接 已关闭”选项，设置网络有线连接，如图 1.56 所示。

图 1.55　选择 VMnet8 的 IP 地址

图 1.56　设置网络有线连接

（7）选择“有线设置”选项，打开“设置”窗口，如图 1.57 所示。

（8）在“设置”窗口中单击“有线连接”中的按钮，打开“IPv4”选项卡，设置 IPv4 信息，如地址、子网掩码、网关、域名服务（Domain Name Service，DNS）等信息，如图 1.58 所示。

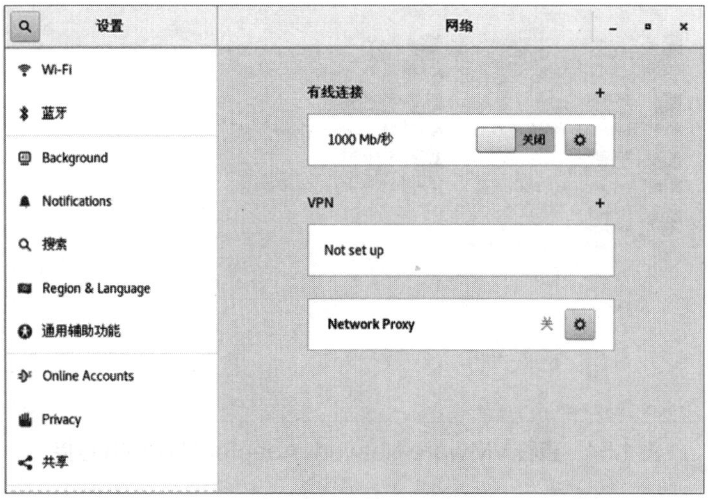

图 1.57　“设置”窗口

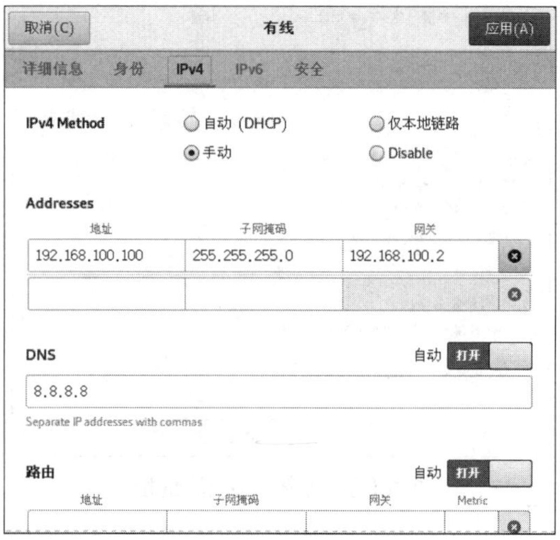

图 1.58　设置 IPv4 信息

（9）设置完成后，单击“应用”按钮，返回“设置”窗口，单击“有线连接”中的“关闭”按钮，使该按钮变为打开状态。单击“有线连接”中的按钮，打开“详细信息”选项卡，查看网络配置的详细信息，如图 1.59 所示。

（10）在 Linux 操作系统中，使用 Firefox 浏览器访问任一网站，如图 1.60 所示。

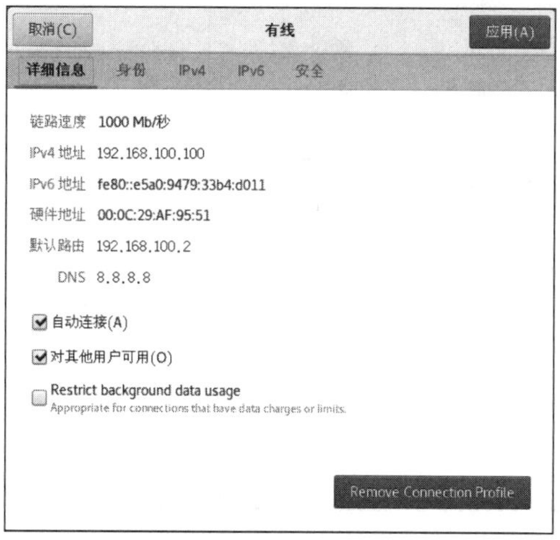

图 1.59　查看网络配置的详细信息

图 1.60　使用 Firefox 浏览器访问任一网站

（11）按“Windows+R”组合键，打开“运行”对话框，输入命令“cmd”，单击“确定”按钮，如图 1.61 所示。

（12）使用 ping 命令访问网络主机 192.168.100.100，测试网络连通性，如图 1.62 所示。

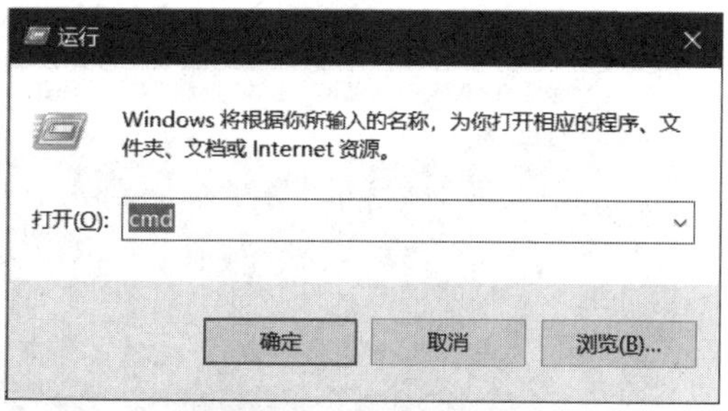

图 1.61　“运行”对话框

图 1.62　访问网络主机

（13）下载 SecureCRT 安装程序，如图 1.63 所示，安装 SecureCRT。

（14）打开 SecureCRT，单击工具栏中的图标按钮，如图 1.64 所示。

（15）弹出“快速连接”对话框，输入主机名“192.168.100.100”、用户名“root”，并按图 1.65 所示完成其他信息的设置，然后单击“连接”按钮。

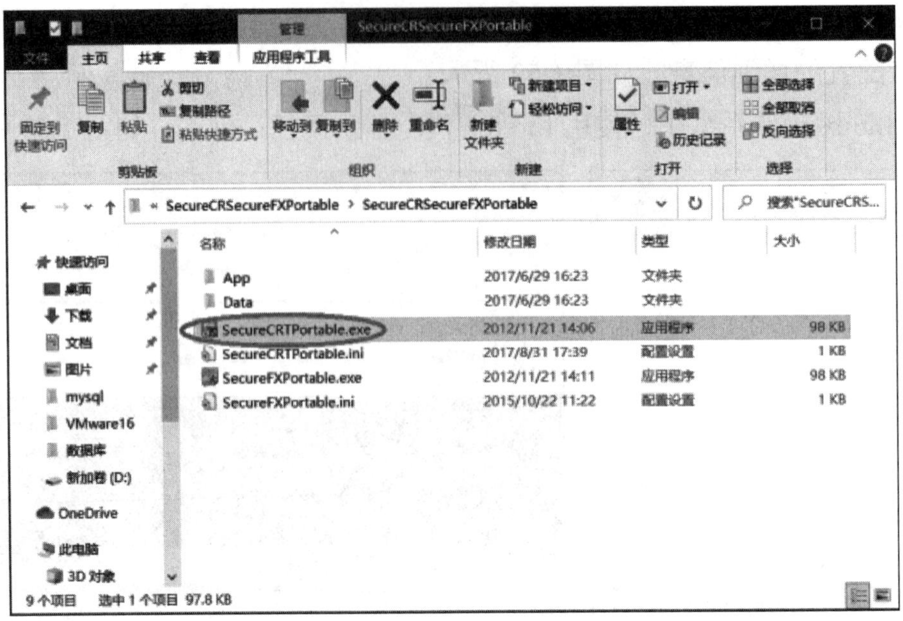

图 1.63 SecureCRT 安装程序

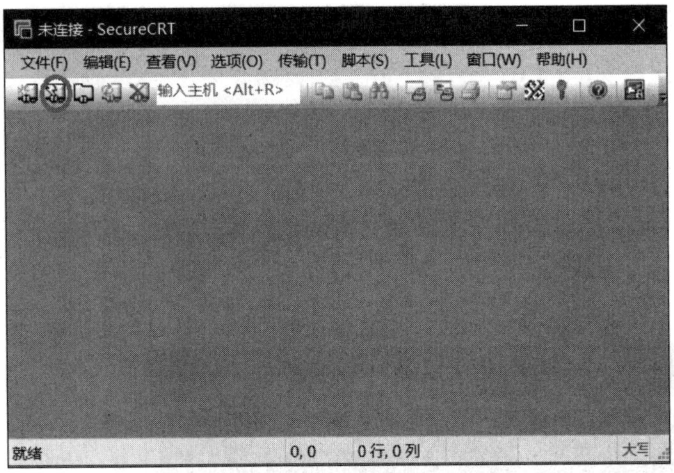

图 1.64 打开 SecureCRT

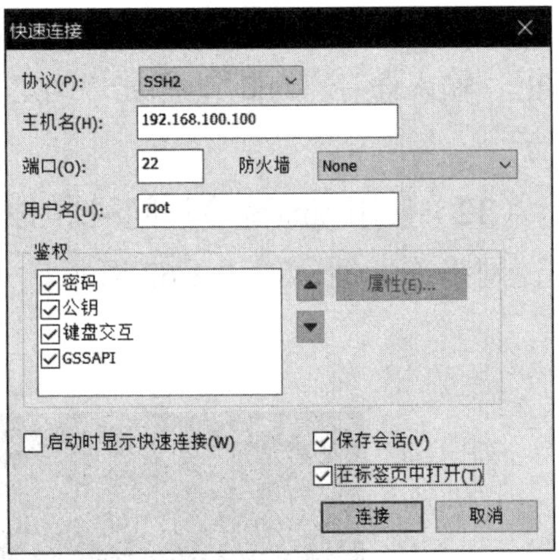

图 1.65 SecureCRT 的“快速连接”对话框

（16）弹出“新建主机密钥”对话框，提示相关信息，如图 1.66 所示。

（17）单击“接受并保存”按钮，打开“输入安全外壳密码”对话框，输入用户名和密码，如图 1.67 所示。

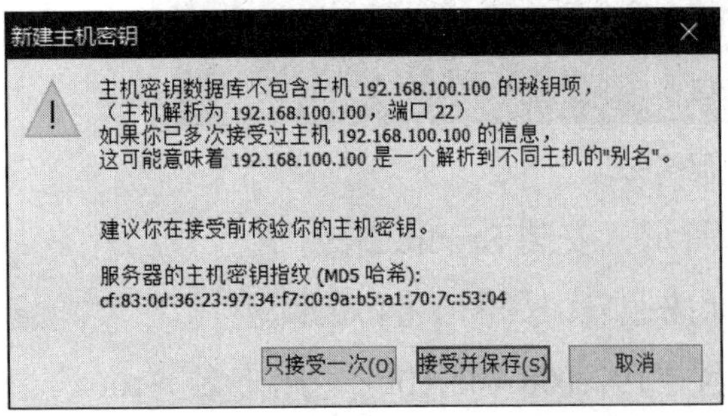

图 1.66 “新建主机密钥”对话框

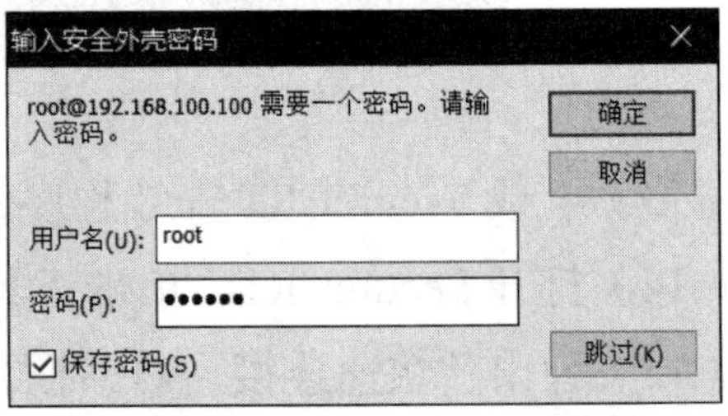

图 1.67 SecureCRT 的“输入安全外壳密码”对话框

（18）单击“确定”按钮，出现图 1.68 所示结果，表示已经成功连接网络主机 192.168.100.100。

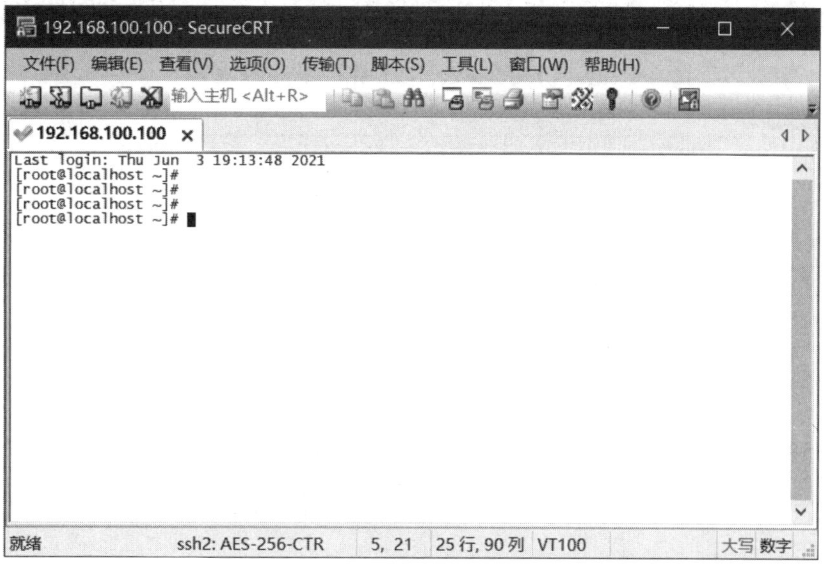

图 1.68 成功连接网络主机

4. SecureFX 远程连接文件传输配置

SecureFX 可以有效地实现文件的安全传输，用户可以使用拖放功能直接将文件拖动到 Windows Explorer 和其他程序中，也可以充分利用 SecureFX 的自动化特性，实现无人为干扰的文件自动传输。总的来说，SecureFX 是一种 FTP 软件，用于实现 Windows 与 UNIX 或 Linux 的文件互动。为 SecureFX 进行远程连接文件传输配置的具体操作步骤如下。

（1）下载 SecureFX 安装程序，如图 1.69 所示，安装 SecureFX。

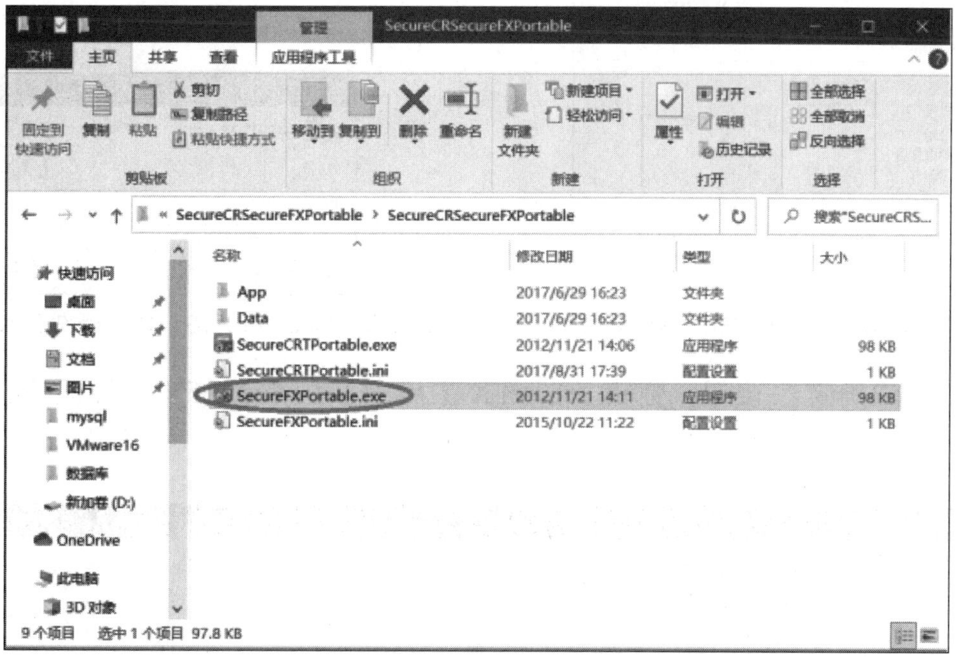

图 1.69 安装 SecureFX

（2）打开 SecureFX，单击工具栏中的图标按钮，如图 1.70 所示。

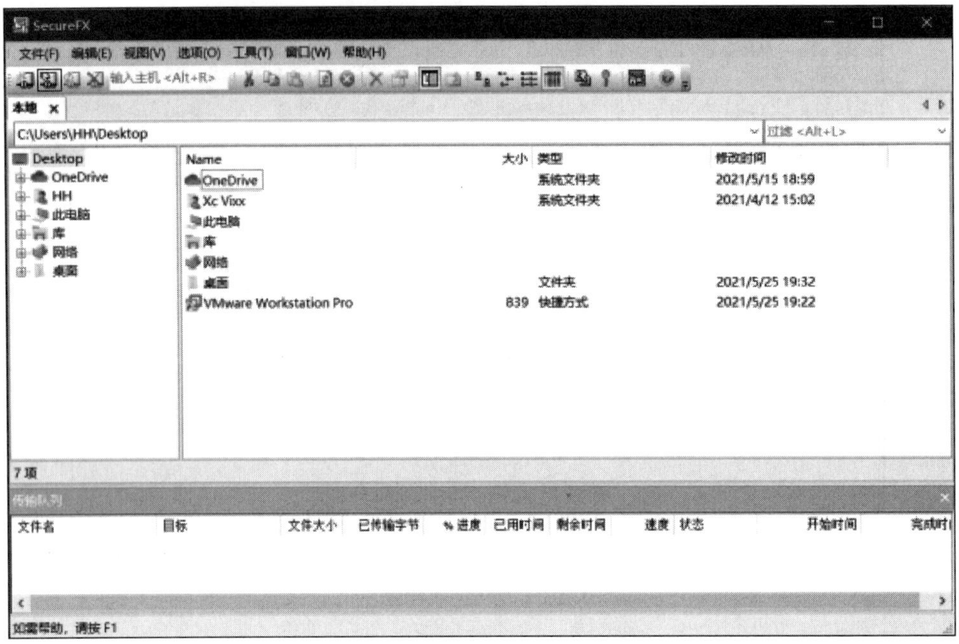

图 1.70　打开 SecureFX

（3）弹出“快速连接”对话框，输入主机名“192.168.100.100”、用户名“root”，然后单击“连接”按钮，如图 1.71 所示。

（4）弹出“输入安全外壳密码”对话框，输入用户名和密码，如图 1.72 所示。

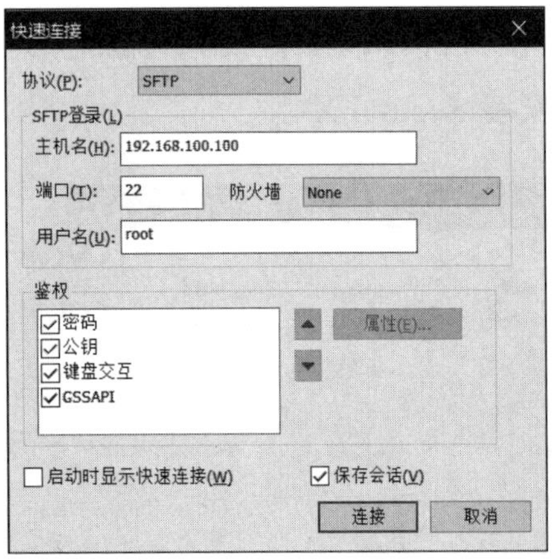

图 1.71　SecureFX 的“快速连接”对话框

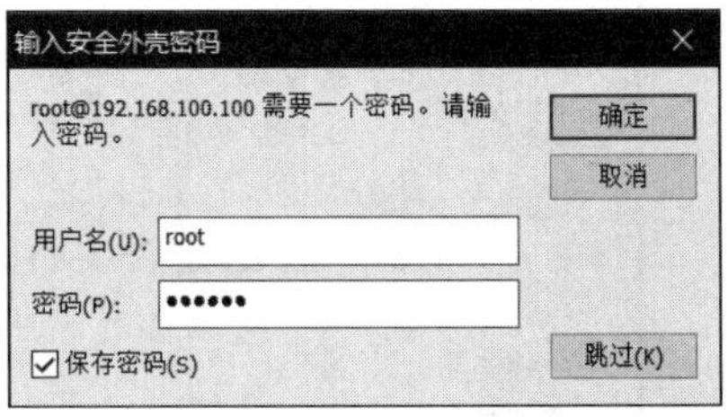

图 1.72　SecureFX 的“输入安全外壳密码”对话框

（5）单击“确定”按钮，弹出 SecureFX 主界面，在 SecureFX 主界面中，选择“选项”→“会话选项”，如图 1.73 所示。

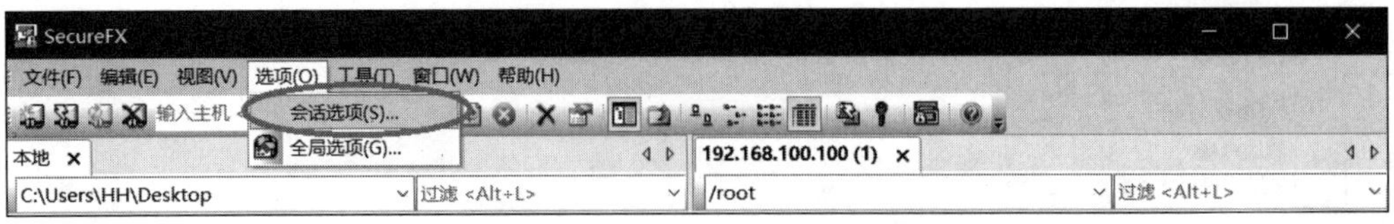

图 1.73　选择“会话选项”选项

（6）弹出“会话选项”对话框，在“类别”中选择“外观”选项，设置“字符编码”为“UTF-8”，如图 1.74 所示。

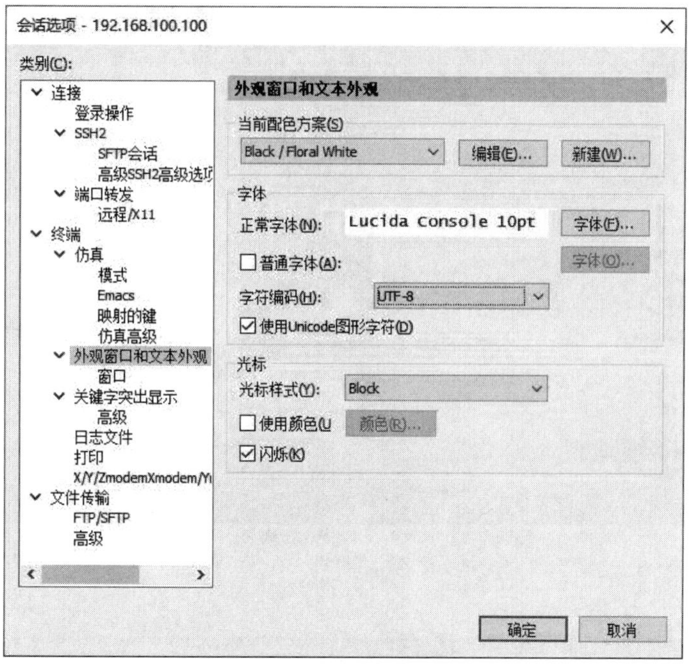

图 1.74 设置会话选项

（7）配置完成后，显示 /boot 目录，查看配置效果，如图 1.75 所示。

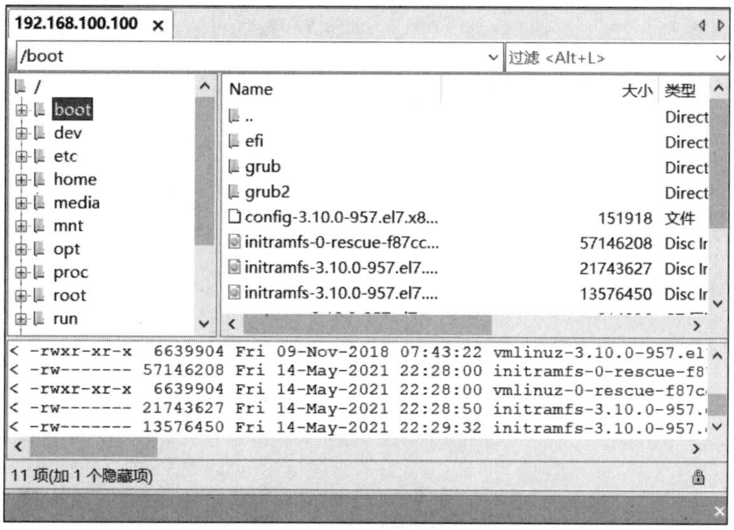

图 1.75 显示配置结果

（8）将 Windows 10 操作系统中 F 盘下的文件 abc.txt，传送到 Linux 操作系统中的 /mnt/aaa 目录下。在 Linux 操作系统中的 /mnt 目录下，新建 aaa 文件夹。选择 aaa 文件夹，同时选择 D 盘下的文件 abc.txt，并将其拖放到传输队列中，如图 1.76 所示。

（9）使用 ls/mnt/aaa 命令，查看网络主机 192.168.100.100 的目录 /mnt/aaa 中 abc.txt 文件的

传送结果，如图 1.77 所示。

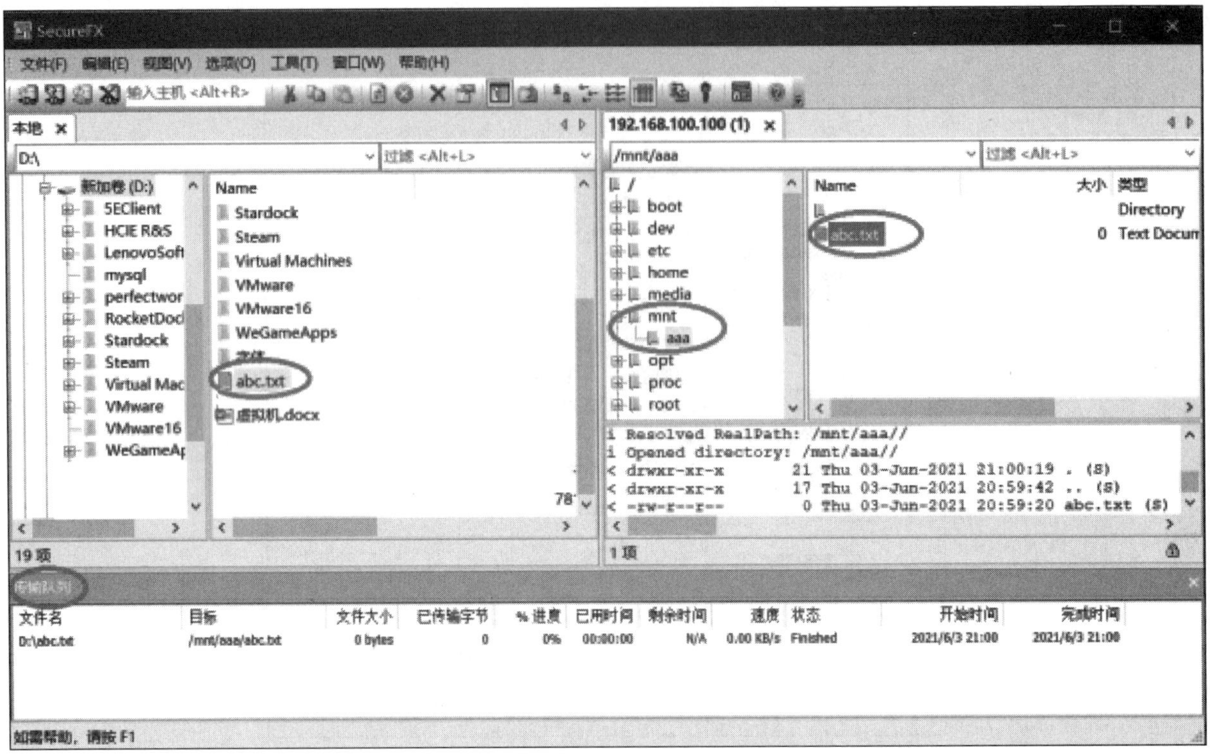

图 1.76 使用 SecureFX 传送文件

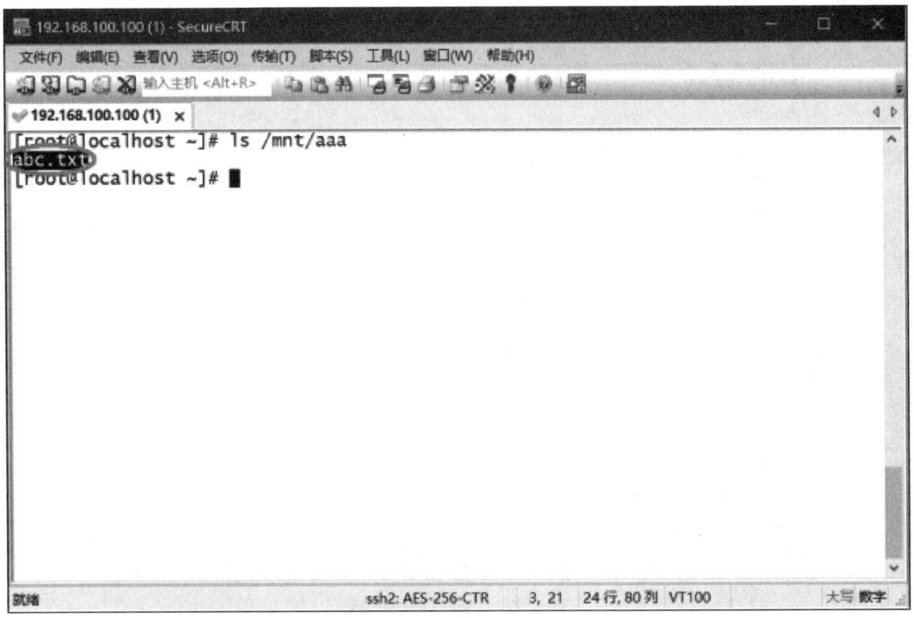

图 1.77 网络主机的目录 /mnt/aaa 中 abc.txt 文件的传送结果

项目实训

在某台物理机上安装 Windows 10 操作系统，并安装 VMware Workstation 16 Pro 虚拟机，

为待安装的 Linux 操作系统创建一个虚拟环境，即创建一台虚拟机。

本实训的任务是在 Windows 10 物理机上安装 VMware Workstation 16 Pro，并在其中安装 CentOS 7.6，使用系统克隆与快照功能以及 SecureCRT 与 SecureFX 远程连接管理 Linux 操作系统。

实训目的

（1）了解采用虚拟机方式安装操作系统的方法。

（2）掌握修改虚拟机配置的方法。

（3）掌握安装 CentOS 7.6 的具体步骤和过程。

（4）掌握虚拟机的系统克隆与快照功能。

（5）掌握 SecureCRT 与 SecureFX 远程连接管理 Linux 操作系统的方法。

实训内容

（1）在 Windows 10 物理机上安装 VMware Workstation 16 Pro。

（2）在 VMware Workstation 16 Pro 中修改相关配置，创建 CentOS 7.6 虚拟机，使用镜像文件安装 CentOS 7.6。

（3）在 VMware Workstation 16 Pro 虚拟机中，使用系统克隆与快照功能，对 CentOS 7.6 进行备份与恢复操作。

（4）使用 SecureCRT 与 SecureFX 远程连接管理 Linux 操作系统，使用 SecureCRT 管理 CentOS 7.6，使用 SecureFX 在 Windows 10 与 Linux 操作系统上传输文件。

练习题

1. 选择题

（1）下列不属于 Linux 操作系统特性的是（　　）。

A. 支持多用户　　B. 支持单任务

C. 开放性　　D. 设备独立性强

（2）Linux 最早是由计算机爱好者（　　）开发的。

A. Linus Torvalds　　B. Andrew Tanenbaum

C. Ken Thompson　　D. Dennis Ritchie

（3）下列中的（　　）是自由软件。

A. Windows XP　　B. UNIX　　C. Linux　　D. mac OS

（4）Linux 操作系统中可以实现关机操作的命令是（　　）。

A. shutdown -k now　　B. shutdown -r now

C. shutdown -c now　　D. shutdown -h now

2. 简答题

（1）简述 Linux 的主要版本及特性。

（2）简述进行图形化与文本模式系统的登录、重启、关机与用户注销操作的方法。

（3）简述进行终端界面切换的步骤。

（4）简述进行系统克隆与快照的步骤。

（5）简述使用 SecureCRT 与 SecureFX 远程连接管理 Linux 操作系统的步骤。

项目2 Linux基本操作命令

02

项目目标

知识目标

◎ 了解 Shell 基本概念、Shell 命令格式以及 Shell 使用技巧。
◎ 理解 Linux 操作系统的目录结构以及各目录的主要作用。
◎ 理解硬链接与软链接、通配符与文件名、输入输出重定向与管道配置方法。

技能目标

◎ 掌握文件及目录显示类、操作类，文件内容显示和处理类，文件查找类的相关命令。
◎ 掌握 Vi、Vim 编辑器的使用方法。

素质目标

◎ 培养工匠精神，以及做事严谨、精益求精、着眼细节、爱岗敬业的品质。
◎ 树立团队互助、合作进取的意识。
◎ 培养系统分析与解决问题的能力。

项目陈述

Linux 操作系统的一个重要特点就是提供了丰富的命令，对用户来说，能否在文本模式和终端模式下，实现对 Linux 操作系统的文件和目录的各种操作，是衡量用户 Linux 操作系统应用水平的一个重要标准。因此，对用户来说，掌握常用的 Linux 命令是非常必要的。

项目知识

2.1 Shell 命令基础

Linux 操作系统的 Shell 作为操作系统的外壳，为用户提供使用操作系统的接口。

Shell 是用户和 Linux 内核之间的接口层，如果把 Linux 内核想象成一个球体的中心，Shell 就是围绕球体中心的外层。Shell 会通过接口与内核交互，当从 Shell 或其他程序向 Linux 传递命令时，内核会做出相应的反应。

2.1.1 Shell 简介

微课

V2-1 Shell 简介

Shell 是一个命令语言解释器，它拥有内建的 Shell 命令集，Shell 也能被系统中的其他应用程序所调用。用户在命令提示符窗口下输入的命令都先由 Shell 解释再传给 Linux 内核。

有一些命令，如改变工作目录命令 cd，是包含在 Shell 内部的；还有一些命令，如复制命令 cp 和移动命令 mv，是存在于文件系统中某个目录下的单独程序。对于用户而言，不必关心一个命令是包含在 Shell 内部还是一个单独程序。

Shell 会先检查一个命令是否为内部命令，若不是，则检查其是否为一个应用程序（这里的应用程序可以是 Linux 本身的实用程序，如 ls 和 rm；也可以是购买的商业程序，如 xv；还可以是自由软件，如 EMACS）。然后，Shell 在搜索路径（搜索路径就是一个能找到可执行程序的目录列表）中寻找这些应用程序。如果输入的命令不是一个内部命令，且在搜索路径中没有找到相应的应用程序，则会显示一条错误信息。如果能够成功找到该命令，则该内部命令或应用程序将被分解为系统调用并传给 Linux 内核。

Shell 的一个重要特点是它自身就是一种解释型的程序设计语言，Shell 语言支持绝大多数高级语言的程序元素，如函数、变量、数组和程序控制结构。Shell 语言具有普通编程语言的很多特点，如具有循环结构和分支结构等，用 Shell 语言编写的 Shell 程序与其他应用程序具有同样的效果。Shell 语言简单易学，任何在命令提示符窗口中能输入的命令都能放到一个可执行的 Shell 程序中。

Shell 是使用 Linux 操作系统的主要环境，也是学习 Linux 不可或缺的一部分。Linux 操作系统提供的 X Window 就像 Windows 一样，也有窗口、菜单和图标，用户可以通过鼠标进行相关的管理操作。在 X Window 中，选择“应用程序”→“系统工具”→“终端”，打开虚拟终端，即可启动 Shell，如图 2.1 所示，在终端中输入的命令就是依靠 Shell 来解释执行的。一般的 Linux 操作系统不仅有 X Window，还有文本模式终端界面，在没有安装图形化终端界面的 Linux 操作系统中，开机会自动进入文本模式终端界面，此时就会启动 Shell，在文本模式终端模式下可以输入命令和系统进行交互。

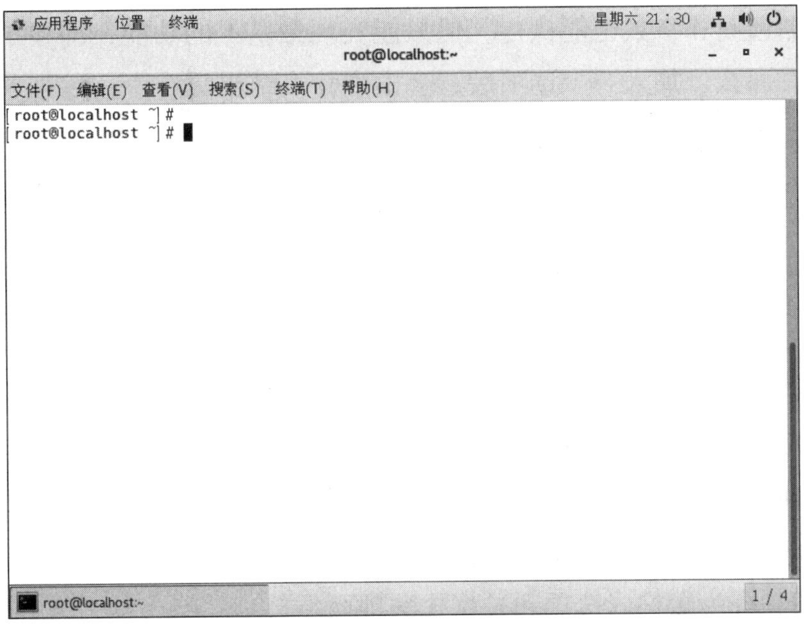

图 2.1 启动 Shell

当用户成功登录后，系统将执行 Shell 程序，显示命令行提示符。对于普通用户来说，用“$”作为提示符；对于超级用户来说，用“#”作为提示符。一旦出现命令行提示符，用户就可以输入命令，系统将执行这些命令。若用户想要中止命令的执行，则可以按“Ctrl+C”组合键；若用户想退出登录，则可以输入 exit、logout 命令或按“Ctrl+D”组合键。

2.1.2 Shell 命令格式

1. Shell 命令的基本格式

在 Linux 操作系统中看到的命令其实就是 Shell 命令，Shell 命令的基本格式如下。

```
command [ 选项 ] [ 参数 ]
```

相关说明如下。

（1）command 为命令名称，如查看当前文件夹下文件或文件夹的命令名称是 ls。

（2）[选项] 表示其中选项可选，是对命令的特别定义，选项以连接符“-”开始，多个选项可以用一个连接符“-”连接，例如，ls -l -a 与 ls -la 的作用是相同的。有些命令不写选项和参数也能执行，有些命令在必要的时候可以附带选项和参数。

ls 是一个常用的命令，它属于目录操作命令，用来列出当前目录下的文件和文件夹。ls 命令后可以加选项，也可以不加选项，不加选项的写法如下。

```
[root@localhost ~]# ls
anaconda-ks.cfg  initial-setup-ks.cfg  公共  模板  视频  图片  文档  下载  音乐  桌面
[root@localhost ~]#
```

ls 命令后不加选项和参数也能执行，但只能实现最基本的功能，即显示当前目录下的文件名和文件夹名。那么，加入一个选项后，会出现什么结果呢？

```
[root@localhost ~]# ls  -l
总用量 8
-rw-------. 1 root root 1647 6月   8 01:27 anaconda-ks.cfg
-rw-r--r--. 1 root root 1695 6月   8 01:30 initial-setup-ks.cfg
drwxr-xr-x. 2 root root    6 6月   8 01:41 公共
……
drwxr-xr-x. 2 root root   40 6月   8 01:41 桌面
[root@localhost ~]#
```

如果加 -l 选项，则可以看到显示的内容明显增多，-l 可用于显示文件的详细信息。

由此可以看到，选项的作用是调整命令功能。如果没有加选项，那么命令只能实现最基本的功能；而一旦有选项，命令就能实现更多功能，或者显示更加丰富的信息。

Linux 的选项又分为短格式选项和长格式选项两类。

短格式选项是长格式选项的简写，用一个“-”和一个字母表示，如 -l。

长格式选项包含完整的英文单词，用两个“-”和一个单词表示，如 --all。

一般情况下，短格式选项是长格式选项的简写，即一个短格式选项会有对应的长格式选项。当然也有例外，例如，ls 命令的短格式选项 -l 就没有对应的长格式选项，所以具体的命令选项需要通过帮助手册来查询。

（3）[参数] 表示跟在可选项后的可选参数。参数可以是文件，也可以是目录；可以没有，也可以有多个。有些命令必须使用多个参数，例如，cp 命令必须指定源对象和目标对象。

（4）command [选项] [参数] 等项目之间以空格隔开，无论有几个空格，Shell 都视其为一个空格。

2. 输入命令时键盘操作的一般规律

（1）命令、文件名、参数等都要区分英文大小写，如 md 与 MD 是不同的。

（2）命令、选项、参数之间必须有一个或多个空格。

（3）当命令太长时，可以使用“\”来转义“Enter”键，以实现一条命令跨多行。

```
[root@localhost ~]# hostnamectl set-hostname \          //输入“\”来转义“Enter”键
> test1                                                //输入主机名“test1”
[root@localhost ~]# bash                               //bash 执行命令
[root@test1 ~]#
```

（4）按“Enter”键以后，命令才会被执行。

2.1.3 显示系统信息的命令

1. who——查看用户登录信息

who 命令主要用来查看当前登录的用户信息，命令如下。

```
[root@localhost ~]# who  -a              //显示所有用户的信息
           系统引导 2023-06-21 06:43
           运行级别 5 2023-06-21 06:44
root     + pts/0       2023-06-21 07:03   .           10895 (192.168.100.1)
root     ? :0          2023-06-21 07:04   ?           10969 (:0)
root     + pts/1       2023-06-21 07:10 02:00         12086 (:0)
[root@localhost ~]#
```

2. whoami——显示当前操作用户名

whoami 命令用于显示当前操作用户名，命令如下。

```
[root@localhost ~]# whoami
root
[root@localhost ~]#
```

3. hostname/hostnamectl——显示或设置当前系统的主机名

（1）hostname 命令用于显示当前系统的主机名，命令如下。

```
[root@localhost ~]# hostname                          //显示当前系统的主机名
localhost                                             //主机名为localhost
[root@localhost ~]#
```

（2）hostnamectl 命令用于设置当前系统的主机名，命令如下。

```
[root@localhost ~]# hostnamectl  set-hostname  test1   //设置当前系统的主机名为test1
[root@localhost ~]# bash                               //启动新的bash环境执行命令
[root@test1 ~]#
[root@test1 ~]# hostname
test1
[root@test1 ~]#
```

4. date——显示当前时间 / 日期

date 命令用于显示当前时间 / 日期，可以通过执行 date 命令来查看当前时间 / 日期，命令如下。

```
[root@localhost ~]# date
2023年 06月 21日 星期日 12:57:43 CST
[root@localhost ~]#
```

5. cal——显示日历

cal 命令用于显示日历信息，命令如下。

```
[root@localhost ~]# cal
      六月 2023
日 一 二 三 四 五 六
    1  2  3  4  5  6
 7  8  9 10 11 12 13
14 15 16 17 18 19 20
21 22 23 24 25 26 27
28 29 30
[root@localhost ~]#
```

6. clear——清除屏幕

clear 命令相当于 DOS 中的 cls 命令，用于清除屏幕中的内容，命令如下。

```
[root@localhost ~]# clear
[root@localhost ~]#
```

7. 查看 Linux 系统内核版本

cat 命令用于查看当前 Linux 系统内核版本，命令如下。

```
[root@localhost ~]# cat  /proc/version
Linux version 3.10.0-957.el7.x86_64 (mockbuild@kbuilder.bsys.centos.org) (gcc version 4.8.5 20150623 (Red Hat 4.8.5-36) (GCC) ) #1 SMP Thu Nov 8 23:39:32 UTC 2018
[root@localhost ~]#
[root@localhost ~]# cat  /etc/redhat-release
CentOS Linux release 7.6.1810 (Core)
[root@localhost ~]#
```

uname 命令用于查看当前 Linux 系统内核版本，命令如下。

```
[root@localhost ~]# uname  -a
Linux  localhost  3.10.0-957.el7.x86_64  #1  SMP  Thu  Nov  8  23:39:32  UTC  2018  x86_64 x86_64 x86_64 GNU/Linux
[root@localhost ~]#
```

2.1.4　Shell 使用技巧

1. 自动补齐功能

Linux 操作系统中有许多实用的功能，下面介绍自动补齐功能。在命令模式下，输入字符后，按两次“Tab”键，Shell 就会列出以这些字符开头的所有可用命令。如果只有一个命令被匹配到，则按一次“Tab”键会自动将其补齐。当然，除了补齐命令，该功能还可以补齐路径和文件名。示例如下。

```
[root@localhost ~]# mkd<Tab>
mkdict    mkdir      mkdosfs    mkdumprd
[root@localhost ~]#
```

在以上示例中，Shell 列出所有以字符串 mkd 开头的已知命令，该功能被称为“命令行自动补齐”，该功能经常被使用。

在命令行模式下进行操作时，建议经常使用“Tab”键，这样可以避免因拼写错误导致的输入错误。

2. 查看历史命令

若要查看最近使用过的命令，则可以在终端中执行 history 命令。

执行历史命令最简单的一种方法就是利用“↑”“↓”键，这样可以查看最近执行过的命令，减少输入命令的次数，在需要执行重复的命令时非常方便。例如，用户每按一次“↑”键，系统就会把上一次执行的命令显示出来，用户可以按“Enter”键执行该命令。

当用某账号登录系统后，系统将根据历史命令文件进行初始化，历史命令文件的文件名由环境变量 HISTFILE 指定。历史命令文件的默认名称是 .bash_history（名称以“.”开头的文件是隐藏文件），该文件通常在用户主目录下，如超级用户的历史命令文件为 /root/.bash_history，普通用户的历史命令文件为 /home/*/.bash_history。

```
[root@localhost ~]# cat   /root/.bash_history      //显示超级用户的历史命令文件的内容
ip address
ifconfig
ll /mnt
ls /mnt/aaa
clear
cat  /etc/sysconfig/network-scripts/ifcfg-ens33
[root@localhost ~]#
[root@localhost ~]# cat  /home/*/.bash_history    //显示普通用户的历史命令文件的内容
su -
[root@localhost ~]#
```

bash 通过历史命令文件保留了一定数目的已经在 Shell 中输入过的命令，这个数目取决于环境变量 HISTSIZE（默认保存 1000 条命令，此值可以更改）。但是 bash 执行命令时，不会立刻将命令写入历史命令文件，而是先将命令存放在内存的缓冲区中，该缓冲区被称为历史命令列表，等 bash 退出后再将历史命令列表中的内容写入历史命令文件。用户也可以执行 history -w 命令，要求 bash 立刻将历史命令列表中的内容写入历史命令文件。这里要分清楚两个概念——历史命令文件与历史命令列表。

history 命令可以用来显示和编辑历史命令，其语法格式如下。

语法格式 1：

```
history  [n]
```

功能：当 history 命令没有参数时，将显示整个历史命令列表的内容；当使用参数 n 时，将显示最近 *n* 条历史命令。

【实例 2.1】显示最近 5 条历史命令，命令如下。

```
[root@localhost ~]# history 5
   27  dir
   28  clear
   29  ip address
   30  ifconfig
   31  history 5
[root@localhost ~]#
```

执行历史命令时，可以使用 history 命令显示历史命令列表，也可以在 history 命令后加一个整数，表示希望显示的命令条数。表 2.1 为快速执行历史命令的格式及其功能，每条命令前都有一个序号，可以按照表 2.1 所示的格式快速执行历史命令。

【实例 2.2】对于实例 2.1 中序号为 30 的历史命令 ifconfig，输入“!30”并执行，命令如下。

```
[root@localhost ~]# !30                                    //输入“!30”并执行
ifconfig
ens33: flags=4163<UP,BROADCAST,RUNNING,MULTICAST>  mtu 1500
          inet 192.168.100.100  netmask 255.255.255.0  broadcast 192.168.100.255
          inet6 fe80::9e65:474e:a21:97c6  prefixlen 64  scopeid 0x20<link>
          ether 00:0c:29:80:54:9b  txqueuelen 1000  (Ethernet)
          RX packets 10906  bytes 841566 (821.8 KiB)
          RX errors 0  dropped 0  overruns 0  frame 0
          TX packets 2619  bytes 298610 (291.6 KiB)
          TX errors 0  dropped 0 overruns 0  carrier 0  collisions 0
......
 [root@localhost ~]#
```

表 2.1　快速执行历史命令的格式及其功能

格式	功能
!n	n 表示序号（执行 history 命令后可以看到），用于重新执行第 *n* 条命令
!-n	重新执行前 *n* 条命令
!!	重新执行上一条命令
!string	执行最近用到的以 string 开头的历史命令
!?string[?]	执行最近用到的包含 string 的历史命令
<Ctrl+R>	在历史命令列表中查询某条历史命令

语法格式 2：

```
history  [选项] [filename]
```

以上 history 命令的各选项及功能说明如表 2.2 所示。

表 2.2 history 命令的各选项及功能说明

选项	功能说明
-a	将历史命令列表中的内容追加到历史命令文件中
-c	清空历史命令列表
-n	将历史命令文件中的内容追加到当前历史命令列表中
-r	将历史命令文件中的内容更新（替换）到当前历史命令列表中
-w	将历史命令列表中的内容写入历史命令文件中，并覆盖历史命令文件中原来的内容
filename	如果 filename 选项没有指定，则 history 命令将使用环境变量 HISTFILE 指定的文件名

【实例 2.3】自定义历史命令列表。

（1）新建一个文件（如 /root/history.txt），用来存储自己的常用命令，每条命令占一行，命令如下。

```
[root@localhost ~]# pwd                              //查看当前目录
/root
[root@localhost ~]# touch history.txt                //新建 history.txt 文件
[root@localhost ~]# cat history.txt                  //显示文件内容，内容为空
[root@localhost ~]#
```

（2）清空历史命令列表，命令如下。

```
[root@localhost ~]# history  -c
[root@localhost ~]#
```

（3）将历史命令列表中的内容写入历史命令文件中，并覆盖历史命令文件的原来内容，命令如下。

```
[root@localhost ~]# dir
aa.txt    history.txt                 mkfs.ext2   mkrfc2734   视频   下载
anaconda-ks.cfg  initial-setup-ks.cfg  mkfs.msdos  公共        图片   音乐
font.map  mkfontdir                 mkinitrd    模板       文档    桌面
[root@localhost ~]# ll                                    //显示详细信息
总用量 16
-rw-r--r--. 1 root root   88 6月  21 14:55 aa.txt
-rw-------. 1 root root 1647 6月   8 01:27 anaconda-ks.cfg
-rw-r--r--. 1 root root    0 6月  20 22:37 font.map
……
drwxr-xr-x. 2 root root   40 6月   8 01:41 桌面
[root@localhost ~]# history -w /root/history.txt          //写入并覆盖历史命令文件的原来内容
[root@localhost ~]# cat /root/history.txt                 //显示 history.txt 文件的内容
dir
ll
history -w /root/history.txt
[root@localhost ~]#
```

3. 命令别名

用户可以为某一个复杂的命令创建一个简单的别名，当用户使用这个别名时，系统就会

自动地找到并执行这个别名对应的真实命令，从而提高工作效率。

可以使用 alias 命令查询当前已经定义的别名列表。使用 alias 命令可以创建别名，使用 unalias 命令可取消别名设置。alias 命令的语法格式如下。

```
alias    [别名]=[命令名称]
```

功能：设置命令的别名，如果不加任何参数，仅输入并执行 alias 命令，则将列出当前所有的别名设置。alias 命令仅对该次登录系统有效，如果希望每次登录系统都能够使用某命令别名，则需要编辑用户的 .bashrc 文件（超级用户的文件为 /root/.bashrc，普通用户的文件为 /home/*/.bashrc），按照如下格式添加一行命令。

```
alias    别名='需要替换的命令名称'
```

保存 .bashrc 文件，当再次登录系统时，即可使用命令别名。

注 意

在定义别名时，等号两边不能有空格，等号右边的命令一般会包含空格或特殊字符，此时需要使用单引号将它们引起来。

显示超级用户的 .bashrc 文件内容的命令如下。

```
[root@localhost ~]# cat   /root/.bashrc        //显示超级用户的 .bashrc 文件的内容
# .bashrc
# User specific aliases and functions
alias rm='rm -i'
alias cp='cp -i'
alias mv='mv -i'
# Source global definitions
if [ -f /etc/bashrc ]; then
            . /etc/bashrc
fi
[root@localhost ~]#
```

【实例 2.4】执行不加任何参数的 alias 命令，列出当前所有的别名设置，命令如下。

```
[root@localhost ~]# alias                   //执行不加任何参数的 alias 命令
alias cp='cp -i'
alias egrep='egrep --color=auto'
alias fgrep='fgrep --color=auto'
……
alias which='alias | /usr/bin/which --tty-only --read-alias --show-dot --show-tilde'
[root@localhost ~]#
```

【实例 2.5】为 ls -l /home 命令设置别名 displayhome，则可使用 displayhome 命令，再执行 unalias displayhome 命令，取消别名设置，则 displayhome 已经不是命令了。

设置命令别名的命令如下。

```
[root@localhost home]# alias displayhome='ls -l /home'
[root@localhost home]# displayhome
总用量 0
drwx------. 5 user01 user01 121 6月  21 22:20 user01
drwxr-xr-x. 2 root   root    20 6月  21 22:21 user02
drwxr-xr-x. 2 root   root    20 6月  21 22:21 user03
[root@localhost home]#
```

查看当前别名配置信息，命令如下。

```
[root@localhost home]# alias
alias cp='cp -i'
alias displayhome='ls -l /home'
alias egrep='egrep --color=auto'
alias fgrep='fgrep --color=auto'
……
alias which='alias | /usr/bin/which --tty-only --read-alias --show-dot --show-tilde'
[root@localhost home]#
```

取消别名设置的命令如下，执行该命令后，displayhome 不再是命令。

```
[root@localhost home]# unalias  displayhome
[root@localhost home]# displayhome
bash: displayhome: 未找到命令 ...
[root@localhost home]#
```

4. 命令帮助

由于 Linux 操作系统的命令以及选项和参数非常多，所以用户可借助 Linux 操作系统提供的各种帮助工具，不用费力记住所有命令的用法，部分帮助工具如下。

（1）利用 whatis 命令可以查询命令。

```
[root@localhost ~]# whatis  ls
ls (1)                  - 列出目录内容
ls (1p)                 - 列出目录内容
[root@localhost ~]#
```

（2）利用 --help 选项可以查询命令。

```
[root@localhost ~]# ls  --help
用法：ls [ 选项 ]... [ 文件 ]...
List information about the FILEs (the current directory by default).
Sort entries alphabetically if none of -cftuvSUX nor --sort is specified.
Mandatory arguments to long options are mandatory for short options too.
  -a, --all                    不隐藏任何以“.”开始的项目
  -A, --almost-all             列出除“.”及“..”以外的任何项目
      --author                 与 -l 同时使用时将列出每个文件的作者
  -b, --escape                 以八进制溢出序列表示不可输出的字符
```

```
        --block-size=SIZE        scale sizes by SIZE before printing them; e.g.,
                                 '--block-size=M' prints sizes in units of
                                 1,048,576 bytes; see SIZE format below
    ……
```

（3）利用 man 命令可以查询命令。

```
    [root@localhost ~]# man  ls
    LS(1)                          General Commands Manual                          LS(1)
    NAME
            ls, dir, vdir - 列出目录内容
    提要
            ls [ 选项 ] [ 文件名 ...]
            POSIX 标准选项 : [-CFRacdilqrtu1]
    GNU 选项 ( 短格式 ):
            [-1abcdfgiklmnopqrstuxABCDFGLNQRSUX] [-w cols] [-T cols] [-l pattern] [--full-
time] [--format={long,ver-
            bose,commas,across,vertical,single-column}][--sort={none,time,size,extension}]
            [--time={atime,access,use,ctime,status}] [--color[={none,auto,always}]] [--help]
[--version] [--]
    描述 ( DESCRIPTION )
          程序 ls 先列出非目录的文件项，再列出每一个目录中的 " 可显示 " 文件。如果
          没有选项之外的参数（即文件名部分为空）出现，则默认为 "."（当前目录）
        ……
```

2.2 Linux 文件及目录管理

文件系统是 Linux 操作系统的重要组成部分，文件系统中的文件是数据的集合，文件系统不仅包含文件中的数据，还包含文件系统的目录结构，所有 Linux 用户和程序看到的文件、目录、软链接及文件保护信息等都存储在文件系统中。学习 Linux 时，不要仅限于学习各种命令，了解整个 Linux 文件系统的目录结构，以及各个目录的功能同样至关重要。

微课

V2-2 Linux 文件系统的目录结构

2.2.1 Linux 文件系统的目录结构

Linux 操作系统安装完成以后，会自动建立一套完整的文件系统目录结构，虽然各个 Linux 发行版之间有一些差异，但是基本上都遵循传统 Linux 文件系统建立目录结构的方法，即最底层的目录称为根目录，用“/”表示。Linux 文件系统的主要目录结构如图 2.2 所示。

Linux 文件系统的目录结构不同于 Windows 操作系统的，Linux 文件系统只有一棵文件树，整个文件系统是以根目录“/”为起点的，所有的文件和外部设备（如硬盘、光驱、打印机等）都以文件的形式挂载在这棵文件树上。通常 Linux 发行版的根目录下含有 /boot、/dev、/etc、/home、/media、/mnt、/opt、/proc、/root、/run、/srv、/sys、/tmp、/usr、/var、

/bin、/lib、/lib64、/sbin 等目录。

其主要目录说明如下。

/boot：系统启动目录，存放的是启动 Linux 时需要的一些核心文件，包括一些链接文件及映像文件，与系统启动相关的文件，如内核文件和启动引导程序（grub）文件等。

/dev：Linux 设备文件保存目录，dev 是 device（设备）的简写，Linux 中的设备都是以文件的形式存在的。

/etc：该目录用于存放超级用户所需要的配置文件和子目录，该目录的内容一般只能由超级用户进行修改，密码文件、网络配置信息、系统内所有采用默认安装方式（RPM 安装）的服务配置文件全部保存在该目录下。

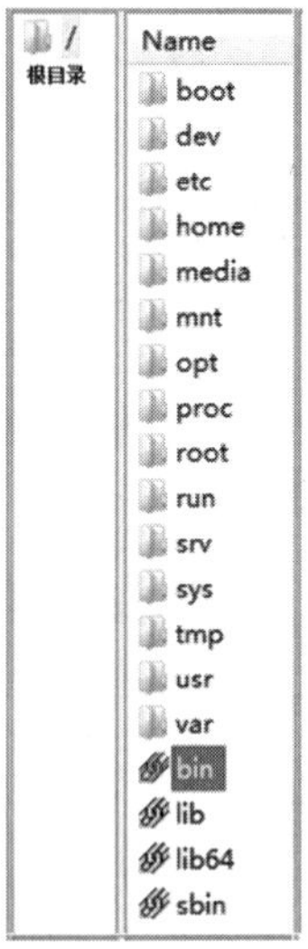

图 2.2　Linux 文件系统的主要目录结构

/home：普通用户的主目录（也称为家目录），在创建用户时，每个用户都要有一个默认登录和保存自己数据的位置，即用户的主目录。所有普通用户的主目录都是在 /home 下建立的一个和用户名相同的目录，用户的主目录是系统为该用户分配的存放空间，例如，用户 user01 的主目录就是 /home/user01，这个目录主要用于存放与个人用户有关的私人文件。

/media：挂载目录，用来挂载媒体设备，如软盘和光盘。

/mnt：挂载目录，该目录是空的，用来挂载额外的设备，如 U 盘、移动硬盘和其他操作系统的分区。

/opt：第三方软件包的保存目录，该目录用于放置和安装第三方软件，手动安装的源代码包软件都可以安装到该目录下。但建议将软件安装到 /usr/local 目录下，也就是说，/usr/local 目录也可以用来安装软件。

/proc：虚拟目录，是系统内存的映射，可直接访问该目录来获取系统信息。该目录中的数据并不保存在硬盘中，而是保存在内存中。该目录主要用于保存系统的内核、进程、外部设备状态和网络状态等信息。例如，/proc/cpuinfo 目录用于存放中央处理器（Central Processing Unit，CPU）信息，/proc/devices 目录用于存放设备驱动列表，/proc/filesystems 目录用于存放文件系统列表，/proc/net 目录用于存放网络协议信息。

/root：超级用户的主目录，普通用户的主目录在 /home 目录下，超级用户的主目录为该目录。

/run：该目录用于存放自系统启动以来描述系统信息的文件。

/srv：服务数据目录，一些系统服务启动之后，可以在该目录下保存所需要的数据。

/sys：该目录主要用于存放硬件设备的驱动信息，如虚拟文件系统信息（其中包含有关硬件和内核的信息）。

/tmp：系统存放临时文件的目录，在该目录下，所有用户都可以进行访问和写入。该目录下不要保存重要数据，用户最好每次开机时都把该目录清空。

/usr：该目录用于存储系统软件资源，即应用程序和文件。用户要用到的程序和文件几乎都存放在该目录下。当安装一个 Linux 发行版官方提供的软件包时，大多安装在该目录下。

/var：该目录用于存放运行时需要改变数据的文件，也是某些大文件的溢出区，如各种服务的日志文件（系统启动日志等）。

/bin：该目录用于存放系统基本的用户命令。基础系统所需要的命令（如 ls、rm、cp 等）位于该目录下，普通用户和超级用户都可以执行该目录下的命令，位于该目录下的命令在单用户模式下也可以执行。

/lib 与 /lib64：该目录用于保存系统调用的函数库，包含最基本的共享库和内核模块，还用于保存启动系统和执行 root 文件系统的命令。

/sbin：用于保存超级用户命令，拥有超级用户权限的用户可以执行这些命令。

2.2.2 文件及目录显示类命令

1. pwd——显示当前工作目录

pwd 是 print working directory 的缩写，用于显示当前工作目录（以绝对路径的形式显示目录），命令如下。

微课

V2-3 文件及目录显示类命令

```
[root@localhost ~]# pwd                     // 显示当前工作目录
/root
[root@localhost ~]#
```

每次打开终端时，系统都会处在某个当前工作目录中，一般开启终端后，默认的当前工作目录是用户的主目录。

2. cd——改变当前工作目录

cd 是 change directory 的缩写，用于改变当前工作目录。其命令格式如下。

```
cd [绝对路径或相对路径]
```

路径是目录或文件在系统中的存放位置，如果想要编辑 ifcfg-ens33 文件，则先要知道此文件的所在位置，此时就需要用路径来表示其位置。

路径是由目录和文件名构成的，例如，/etc 是一个路径，/etc/sysconfig 是一个路径，/etc/sysconfig/network-scripts/ifcfg-ens33 也是一个路径。

路径的分类如下。

（1）绝对路径：从根目录“/”开始的路径，如 /usr、/usr/ local/、/usr/local/etc 等是绝对路径，它指向系统中一个绝对的位置。

（2）相对路径：不是由“/”开始的路径，相对路径的起点为当前目录，如果现在位于 /usr 目录，那么相对路径 local/etc 所指示的位置为 /usr/local/etc。也就是说，相对路径所指示的位置，除了受到相对路径本身的影响之外，还受到当前目录的影响。

Linux 操作系统中常见的目录有 /bin、/usr/bin、/usr/local/bin，如果只有一个相对路径 bin，那么它指示的位置可能是上面 3 个目录中的任意一个，也可能是其他目录。除此之外，Linux 操作系统中还有一些特殊符号可以用于目录表示，特殊符号表示的目录如表 2.3 所示。

表 2.3　特殊符号表示的目录

特殊符号	表示的目录
~	代表当前登录用户的主目录
~用户名	代表切换至指定用户的主目录
-	代表上次所在目录
.	代表当前目录
..	代表上级目录

如果只输入 cd，未指定目标目录名，则返回到当前用户的主目录，等效于 cd~。一般用户的主目录默认在 /home 下，超级用户的默认主目录为 /root。为了能够进入指定的目录，用户必须拥有对指定目录的执行和读权限。

【实例 2.6】以超级用户身份登录到系统中，进行目录切换等操作，命令如下。

```
[root@localhost ~]# pwd                          //显示当前工作目录
/root
[root@localhost ~]# cd /etc                      //以绝对路径进入 etc 目录
[root@localhost etc]# cd yum.repos.d             //以相对路径进入 yum.repos.d 目录
[root@localhost yum.repos.d]# pwd
/etc/yum.repos.d
[root@localhost yum.repos.d]# cd .               //当前目录
[root@localhost yum.repos.d]# cd ..              //上级目录
[root@localhost etc]# pwd
/etc
[root@localhost etc]# cd ~                       //当前登录用户的主目录
[root@localhost ~]# pwd
/root
[root@localhost ~]# cd -                         //上次所在目录
/etc
[root@localhost etc]#
```

3. ls——显示目录文件

ls 是 list 的简写，当不加参数时，ls 命令用来显示当前目录的文件，是 Linux 中最常用的命令之一。通过 ls 命令不仅可以查看 Linux 中当前目录包含的文件，还可以查看文件及目录的权限、目录信息等。其命令格式如下。

```
ls    [选项]    目录或文件名
```

ls 命令各选项及其功能说明如表 2.4 所示。

表 2.4 ls 命令各选项及其功能说明

选项	功能说明
-a	显示所有文件，包括隐藏文件，如文件名以“.”“..”开头的文件
-d	仅可以查看目录的属性参数及信息
-h	以易于阅读的格式显示文件或目录的大小
-i	查看任意一个文件的节点
-l	以长格式输出文件属性等详细信息
-L	递归显示，即列出某个目录及其子目录的所有文件和目录
-t	以文件和目录的更改时间顺序显示

【实例 2.7】使用 ls 命令，进行显示目录文件等相关操作，具体命令如下。

（1）显示所有文件，包括隐藏文件，如文件名以“.”“..”开头的文件。

```
[root@localhost ~]# ls -a
.                    .bash_profile  .esd_auth        mkfontdir    .tcshrc   文档
..                   .bashrc         font.map        mkfs.ext2    .Viminfo  下载
aa.txt               .cache          history.txt     mkfs.msdos    公共     音乐
anaconda-ks.cfg      .config        .ICEauthority    mkinitrd      模板     桌面
……
[root@localhost ~]#
```

（2）以长格式输出文件属性等详细信息。

```
[root@localhost ~]# ls   -l
总用量 16
-rw-r--r--. 1 root root   85 6月  25 14:04 aa.txt
-rw-------. 1 root root 1647 6月   8 01:27 anaconda-ks.cfg
-rw-r--r--. 1 root root    0 6月  20 22:37 font.map
……
[root@localhost ~]#
```

4. stat——显示文件或文件系统状态信息

stat 是 status 的简写，若想显示 /etc/passwd 的文件系统状态信息，则可执行以下命令。

```
[root@localhost ~]# stat /etc/passwd
   文件："/etc/passwd"
   大小：2398            块：8              IO 块：4096   普通文件
设备：fd00h/64768d       Inode：34166768     硬链接：1
权限：(0644/-rw-r--r--)  Uid：(    0/    root)  Gid：(    0/    root)
环境：system_u:object_r:passwd_file_t:s0
最近访问：2023-06-24 19:38:01.988548772 +0800
最近更改：2023-06-21 07:11:04.502930151 +0800
最近改动：2023-06-21 07:11:04.503930198 +0800
创建时间：-
[root@localhost ~]#
```

通过该命令可以查看文件的大小、类型、环境、访问权限、访问和修改时间等相关信息。

5. du——查看文件或目录的容量大小

使用 du 命令可以查看文件或目录的容量大小。其命令格式如下。

```
du  [选项]  文件或目录
```

du 命令各选项及其功能说明如表 2.5 所示。

表 2.5 du 命令各选项及其功能说明

选项	功能说明
-a	显示每个指定文件的磁盘使用情况，或者显示指定目录中的每个文件各自的磁盘使用情况
-b	显示目录或文件的容量大小时，以 B 为单位
-c	除了显示目录或文件的容量大小外，还显示所有目录或文件的容量总和
-D	显示指定符号连接的源文件大小
-h	以 KB、MB、GB 为单位显示文件或目录的容量大小，增强信息的可读性
-H	与 -h 选项相同，但是 KB、MB、GB 是以 1000 为换算单位的，而不是以 1024 为换算单位的
-l	重复计算硬件连接的文件
-L	显示选项中指定符号连接的源文件大小
-s	仅显示总计，即当前目录的容量大小
-S	显示每个目录的容量大小时，并不包含其子目录的容量大小
-x	以一开始处理时的文件系统目录为准，若遇到其他不同的文件系统目录，则略过

【实例 2.8】使用 du 命令查看文件或目录的容量大小，执行以下命令。

```
[root@localhost /]# du  -h  /boot           // 以 KB、MB、GB 为单位，显示文件或目录的容量大小
0       /boot/efi/EFI/CentOS/fw
5.9M    /boot/efi/EFI/CentOS
1.9M    /boot/efi/EFI/BOOT
7.7M    /boot/efi/EFI
7.7M    /boot/efi
2.4M    /boot/grub2/i386-pc
3.2M    /boot/grub2/locale
2.5M    /boot/grub2/fonts
8.0M    /boot/grub2
4.0K    /boot/grub
147M     /boot
[root@localhost /]# du  -hs  /boot          // 仅显示总计，即当前目录的容量大小
147M     /boot
[root@localhost /]#
```

2.2.3 文件及目录操作类命令

微课

V2-4 文件及目录操作类命令

1. touch——创建文件或修改文件的存取时间

touch 命令可以用来创建文件或修改文件的存取时间，如果指定的文件不存在，则会生成一个空文件。其命令格式如下。

```
touch  [选项]   目录或文件名
```

touch 命令各选项及其功能说明如表 2.6 所示。

表 2.6 touch 命令各选项及其功能说明

选项	功能说明
-a	只把文件存取时间修改为当前时间
-d	把文件的存取时间和修改时间格式改为 yyyymmdd
-m	只把文件的修改时间修改为当前时间

【实例 2.9】使用 touch 命令创建一个或多个文件，执行以下命令。

```
[root@localhost ~]# cd  /mnt                                        // 切换目录
[root@localhost mnt]# touch  file01.txt                             // 创建一个文件
[root@localhost mnt]# touch  file02.txt  file03.txt  file04.txt     // 创建多个文件
[root@localhost mnt]#
```

使用 touch 命令把 /mnt 目录下的所有文件的存取和修改时间修改为 2023 年 6 月 26 日，执行以下命令。

```
[root@localhost mnt]# touch  -d  20230626  /mnt/*
[root@localhost mnt]# ls  -l
总用量 0
-rw-r--r--. 1 root root 0 6月  26 2023 file01.txt
-rw-r--r--. 1 root root 0 6月  26 2023 file02.txt
-rw-r--r--. 1 root root 0 6月  26 2023 file03.txt
-rw-r--r--. 1 root root 0 6月  26 2023 file04.txt
[root@localhost mnt]#
```

使用 touch 命令创建多个文件，也可以使用如下命令。

```
[root@localhost mnt]# touch  test{1..4}.txt                  // 同时创建 4 个文件
[root@localhost mnt]# ls -l
总用量 0
-rw-r--r-- 1 root root 0 6月  26 2023 test1.txt
-rw-r--r-- 1 root root 0 6月  26 2023 test2.txt
-rw-r--r-- 1 root root 0 6月  26 2023 test3.txt
-rw-r--r-- 1 root root 0 6月  26 2023 test4.txt
[root@localhost mnt]#
```

2. mkdir——创建新目录

mkdir 命令用于创建指定名称的目录，要求创建目录的用户在当前目录中具有写权限，并且指定的目录不能是当前目录中已有的目录，目录既可以是绝对路径，也可以是相对路径。其命令格式如下。

```
mkdir  [选项]  目录名
```

mkdir 命令各选项及其功能说明如表 2.7 所示。

表 2.7 mkdir 命令各选项及其功能说明

选项	功能说明
-p	递归创建目录，如果父目录不存在，则可以与子目录一起创建，即一次创建多个层次的目录
-m	为创建的目录设定权限，默认权限是 drwxr-xr-x
-v	显示目录创建的详细信息

【实例 2.10】使用 mkdir 命令创建新目录，执行以下命令。

```
[root@localhost mnt]# mkdir user01                    //创建新目录 user01
[root@localhost mnt]# ls  -l
总用量 0
-rw-r--r--. 1 root root 0 6月  26 2023 file01.txt
-rw-r--r--. 1 root root 0 6月  26 2023 file02.txt
-rw-r--r--. 1 root root 0 6月  26 2023 file03.txt
-rw-r--r--. 1 root root 0 6月  26 2023 file04.txt
drwxr-xr-x. 2 root root 6 6月  25 16:30 user01
[root@localhost mnt]# mkdir -v user02                 //创建新目录 user02
mkdir: 已创建目录 "user02"
[root@localhost mnt]# ls -l
总用量 0
-rw-r--r--. 1 root root 0 6月  26 2023 file01.txt
-rw-r--r--. 1 root root 0 6月  26 2023 file02.txt
-rw-r--r--. 1 root root 0 6月  26 2023 file03.txt
-rw-r--r--. 1 root root 0 6月  26 2023 file04.txt
drwxr-xr-x. 2 root root 6 6月  25 16:30 user01
drwxr-xr-x. 2 root root 6 6月  25 16:32 user02
[root@localhost mnt]# mkdir -p /mnt/user03/a01  /mnt/user03/a02
                              //在 user03 目录下，同时创建目录 a01 和目录 a02
[root@localhost mnt]# ls  -l  /mnt/user03
总用量 0
drwxr-xr-x. 2 root root 6 6月  25 16:35 a01
drwxr-xr-x. 2 root root 6 6月  25 16:43 a02
[root@localhost mnt]#
```

3. rmdir——删除空目录

rmdir 是常用的命令，该命令的功能是删除空目录，一个目录被删除之前必须是空的，在删除某目录时当前用户必须具有对所删除目录的父目录的写权限。其命令格式如下。

```
rmdir  [选项]   目录名
```

rmdir 命令各选项及其功能说明如表 2.8 所示。

表 2.8 rmdir 命令各选项及其功能说明

选项	功能说明
-p	递归删除目录，当子目录删除后且其父目录为空时，父目录也会一同被删除。如果整个路径被删除或者由于某种原因保留部分路径，则系统在标准输出上显示相应的信息
-v	显示命令执行过程

【实例 2.11】使用 rmdir 命令删除空目录，执行以下命令。

```
[root@localhost mnt]# rmdir  -v  /mnt/user03/a01
rmdir: 正在删除目录 "/mnt/user03/a01"
[root@localhost mnt]# ls  -l  /mnt/user03
总用量 0
drwxr-xr-x. 2 root root 6 6月  25 16:43 a02
[root@localhost mnt]#
```

4. rm——删除文件或目录

rm 命令既可以删除一个目录中的一个或多个文件、目录，又可以将某个目录及其下的所有文件和子目录都删除，功能非常强大。其命令格式如下。

```
rm  [选项]   目录或文件名
```

rm 命令各选项及其功能说明如表 2.9 所示。

表 2.9 rm 命令各选项及其功能说明

选项	功能说明
-f	强制删除，删除文件或目录时不提示用户
-i	在删除前会询问用户是否删除
-r	删除某个目录及该目录中的所有文件和子目录
-d	删除空文件或目录
-v	显示命令执行过程

【实例 2.12】使用 rm 命令删除文件或目录，执行以下命令。

```
[root@localhost ~]# ls  -l  /mnt                    //显示目录信息
总用量 0
drwxr-xr-x. 2 root root  6 6月  25 16:34 a03
-rw-r--r--. 1 root root  0 6月  26 2023 file01.txt
-rw-r--r--. 1 root root  0 6月  26 2023 file02.txt
-rw-r--r--. 1 root root  0 6月  26 2023 file03.txt
-rw-r--r--. 1 root root  0 6月  26 2023 file04.txt
drwxr-xr-x. 2 root root  6 6月  25 16:30 user01
```

```
drwxr-xr-x. 3 root root 17 6月  25 16:34 user02
drwxr-xr-x. 3 root root 17 6月  25 16:55 user03
[root@localhost ~]# rm  -r  -f  /mnt/*              //强制删除目录下的所有文件和目录
[root@localhost /]# ls  -l  /mnt                     //显示目录信息
总用量 0
[root@localhost /]#
```

5. cp——复制文件或目录

要将一个文件或目录复制到另一个文件或目录下，可以使用cp命令。该命令的功能非常强大，参数也很多，除了单纯的复制之外，该命令还可以建立连接文件、复制整个目录、在复制的同时对文件进行重命名操作等。其命令格式如下。

```
cp  [选项]   源目录或文件名   目标目录或文件名
```

cp命令各选项及其功能说明如表2.10所示，这里仅介绍几个常用的选项。

表2.10 cp命令各选项及其功能说明

选项	功能说明
-a	将文件的属性一起复制
-f	强制复制，无论目标文件或目录是否已经存在。如果目标文件或目录已经存在，则先删除它们再复制（即覆盖），并且不提示用户
-i	-i和-f选项正好相反，如果目标文件或目录已经存在，则提示是否覆盖已有的文件或目录
-n	如果目标文件或目录已经存在，则不会覆盖已存在的文件（使-i选项失效），即不复制
-p	保留指定的属性，如模式、所有权、时间戳等，与-a类似，常用于备份
-r	递归复制目录，即同时复制目录下的各级子目录的所有内容
-s	只创建软链接而不复制文件或目录
-u	只有当源文件中的内容或修改时间更新时，或目标文件不存在时才进行复制
-v	显示命令执行过程

【实例2.13】使用cp命令复制文件或目录，执行以下命令。

```
[root@localhost ~]# cd /mnt
[root@localhost mnt]# touch  a01.txt  a02.txt  a03.txt
[root@localhost mnt]# mkdir  user01   user02   user03
[root@localhost mnt]# dir
a01.txt  a02.txt  a03.txt  user01  user02  user03
[root@localhost mnt]# ls -l
总用量 0
-rw-r--r--. 1 root root 0 6月  25 20:27 a01.txt
-rw-r--r--. 1 root root 0 6月  25 20:27 a02.txt
-rw-r--r--. 1 root root 0 6月  25 20:27 a03.txt
drwxr-xr-x. 2 root root 6 6月  25 20:28 user01
drwxr-xr-x. 2 root root 6 6月  25 20:28 user02
```

```
drwxr-xr-x. 2 root root 6 6月  25 20:28 user03
[root@localhost mnt]#cd ~
[root@localhost ~]# cp  -r  /mnt/a01.txt  /mnt/user01/test01.txt
cp：是否覆盖 "/mnt/user01/test01.txt"？ y
[root@localhost ~]# ls  -l  /mnt/user01/test01.txt
-rw-r--r--. 1 root root 0 6月  25 20:41 /mnt/user01/test01.txt
[root@localhost ~]#
```

6. mv——移动文件或目录

使用 mv 命令可以为文件或目录重命名或将文件或目录由一个目录移入另一个目录，如果在同一目录下移动文件或目录，则该操作可理解为给文件或目录重命名。其命令格式如下。

```
mv  [选项]   源目录或文件名  目标目录或文件名
```

mv 命令各选项及其功能说明如表 2.11 所示。

表 2.11　mv 命令各选项及其功能说明

选项	功能说明
-f	覆盖前不询问
-i	覆盖前询问
-n	不覆盖已存在的文件
-v	显示命令执行过程

【实例 2.14】使用 mv 命令移动文件或目录，执行以下命令。

```
[root@localhost ~]# ls -l /mnt                              // 显示 /mnt 目录信息
总用量 0
-rw-r--r--. 1 root root   0 6月  25 20:27 a01.txt
-rw-r--r--. 1 root root   0 6月  25 20:27 a02.txt
-rw-r--r--. 1 root root   0 6月  25 20:27 a03.txt
drwxr-xr-x. 2 root root  24 6月  25 20:29 user01
drwxr-xr-x. 2 root root  24 6月  25 20:30 user02
drwxr-xr-x. 6 root root 104 6月  25 20:37 user03
[root@localhost ~]# mv -f /mnt/a01.txt  /mnt/test01.txt   // 将 a01.txt 重命名为 test01.txt
[root@localhost ~]# ls -l /mnt                              // 显示 /mnt 目录信息
总用量 0
-rw-r--r--. 1 root root   0 6月  25 20:27 a02.txt
-rw-r--r--. 1 root root   0 6月  25 20:27 a03.txt
-rw-r--r--. 1 root root   0 6月  25 20:27 test01.txt
drwxr-xr-x. 2 root root  24 6月  25 20:29 user01
drwxr-xr-x. 2 root root  24 6月  25 20:30 user02
drwxr-xr-x. 6 root root 104 6月  25 20:37 user03
[root@localhost ~]#
```

7. tar——打包归档文件或目录

使用 tar 命令可以把整个文件或目录的内容打包归档为一个单一的文件，许多用于 Linux

操作系统的程序被打包为 TAR 文件。tar 命令是 Linux 中最常用的备份命令之一。

tar 命令可用于建立、还原、查看、管理文件或目录，也可用于方便地追加新文件到备份文件中，或仅更新部分备份文件，以及解压、删除指定的文件。其命令格式如下。

```
tar  [选项]   文件或目录列表
```

tar 命令各选项及其功能说明如表 2.12 所示，这里仅介绍几个常用的选项。

表 2.12 tar 命令各选项及其功能说明

选项	功能说明
-c	创建一个新归档文件，如果要备份一个目录或一些文件，则要使用这个选项
-f	使用归档文件，通常为必选项，该选项后面一定要跟文件名
-z	用 gzip 命令来压缩 / 解压文件，加上该选项后可以对文件进行压缩，还原时也一定要使用该选项进行解压
-v	详细地列出处理的文件信息，如无此选项，则 tar 命令不报告文件信息
-r	将要存档的目录或文件追加到归档文件的末尾，使用该选项时，不会创建新的归档文件
-t	列出归档文件的内容，可以查看哪些文件已经备份
-x	从归档文件中释放文件

【实例 2.15】使用 tar 命令打包归档文件或目录。

（1）将 /mnt 目录打包归档为文件 test01.tar，将其压缩为文件 test01.tar，并存放在 /root/user01 目录下作为备份。

```
[root@localhost ~]# rm  -rf  /mnt/*                        //删除 /mnt 目录下的所有目录或文件
[root@localhost ~]# ls  -l  /mnt
总用量 0
[root@localhost ~]# touch  /mnt/a01.txt  /mnt/a02.txt    //新建两个文件
[root@localhost ~]# mkdir  /mnt/test01  /mnt/test02      //新建两个目录
[root@localhost ~]# ls -l /mnt
总用量 0
-rw-r--r--. 1 root root 0 6月  25 22:32 a01.txt
-rw-r--r--. 1 root root 0 6月  25 22:32 a02.txt
drwxr-xr-x. 2 root root 6 6月  25 22:46 test01
drwxr-xr-x. 2 root root 6 6月  25 22:46 test02
[root@localhost ~]# mkdir  /root/user01                   //新建目录
[root@localhost ~]# tar  -cvf  /root/user01/test01.tar  /mnt
                                     //将 /mnt 目录下的所有文件归并为文件 test01.tar
tar: 从成员名中删除开头的“/”
/mnt/
/mnt/a01.txt
/mnt/a02.txt
/mnt/test01
/mnt/test02
[root@localhost ~]# ls  /root/user01
```

```
test01.tar
[root@localhost ~]#
```

（2）使用 gzip 命令对 test01.tar 进行压缩，生成压缩文件 test01.tar.gz，原归档文件 test01.tar 就不存在了。

```
[root@localhost ~]# gzip  /root/user01/test01.tar
[root@localhost ~]# ls  -l  /root/user01
总用量 8
-rw-r--r--. 1 root root 190 6月  25 22:36 test01.tar.gz
[root@localhost ~]#
```

（3）在 /root/user01 目录下生成压缩文件 test01.tar.gz，可以一次完成归档和压缩，把两步合并为一步。

```
[root@localhost ~]# tar  -zcvf  /root/user01/test01.tar.gz  /mnt
tar: 从成员名中删除开头的“/”
/mnt/
/mnt/a01.txt
/mnt/a02.txt
/mnt/test01
/mnt/test02
[root@localhost ~]# ls  -l  /root/user01
总用量 16
-rw-r--r--. 1 root root 10240 6月  25 22:36 test01.tar.gz
[root@localhost ~]#
```

（4）对文件 test01.tar.gz 进行解压。

```
[root@localhost ~]# cd  /root/user01
[root@localhost user01]# ls  -l
总用量 4
4 -rw-r--r--. 1 root root 175 6月  25 23:13 test01.tar.gz
[root@localhost user01]# gzip -d test01.tar.gz
[root@localhost user01]# tar -xf test01.tar
```

也可以一次完成解压，把两步合并为一步。

```
[root@localhost user01]# tar  -zxf  test01.tar.gz
[root@localhost user01]# ls  -l
总用量 4
drwxr-xr-x. 4 root root  64 6月  25 23:13 mnt
-rw-r--r--. 1 root root 175 6月  25 23:13 test01.tar.gz
[root@localhost user01]# cd  mnt
[root@localhost mnt]# ls  -l
总用量 0
-rw-r--r--. 1 root root 0 6月  25 23:12 a01.txt
-rw-r--r--. 1 root root 0 6月  25 23:12 a02.txt
drwxr-xr-x. 2 root root 6 6月  25 23:13 test01
drwxr-xr-x. 2 root root 6 6月  25 23:13 test02
[root@localhost mnt]#
```

可查看用户目录下的文件列表，检查命令执行的情况。参数 f 之后的文件名是由用户自己定义的，通常为便于识别的名称，并加上相对应的压缩文件扩展名称，如 ×××.tar.gz。在前面的实例中，如果加上 z 参数，则调用 gzip 命令进行压缩时，通常以 .tar.gz 来代表通过 gzip 命令压缩的 TAR 文件。注意，不能在要压缩的目录及子目录内使用压缩命令。

2.2.4 文件内容的显示和处理类命令

1. cat——显示文件内容

cat 命令的作用是连接文件或实现标准输入并输出。这个命令常用来显示文件内容，或者将几个文件的内容连接起来显示，或者从标准输入读取内容并显示，常与重定向符号配合使用。其命令格式如下。

```
cat [选项] 文件名
```

cat 命令各选项及其功能说明如表 2.13 所示。

表 2.13 cat 命令各选项及其功能说明

选项	功能说明
-A	等价于 -vET
-b	对非空输出行进行编号
-e	等价于 -vE
-E	在每行结束处显示 $
-n	从 1 开始对所有输出的行进行编号
-s	当有连续两行以上的空白行时，将其替换为一行空白行
-t	与 -vT 等价
-T	将跳格字符显示为 ^I
-v	使用 ^ 和 M- 引用将非打印字符（除了“Tab”）显示为可视字符

【实例 2.16】使用 cat 命令显示文件内容，执行以下命令。

```
[root@localhost ~]# dir
a1-test01.txt     history.txt              mkfs.ext2    mkrfc2734    公共  图片  音乐
anaconda-ks.cfg   initial-setup-ks.cfg     mkfs.msdos   mnt          模板  文档  桌面
font.map          mkfontdir                mkinitrd     user01       视频  下载
[root@localhost ~]# cat a1-test01.txt        //显示 a1-test01.txt 文件的内容
aaaaaaaaaaaaaaa
bbbbbbbbbbbbbb
cccccccccccccccc
[root@localhost ~]# cat -nE a1-test01.txt    /*显示 a1-test01.txt 文件的内容，从 1 开始对所
                                             有输出的行进行编号，在每行结束处显示 $*/
```

```
     1  aaaaaaaaaaaaaaaa$
     2  bbbbbbbbbbbbbb$
     3  cccccccccccccccc$
[root@localhost ~]#
```

2. tac——反向显示文件内容

tac 命令只适用于反向显示内容较少的文件内容。其命令格式如下。

```
tac  [选项]  文件名
```

tac 命令各选项及其功能说明如表 2.14 所示。

表 2.14 tac 命令各选项及其功能说明

选项	功能说明
-b	在行前添加分隔标志
-r	将分隔标志视作正则表达式来解析
-s	使用指定字符串代替换行符作为分隔标志

【实例 2.17】使用 tac 命令反向显示文件内容，执行以下命令。

```
[root@localhost ~]# tac  -r  a1-test01.txt
cccccccccccccccc
bbbbbbbbbbbbbb
aaaaaaaaaaaaaaaa
[root@localhost ~]#
```

3. more——逐页显示文件中的内容（仅向下翻页）

配置文件和日志文件通常都采用文本格式，这些文件通常有很长的内容，不能同时在屏幕内全部显示，所以在处理这些文件时，需要分页显示，此时可以使用 more 命令。其命令格式如下。

```
more  [选项]  文件名
```

more 命令各选项及其功能说明如表 2.15 所示。

表 2.15 more 命令各选项及其功能说明

选项	功能说明
-d	显示帮助，而不是响铃
-f	统计文件的逻辑行数而不是屏幕行数
-l	抑制换页后的暂停
-p	不滚屏，清屏并显示文本
-c	不滚屏，显示文本并清理行尾
-u	抑制下画线

续表

选项	功能说明
-s	将多行空白行压缩为一行
-NUM	指定每屏显示的行数为 NUM
+NUM	从文件的第 NUM 行开始显示
+/STRING	从匹配搜索字符串 STRING 的文件位置处开始显示
-v	输出版本信息并退出

【实例 2.18】使用 more 命令逐页显示文件中的内容，执行以下命令。

```
[root@localhost ~]# more  /etc/passwd
root:x:0:0:root:/root:/bin/bash
bin:x:1:1:bin:/bin:/sbin/nologin
daemon:x:2:2:daemon:/sbin:/sbin/nologin
……
--More--(45%)
```

如果 more 命令后面接的文件的行数多于屏幕能输出的行数，则会出现类似以上的内容，此实例中的最后一行显示了当前显示内容占全部内容的百分比。

4. less——逐页显示文件中的内容（可向上、下翻页）

less 命令比 more 命令更强大，用法也更灵活。less 命令是 more 命令的改进版，more 命令只能向下翻页，less 命令可以向上、下翻页，按“Enter”键下移一行，按“Space”键下移一页，按“B”键上移一页，按“Q”键退出。less 命令还支持在文本文件中进行快速查找，可在按“/”键后再输入要查找的内容。其命令格式如下。

```
less  [选项]  文件名
```

less 命令各选项及其功能说明如表 2.16 所示。

表 2.16　less 命令各选项及其功能说明

选项	功能说明
-i	搜索时忽略字母大小写，但搜索中包含的大写字母除外
-f	强制打开二进制文件等
-c	从上到下刷新屏幕
-m	显示读取文件的百分比
-M	显示读取文件的百分比、行号及总行数
-N	在每行前添加行号
-s	将连续多行空白行当作一行空白行显示出来
-Q	在终端中不响铃

【实例 2.19】使用 less 命令逐页显示文件中的内容，执行以下命令。

```
[root@localhost ~]# less -N /etc/passwd
  1 root:x:0:0:root:/root:/bin/bash
  2 bin:x:1:1:bin:/bin:/sbin/nologin
  3 daemon:x:2:2:daemon:/sbin:/sbin/nologin
……
```

5. head——查看文件的前 *n* 行内容

head 命令用来查看具体文件的前 *n* 行内容，默认情况下显示文件前 10 行的内容。其命令格式如下。

```
head  [选项]   文件名
```

head 命令各选项及其功能说明如表 2.17 所示。

表 2.17　head 命令各选项及其功能说明

选项	功能说明
-c	后面接数字 *n*，表示显示文件的前 *n* 个字节，如 -c5，表示显示文件的前 5 个字节
-n	后面接数字，表示显示相应数量的行的内容
-q	不显示包含指定文件名的文件头
-v	总是显示包含指定文件名的文件头

【实例 2.20】使用 head 命令查看具体文件前几行的内容，执行以下命令。

```
[root@localhost ~]# head  -n5  -v  /etc/passwd
==> /etc/passwd <==
root:x:0:0:root:/root:/bin/bash
bin:x:1:1:bin:/bin:/sbin/nologin
daemon:x:2:2:daemon:/sbin:/sbin/nologin
adm:x:3:4:adm:/var/adm:/sbin/nologin
lp:x:4:7:lp:/var/spool/lpd:/sbin/nologin
[root@localhost ~]#
```

6. tail——查看文件的最后 *n* 行内容

tail 命令用来查看具体文件的最后 *n* 行内容，默认情况下显示文件最后 10 行的内容，也可以使用 tail 命令查看日志文件被更改的过程。其命令格式如下。

```
tail  [选项] 文件名
```

tail 命令各选项及其功能说明如表 2.18 所示。

表 2.18 tail 命令各选项及其功能说明

选项	功能说明
-c	后面接数字 *n*，表示显示文件的最后 *n* 个字节，如 -c5，表示显示文件内容的最后 5 个字节，其他文件内容不显示
-f	随着文件的增长输出附加数据，即实时跟踪文件，显示一直继续，直到按“Ctrl+C”组合键才停止
-F	实时跟踪文件，如果文件不存在，则继续进行跟踪尝试
-n	后面接数字，表示显示相应数量的行的内容
-q	不显示包含指定文件名的文件头
-v	总是显示包含指定文件名的文件头

【实例 2.21】使用 tail 命令查看具体文件最后几行的内容，执行以下命令。

```
[root@localhost ~]# tail  -n5  -v  /etc/passwd
==> /etc/passwd <==
postfix:x:89:89::/var/spool/postfix:/sbin/nologin
tcpdump:x:72:72::/:/sbin/nologin
csg:x:1000:1000:root:/home/csg:/bin/bash
user01:x:1001:1001:user01:/home/user01:/bin/bash
user0:x:1002:1002:user01:/home/user0:/bin/bash
[root@localhost ~]#
```

7. file——查看文件的类型

如果想要知道某个文件的基本信息，如它是 ASCII 文件、数据文件还是二进制文件，可以使用 file 命令来查看。其命令格式如下。

```
file  [选项]  文件名
```

file 命令各选项及其功能说明如表 2.19 所示。

表 2.19 file 命令各选项及其功能说明

选项	功能说明
-b	列出文件基本信息时，不显示文件名称
-c	详细显示命令执行过程，以便于排错或分析程序执行过程
-f	列出文件类型
-F	使用指定分隔符替换输出文件名后默认的“:”分隔符
-i	输出 MIME 类型的字符串
-L	查看软链接对应文件的类型
-v	显示版本信息
-z	尝试解读压缩文件的内容

【实例 2.22】使用 file 命令查看文件的类型，执行以下命令。

```
[root@localhost ~]# dir
a01.txt          font.map                mkfontdir   mkinitrd     user01   视频   下载
a1-test01.txt    history.txt             mkfs.ext2   mkrfc2734    公共     图片   音乐
anaconda-ks.cfg  initial-setup-ks.cfg    mkfs.msdos  mnt          模板     文档   桌面
[root@localhost ~]# file  a01.txt
a01.txt: ASCII text
[root@localhost ~]# file  /etc/passwd
/etc/passwd: ASCII text
[root@localhost ~]# file  /var/log/messages
/var/log/messages: UTF-8 Unicode text, with very long lines
[root@localhost ~]#
```

通过 file 命令可以判断文件的格式。

8. wc——统计

在命令模式下，有时用户可能想要知道一个文件的单词数、字节数，甚至是行数，此时，可以使用 wc 命令。其命令格式如下。

```
wc  [选项] 文件名
```

wc 命令各选项及其功能说明如表 2.20 所示。

表 2.20 wc 命令各选项及其功能说明

选项	功能说明
-c	显示字节数
-m	显示字符数
-l	显示行数
-L	显示最长行的长度
-w	显示单词数

【实例 2.23】使用 wc 命令统计指定文件的行数、单词数、字符数，并将统计结果输出，执行以下命令。

```
[root@localhost ~]# cat  a1-test01.txt
aaaaaaaaaaaaaaaa
bbbbbbbbbbbbbbbb
cccccccccccccccc
[root@localhost ~]#wc  a1-test01.txt
 3  3  51  a1-test01.txt
[root@localhost ~]#
```

9. sort——排序

sort 命令用于对文本文件内容进行排序。其命令格式如下。

```
sort  [选项]  文件名
```

sort 命令各选项及其功能说明如表 2.21 所示。

表 2.21 sort 命令各选项及其功能说明

选项	功能说明
-b	忽略前导的空白区域
-c	检查输入内容是否已排序，若已排序，则不进行排序操作
-d	只考虑空白区域和字母字符
-f	忽略字母大小写
-i	除了 040 ～ 176 范围的 ASCII 字符，忽略其他的字符
-m	将几个排序好的文件合并
-M	将文件名前面 3 个字母依照月份的缩写进行排序
-n	依照数值的大小进行排序
-o	将结果写入文件而非标准输出
-r	逆序输出排序结果
-s	禁用 last-resort 比较，以稳定比较算法的性能
-t	使用指定的分隔符代替非空格到空格的转换
-u	配合 -c 选项使用时，严格校验排序；不配合 -c 选项使用时，只输出一次排序结果
-z	以空字符“\0”而非以换行符“\n”作为行尾标志

【实例 2.24】针对文本文件的内容，使用 sort 命令以行为单位进行排序，执行以下命令。

```
[root@localhost ~]# cat  testfile01.txt      //查看 testfile01.txt 文件的内容
test 10
open 20
hello 30
welcome 40
[root@localhost ~]# sort  testfile01.txt     //对 testfile01.txt 文件的内容进行排序
hello 30
open 20
test 10
welcome 40
[root@localhost ~]#
```

sort 命令会以默认的方式对文本文件的第一列以 ASCII 值的次序进行排列，并将结果输出到标准输出。

10. uniq——去重

uniq 命令用于删除文件中的重复行。其命令格式如下。

```
uniq [选项] 文件名
```

uniq 命令各选项及其功能说明如表 2.22 所示。

表 2.22 uniq 命令各选项及其功能说明

选项	功能说明
-c	在每行前加上表示相应行出现次数的编号
-d	只输出重复的行
-D	显示所有重复的行
-f	比较时跳过前指定数量的列
-i	比较时不区分字母大小写
-s	比较时跳过前指定数量的个字符
-u	只显示出现一次的行
-w	根据指定的字符数对输入进行比较，去掉相邻的重复行
-z	使用“\0”作为行结束符，而不是换行

【实例 2.25】使用 uniq 命令，对从输入文件或者标准输入中读取的文件进行处理，在每行前加上表示相应行出现次数的编号，并将其写入输出文件或标准输出，执行以下命令。

```
[root@localhost ~]# cat  testfile.txt
hello
friend
welcome
hello
friend
world
hello
[root@localhost ~]# uniq  -c  testfile.txt
      2 friend
      3 hello
      1 welcome
      1 world
[root@localhost ~]#
```

11. echo——将显示内容输出到标准输出

echo 命令非常简单，如果命令的输出内容没有特殊含义，则将原内容输出到标准输出上；如果命令的输出内容有特殊含义，则输出其含义。其命令格式如下。

```
echo [选项] [输出内容]
```

echo 命令各选项及其功能说明如表 2.23 所示。

表 2.23 echo 命令各选项及其功能说明

选项	功能说明
-n	取消输出内容行末的换行符（输出内容后不换行）
-e	支持反斜杠控制的字符转换

在 echo 命令中，如果使用了 -n 选项，则表示输出内容后不换行；字符串可以加引号，也可以不加引号，用 echo 命令输出加引号的字符串时，字符串将原样输出；用 echo 命令输出不加引号的字符串时，字符串中的各个单词将作为字符串输出，各字符串之间用一个空格分隔。

在 echo 命令中，如果使用了 -e 选项，则可以支持控制字符，echo 命令会对其进行特别处理，而不会将它当作一般文字输出。控制字符及其功能说明如表 2.24 所示。

表 2.24 控制字符及其功能说明

控制字符	功能说明
\\	输出“\”本身
\a	输出警告信息
\b	退格键，即“BackSpace”键
\c	取消输出内容行末的换行符，和 -n 选项的功能一致
\e	“Esc”键
\f	换页符
\n	换行符
\r	“Enter”键
\t	制表符，即“Tab”键
\v	垂直制表符
\0nnn	按照八进制 ASCII 表输出字符。其中，0 表示数字 0，nnn 表示 3 位八进制数
\xhh	按照十六进制 ASCII 表输出字符。其中，hh 表示两位十六进制数

【实例 2.26】使用 echo 命令输出内容到屏幕上，执行以下命令。

```
[root@localhost ~]# echo  -en  "hello welcome\n"        // 换行输出
hello welcome
[root@localhost ~]# echo  -en  "1 2 3\n"                // 整行换行输出
1 2 3
[root@localhost ~]# echo  -en  "1\n2\n3\n"              // 每个字符都换行输出
1
2
3
[root@localhost ~]# echo  -n  aaa                       // 字符串不加引号，不换行输出
```

```
aaa[root@localhost ~]# echo  -n  123
123[root@localhost ~]#
```

echo 命令也可以把输出的内容输入一个文件中，命令如下。

```
[root@localhost ~]# echo  "hello everyone welcome to here">welcome.txt
[root@localhost ~]# echo  "hello everyone">>welcome.txt
[root@localhost ~]# cat welcome.txt
hello everyone welcome to here
hello everyone
[root@localhost ~]#
```

2.2.5 文件查找类命令

1. whereis——查找文件位置

whereis 命令用于查找可执行文件、源代码文件、帮助文件在文件系统中的位置。其命令格式如下。

```
whereis  [选项]  文件
```

whereis 命令各选项及其功能说明如表 2.25 所示。

表 2.25 whereis 命令各选项及其功能说明

选项	功能说明
-b	只查找二进制文件
-B<目录>	定义二进制文件查找路径
-m	只查找 man 命令手册
-M<目录>	定义 man 命令手册查找路径
-s	只查找源代码
-S<目录>	定义源代码查找路径
-f	终止<目录>参数列表
-u	查找不常见记录信息
-l	输出有效查找路径

【实例 2.27】使用 whereis 命令查找文件位置，执行以下命令。

```
[root@localhost ~]# whereis  passwd
passwd: /usr/bin/passwd /etc/passwd /usr/share/man/man5/passwd.5.gz /usr/share/man/man1/
passwd.1.gz
[root@localhost ~]#
```

2. locate——查找绝对路径中包含指定字符串的文件的位置

locate 命令用于查找绝对路径中包含指定字符串的文件的位置。其命令格式如下。

```
locate  [选项]  文件
```

locate 命令各选项及其功能说明如表 2.26 所示。

表 2.26 locate 命令各选项及其功能说明

选项	功能说明
-b	仅匹配路径名的文件
-c	只输出找到的文件数量
-d	使用 DBPATH 指定的数据库，而不是默认数据库 /var/lib/mlocate/mlocate.db
-e	仅输出当前现有文件的条目
-L	当文件存在时，后接软链接文件，用于追踪软链接并显示其指向的实际文件路径（输出默认省略损坏的软链接）
-h	显示帮助信息
-i	忽略字母大小写
-l	找到 LIMIT 个数目的条目后成功退出，若指定 --count 选项，则条目数量被限定为 LIMIT 的数目
-q	安静模式，不会显示任何错误信息
-r	使用基本正则表达式
-w	匹配整个路径名（默认）

【实例 2.28】使用 locate 命令查找文件位置，执行以下命令。

```
[root@localhost ~]# locate  passwd
/etc/passwd
/etc/passwd-
/etc/pam.d/passwd
/etc/security/opasswd
/usr/bin/gpasswd
……
[root@localhost ~]# locate  -c  passwd          // 只输出找到的文件数量
153
[root@localhost ~]# locate  firefox  |  grep rpm  // 查找 firefox 文件的位置
/var/cache/yum/x86_64/7/updates/packages/firefox-68.11.0-1.el7.CentOS.x86_64.rpm
```

3. find——文件查找

find 命令用于文件查找，其功能非常强大，对于文件和目录的一些比较复杂的搜索操作，可以灵活应用基本的通配符和 find 命令来实现。该命令可以在某一目录及其所有的子目录中快速搜索具有某些特征的文件。其命令格式如下。

```
find  [路径]  [匹配表达式]  [-exec command]
```

find 命令各匹配表达式及其功能说明如表 2.27 所示。

表 2.27 find 命令各匹配表达式及其功能说明

匹配表达式	功能说明
-name filename	查找指定名称的文件
-user username	查找属于指定用户的文件
-group groupname	查找属于指定组的文件
-print	显示查找结果
-type	查找指定类型的文件。文件类型有 b（块设备文件）、c（字符设备文件）、d（目录）、p（管道文件）、l（软链接文件）、f（普通文件）
-atime	以天为单位，通过存取时间查找文件
-mtime n	类似于 -atime，但查找的是文件内容被修改的时间
-ctime n	类似于 -atime，但查找的是文件索引节点被改变的时间
-newer file	查找比指定文件新的文件，即最后修改时间离现在较近的文件
-perm mode	查找与给定权限匹配的文件，必须以八进制的形式给出访问权限
-exec command {} \;	对匹配指定条件的文件执行 command 命令
-ok command {} \;	与 -exec command{}\; 的作用类似，但执行 command 命令时会请用户确认

【实例 2.29】使用 find 命令查找文件，执行以下命令。

```
[root@localhost ~]# find /etc  -name  passwd
/etc/pam.d/passwd
/etc/passwd
[root@localhost ~]# find  /  -name  "firefox*.rpm"
/var/cache/yum/x86_64/7/updates/packages/firefox-68.11.0-1.el7.CentOS.x86_64.rpm
[root@localhost ~]#
……
[root@localhost ~]# find  /etc  -type  f  -exec  ls  -l  {}  \;
-rw-r--r--. 1 root root 465 6月  8 01:15 /etc/fstab
-rw-------. 1 root root 0 6月  8 01:15 /etc/crypttab
-rw-r--r--. 1 root root 49 6月  26 09:38 /etc/resolv.conf
……
```

4. which——查找命令的具体位置

which 命令用于查找并显示指定命令的绝对路径，环境变量 PATH 中保存了查找命令时需要遍历的目录。which 命令会在环境变量 PATH 保存的目录中查找符合条件的命令，也就是说，使用 which 命令可以查询某个系统命令是否存在，以及该命令的位置。其命令格式如下。

```
which  [选项]  [--]  COMMAND
```

which 命令各选项及其功能说明如表 2.28 所示。

表 2.28 which 命令各选项及其功能说明

选项	功能说明
--version	输出版本信息
--help	输出帮助信息
--skip-dot	跳过以“.”开头的路径中的目录
--show-dot	不将“.”扩展到输出的当前目录中
--show-tilde	使用“~”代替路径中的根目录
--tty-only	如果不处于 TTY（终端设备统称）模式，则右侧剩余选项不再处理
--all, -a	输出除第一个匹配项外的所有匹配项
--read-alias, -i	从标准输入读取别名列表
--skip-alias	忽略选项 --read-alias，不读取标准输入
--read-functions	从标准输入读取 Shell 方法
--skip-functions	忽略选项 --read-functions

【实例 2.30】使用 which 命令查找指定命令的位置，执行以下命令。

```
[root@localhost ~]# which  find
/usr/bin/find
[root@localhost ~]# which  --show-tilde  pwd
/usr/bin/pwd
[root@localhost ~]# which  --version  bash
GNU which v2.20, Copyright (C) 1999 - 2008 Carlo Wood.
GNU which comes with ABSOLUTELY NO WARRANTY;
This program is free software; your freedom to use, change
and distribute this program is protected by the GPL.
[root@localhost ~]#
```

5. grep——查找文件中包含指定字符串的行

grep 命令是一个强大的文本搜索命令，它能使用正则表达式搜索文本，并把匹配的行输出。在 grep 命令中，字符“^”表示行的开始，字符“$”表示行的结束，如果要查找的字符串中带有空格，则可以用单引号或双引号将其引起来。其命令格式如下。

```
grep  [选项]  [正则表达式]  文件名
```

grep 命令各选项及其功能说明如表 2.29 所示。

表 2.29 grep 命令各选项及其功能说明

选项	功能说明
-a	在二进制文件中以文本文件的方式搜索数据
-c	对匹配到的行计数
-i	忽略字母大小写

续表

选项	功能说明
-l	只显示包含匹配模式的文件名
-n	每个匹配行只按照对应的行号显示
-v	反向选择，列出不匹配的行

【实例 2.31】使用 grep 命令查找文件中包含指定字符串的行，执行以下命令。

```
[root@localhost ~]# grep  "root"  /etc/passwd
root:x:0:0:root:/root:/bin/bash
operator:x:11:0:operator:/root:/sbin/nologin
csg:x:1000:1000:root:/home/csg:/bin/bash
[root@localhost ~]# grep  -il  "root"  /etc/passwd
/etc/passwd
[root@localhost ~]#
```

grep 命令与 find 命令的区别在于，grep 命令是在文件中搜索满足指定条件的行，而 find 命令是在指定目录下根据文件的相关信息查找满足指定条件的文件。

2.3 Vi、Vim 编辑器的使用

微课

V2-5 Vi、Vim 编辑器的使用

可视化接口（Visual interface，Vi）也称为可视化界面，它为用户提供了一个全屏幕的窗口编辑器，窗口中一次可以显示一屏的编辑内容，并可以上下滚动。Vi 是所有 UNIX 和 Linux 操作系统中的标准编辑器，类似于 Windows 操作系统中的记事本。对于 UNIX 和 Linux 操作系统的任何版本，Vi 编辑器都是完全相同的，Vi 也是 Linux 中最基本的文本编辑器。用户学会它后，可以在 Linux，尤其是在终端中“畅通无阻”。

升级版的可视化接口（Visual interface improved，Vim）可以看作 Vi 的改进升级版。Vi 和 Vim 都是 Linux 操作系统中的编辑器，不同的是，Vim 比较高级。Vi 用于文本编辑，但 Vim 更适合用于面向开发者的云端开发平台。

Vim 可以执行输出、移动、删除、查找、替换、复制、粘贴、撤销、块操作等众多文件操作，而且用户可以根据自己的需要对其进行定制，这是其他编辑程序没有的。但 Vim 不是一个排版程序，它不像 Word 或 WPS 那样可以对字体、格式、段落等属性进行设置，Vim 是全屏幕文件编辑程序，没有菜单，只有命令。

在命令行中输入命令 vim filename 并执行，如果 filename 文件已经存在，则该文件会被打开且显示其内容；如果 filename 文件不存在，则 Vim 会自动在硬盘中新建 filename 文件。

Vim 有 3 种基本工作模式：命令模式、编辑模式、末行模式。考虑到不同用户的需要，采用状态切换的方法可以实现工作模式的转换。

1. 命令模式

命令模式（在其他模式下，可按“Esc”键切换至命令模式）是用户进入 Vim 的初始模式，在此模式下，用户可以输入 Vim 命令，完成不同的操作，如光标移动、复制、粘贴、删除等。用户也可以从其他模式切换到命令模式，在编辑模式下按“Esc”键或在末行模式下输入错误命令都会切换到命令模式。Vim 命令模式的光标移动操作及其功能说明如表 2.30 所示，Vim 命令模式的复制和粘贴操作及其功能说明如表 2.31 所示，Vim 命令模式的删除操作及其功能说明如表 2.32 所示，Vim 命令模式的撤销与恢复操作及其功能说明如表 2.33 所示。

表 2.30　Vim 命令模式的光标移动操作及其功能说明

操作	功能说明
gg	将光标移动到文件的首行
G	将光标移动到文件的尾行
w（W）	将光标移动到下一个单词开头处
H	将光标移动到屏幕的顶端
M	将光标移动到屏幕的中间
L	将光标移动到屏幕的底端
h（←）	将光标向左移动一个字符
l（→）	将光标向右移动一个字符
j（↓）	将光标向下移动一个字符
k（↑）	将光标向上移动一个字符
0（Home）	将光标移至行首
$（End）	将光标移至行尾
PageUp/PageDown	上 / 下滚屏

表 2.31　Vim 命令模式的复制和粘贴操作及其功能说明

操作	功能说明
yy（Y）	复制光标所在的整行的所有数据
3yy（y3y）	复制 3 行（包含当前行，后 2 行），如复制 5 行，则使用 5yy 或 y5y 即可
y1G	复制当前行至第一行的所有数据
yG	复制当前行至最后一行的所有数据
yw	复制一个单词

续表

操作	功能说明
y2w	复制两个字符
p	粘贴复制的数据到光标的后（下）面，如果复制的是整行数据，则粘贴到光标所在行的下一行
P	粘贴复制的数据到光标的前（上）面，如果复制的是整行数据，则粘贴到光标所在行的上一行

表 2.32　Vim 命令模式的删除操作及其功能说明

操作	功能说明
dd	删除当前行
3dd（d3d）	删除 3 行（包含当前行及其后 2 行），如删除 5 行，则使用 5dd 或 d5d 即可
d1G	删除从当前行至第一行的所有数据
dG	删除从当前行至最后一行的所有数据
D（d$）	删除从当前光标位置到行尾的数据
dw	删除从当前光标位置到下一个单词开头处的数据
ndw	删除从当前光标位置到后面的 n 个单词

表 2.33　Vim 命令模式的撤销与恢复操作及其功能说明

操作	功能说明
u	取消上一个更改
U	取消一行内的所有更改
Ctrl+r	重新执行一个操作，通常与“u”键配合使用，会为编辑提供很多方便
.	重复上一个操作，如果想要重复进行删除、复制、粘贴等操作，则按“.”键即可

2. 编辑模式

在编辑模式（在命令模式下，输入“a”“A”“i”“I”“o”或“O”字符可切换至编辑模式）下，可对编辑的文件添加新的内容并进行修改，这是该模式的唯一功能。Vim 编辑模式操作及其功能说明如表 2.34 所示。

表 2.34　Vim 编辑模式操作及其功能说明

操作	功能说明
a	在光标之后插入内容
A	在光标当前所在行的末尾插入内容
i	在光标之前插入内容

续表

操作	功能说明
I	在光标当前所在行的行首插入内容
o	在光标当前所在行的下面新增一行
O	在光标当前所在行的上面新增一行

3. 末行模式

末行模式（在命令模式下，输入“:”“/”或“?”字符可切换至末行模式）主要提供一些文字编辑辅助功能，如查找、替换、文件保存等。若输入命令完成或命令出错，则会退出Vim或切换到命令模式。Vim末行模式操作及其功能说明如表2.35所示。

表2.35 Vim末行模式操作及其功能说明

操作	功能说明
ZZ	保存当前文件并退出
:wq 或 :x	保存当前文件并退出
:q	结束Vim程序，如果文件有过修改，则必须先保存文件
:q!	强制结束Vim程序，修改后的文件不会保存
:w[文件路径]	保存当前文件，将其保存为另一个文件（类似于另存为新文件）
:r[filename]	在编辑的数据中，读入另一个文件的数据，即将filename文件的内容追加到光标当前所在行的后面
:!command	暂时退出Vim，切换到命令模式下查看执行command的结果，如“:!ls/home”表示可在Vim中查看/home下ls命令输出的文件信息
:set nu	显示行号，即在每一行的前面显示相应的行号
:set nonu	与 :set nu的功能相反，用于取消行号

在命令模式下输入“：”字符，进入末行模式，进行查找与替换操作，其命令格式如下。

```
:[range]   s/pattern/string/[c,e,g,i]
```

查找与替换操作各选项及其功能说明如表2.36所示。

表2.36 查找与替换操作各选项及其功能说明

选项	功能说明
range	指的是范围，如“1,5”指从第1行至第5行，“1,$”指从首行至最后一行，即整个文件内容
s	表示查找操作
pattern	表示要被替换的字符串

续表

选项	功能说明
string	表示用 string 替换 pattern 的内容
c	表示每次替换前会询问
e	表示不显示错误信息
g	表示替换前不询问，将做整行替换
i	表示不区分字母大小写

在命令模式下输入“/”或“？”字符，进入末行模式，进行查找操作，其命令格式如下。

```
/word 或? word
```

查找操作各选项及其功能说明如表 2.37 所示。

表 2.37　查找操作各选项及其功能说明

选项	功能说明
/word	在光标之后寻找一个名为 word 的字符串。例如，要在文件中查找“welcome”字符串，则输入 /welcome 即可
?word	在光标之前寻找一个名为 word 的字符串
n	代表英文按键，表示重复前一个查找操作。例如，刚刚执行了 /welcome 命令向下查找 welcome 字符串，则按“n”键后，会继续向下查找下一个 welcome 字符串；如果执行了 ?welcome 命令，那么按“n”键后，会向上查找下一个 welcome 字符串
N	代表英文按键，与 n 选项的功能刚好相反，用于反向进行前一个查找操作。例如，执行 /welcome 命令后，按“N”键后，则会向上查找下一个 welcome 字符串

【实例 2.32】Vim 编辑器的使用。

（1）在当前目录下新建文件 newtest.txt，执行以下命令。

```
[root@localhost ~]# vim newtest.txt          //创建新文件 newtest.txt
```

在命令模式下输入“a”“A”“i”“I”“o”或“O”字符，进入编辑模式，完成以下内容的输入。

```
1       hello
2       everyone
3       welcome
4       to
5       here
```

输入以上内容后，按“Esc”键，从编辑模式切换到命令模式，再输入大写字母“ZZ”，退出并保存文件内容。

（2）复制第 2 行与第 3 行文本到文件尾，同时删除第 1 行文本。

将光标移动到第 2 行，在键盘上连续按“2”“y”“y”键，再按“G”键，将光标移动到文件最后一行，按“p”键，复制第2行与第3行文本到文件尾；按“g”“g”键，将光标移动到文件首行，按“d”“d”键，删除第1行文本，执行以上操作后，文件内容如下。

```
2       everyone
3       welcome
4       to
5       here
2       everyone
3       welcome
```

（3）在命令模式下，输入“ : ”字符，进入末行模式，进行查找与替换操作，执行以下命令。

```
:1,$   s/everyone/myfriend/g
```

以上命令用于对整个文件进行查找，用myfriend字符串替换everyone，此时无询问，执行命令后的文件内容如下。

```
2       myfriend
3       welcome
4       to
5       here
2       myfriend
3       welcome
```

（4）在命令模式下，输入“?”或“/”字符，进行查询操作，执行以下命令。

```
/welcome
```

按“Enter”键后，可以看到光标位于第2行，welcome闪烁显示，按“n”键继续进行查找，可以看到光标已经移动到最后一行，welcome闪烁显示。输入“a”“A”“i”“I”“o”或“O”字符，进入编辑模式，按“Esc”键切换到命令模式，再输入“ZZ”，保存文件并退出Vim编辑器。

2.4 文件管理进阶

Linux操作系统的文件管理不但包括文件和目录的常规管理，还包括文件的硬链接与软链接、通配符与文件名、输入输出重定向与管道等相关管理操作。

微课

V2-6　硬链接与软链接

2.4.1 硬链接与软链接

在Linux中可以为一个文件取多个名称，该操作称为链接，链接分为硬链接与软链接

（符号链接）两种。建立链接文件的命令是 ln，它是 Linux 中的一个非常重要的命令。它的功能是为一个文件在另一个位置建立一个同步的链接，这样不必在每一个需要存放文件的目录下都存放相同的文件，而只在某个固定的目录下存放文件，并在其他目录下用 ln 命令链接它即可，以避免重复占用磁盘空间。ln 命令格式如下。

```
ln  [选项]  [源文件或目录]  [目标文件或目录]
```

ln 命令各选项及其功能说明如表 2.38 所示。

表 2.38　ln 命令各选项及其功能说明

选项	功能说明
-b	不接收任何参数，用于覆盖以前建立的链接
-d	创建指向目录的硬链接（只适用于超级用户）
-f	强行删除任何已存在的目标文件
-i	交互模式，若文件存在，则提示用户是否覆盖
-n	把软链接视为一般目录
-s	软链接
-v	显示详细的处理过程

【实例 2.33】使用 ln 命令建立硬链接文件与软链接文件。

（1）建立硬链接文件，执行以下命令。

```
[root@localhost ~]# touch  test01.txt
[root@localhost ~]# ln  test01.txt  test02.txt
```

使用 ln 命令建立链接文件时，若不加选项，则建立的是硬链接文件。例如，给源文件 test01.txt 建立一个硬链接文件 test02.txt，此时，test02.txt 可以看作 test01.txt 的别名文件，它和 text01.txt 不分主次，都指向硬盘中相同位置的同一个文件。对 test01.txt 的内容进行修改后，硬链接文件 test02.txt 中会同步这些修改，实质上它们是同一个文件的两个不同的名称。只能给文件建立硬链接，不能给目录建立硬链接。显示文件 test01.txt 和 test02.txt 的内容，执行以下命令。

```
[root@localhost ~]# cat  test01.txt
hello
friend
welcome
hello
friend
world
hello
[root@localhost ~]# cat  test02.txt
hello
```

```
friend
welcome
hello
friend
world
hello
[root@localhost ~]#
```

可以看出文件 test01.txt 和 test02.txt 的内容是一样的。

（2）建立软链接文件，执行以下命令。

```
[root@localhost ~]# ln  -s  test01.txt  test03.txt
```

建立软链接文件时，需要加选项“-s”。软链接文件很像 Windows 操作系统中的快捷方式，删除软链接文件（如 test03.txt）时，源文件 test01.txt 不会受到影响，但源文件一旦被删除，软链接文件就无效了。文件或目录都可以建立软链接。执行以下命令查看建立的软链接文件。

```
[root@localhost ~]# dir
a01.txt          history.txt            mkfs.msdos  newtest.txt  testfile01.txt  公共  文档
a1-test01.txt    initial-setup-ks.cfg   mkinitrd    test01.txt   testfile.txt    模板  下载
anaconda-ks.cfg  mkfontdir              mkrfc2734   test02.txt   user01          视频  音乐
font.map         mkfs.ext2              mnt         test03.txt   welcome.txt     图片  桌面
[root@localhost ~]# ls  -l
-rw-r--r--. 2 root root  46 7月  4 12:04 test01.txt
-rw-r--r--. 2 root root  46 7月  4 12:04 test02.txt
lrwxrwxrwx. 1 root root  10 7月  4 12:32 test03.txt -> test01.txt
```

链接文件使系统在管理和使用时非常方便，系统中有大量的链接文件，如 /sbin、/usr/bin 等目录下都有大量的链接文件。执行以下命令查看 /usr/sbin 中的链接文件。

```
[root@localhost ~]# ls  -l  /usr/sbin
lrwxrwxrwx. 1 root root            3 6月  8 01:18 lvchange -> lvm
lrwxrwxrwx. 1 root root            3 6月  8 01:18 lvconvert -> lvm
lrwxrwxrwx. 1 root root            3 6月  8 01:18 lvcreate -> lvm
lrwxrwxrwx. 1 root root            3 6月  8 01:18 lvdisplay -> lvm
lrwxrwxrwx. 1 root root            3 6月  8 01:18 lvextend -> lvm
```

实际上，带有“->”并以不同颜色显示的文件即为链接文件。可以查看文件或目录的属性（如 lrwxrwxrwx），若其第一个字母为“l”，即表示链接文件。如果在图形化终端界面环境下，则图标上带有左上方向箭头的文件就是链接文件。

硬链接文件的特点如下。

① 硬链接文件以文件副本的形式存在，但不占用实际磁盘空间。

② 不允许为目录创建硬链接文件。

③ 硬链接文件只能在同一文件系统中创建。

软链接文件的特点如下。

① 软链接文件以路径的形式存在，类似于 Windows 操作系统中的快捷方式。

② 软链接文件可以跨文件系统创建。

③ 可以为一个不存在的文件创建软链接文件。

④ 可以为目录创建软链接文件。

2.4.2 通配符与文件名

文件名是命令中最常用的参数之一，用户很多时候只知道文件名的一部分，若用户想查找某个文件，或者想同时对具有相同扩展名或以相同字符开始的多个文件进行操作，此时，应该怎么进行操作呢？ Shell 提供了一组称为通配符的特殊符号。通配符使用通用的匹配信息的符号匹配 0 个或多个字符，通配符用于模式匹配，如文件名匹配、字符串匹配等。常用的通配符有星号“*”、问号“?”与方括号“[]”，可以在作为命令参数的文件名中包含这些通配符，构成所谓的模式串，以在执行命令的过程中进行模式匹配。通配符及其功能说明如表 2.39 所示。

表 2.39 通配符及其功能说明

通配符	功能说明
*	匹配由任何数目的字符构成的字符组合
?	匹配任何单个字符
[ ]	匹配任何包含在“[ ]”中的字符

【实例 2.34】通配符的使用。

（1）使用通配符“*”。

在 /root/temp 目录下创建文件，执行如下命令。

微课

V2-7 通配符的使用

```
[root@localhost ~]# cd  /root
[root@localhost ~]# mkdir  temp
[root@localhost ~]# cd  temp
[root@localhost temp]# touch test1.txt test2.txt test3.txt test4.txt
test5.txt test11.txt test22.txt test33.txt
```

使用通配符“*”进行文件匹配，执行如下命令，其中第 1 条命令用于显示 /root/temp 目录下以 test 开头的文件名，第 2 条命令用于显示 /root/temp 目录下所有包含“3”的文件名。

```
[root@localhost temp]# dir    test*
test11.txt  test1.txt  test22.txt  test2.txt  test33.txt  test3.txt  test4.txt  test5.txt
[root@localhost temp]# dir    *3*
test33.txt  test3.txt
[root@localhost temp]#
```

（2）使用通配符“?”。

使用通配符“?”只能匹配单个字符，在进行文件匹配时，执行如下命令。

```
[root@localhost temp]# dir test?.txt
test1.txt  test2.txt  test3.txt  test4.txt  test5.txt
[root@localhost temp]#
```

（3）使用通配符“[ ]”。

使用通配符“[ ]”能匹配“[ ]”中给出的字符或字符范围，执行如下命令。

```
[root@localhost temp]# dir test[2-3]*
test22.txt  test2.txt  test33.txt  test3.txt
[root@localhost temp]# dir test[2-3].txt
test2.txt  test3.txt
[root@localhost temp]#
```

“[ ]”用于指定字符范围，只要文件名中“[ ]”位置的字符在“[ ]”指定的字符范围之内，那么文件名就与模式串匹配。“[ ]”中的字符范围可以直接由字符组成，也可以由表示限定范围的起始字符、终止字符及中间的连字符“-”组成，如 test[a-d] 与 test[abcd] 的作用是一样的。Shell 把与命令中指定的模式串相匹配的所有文件名都作为命令的参数，形成最终的命令并执行。

注　意

连字符“-”仅在“[ ]”内有效，表示字符范围，若在“[ ]”外，则为普通字符；而“*”和“?”只在“[ ]”外是通配符，若在“[ ]”内，则失去通配符的作用，成为普通字符。

由于“*”“?”和“[ ]”对于 Shell 来说意义特殊，因此在正常的文件名中不应出现这些字符，特别是在目录中，否则 Shell 匹配可能会无穷递归下去。如果目录中没有与指定的模式串相匹配的文件名，那么 Shell 将此模式串本身作为参数传递给有关命令，这可能就是命令中出现特殊字符的原因。

2.4.3 输入 / 输出重定向与管道

用户在终端输入的信息只能使用一次，若想再次使用这些信息就要重新输入。并且，在终端上输入时，若输入有误，修改起来很不方便，因为输出到终端屏幕上的信息只能看不能修改，用户无法对输出信息进行更多的处理。为了解决上述问题，Linux 操作系统为输入与输出的传送引入了两种机制，即输入 / 输出重定向与管道。

Linux 中使用标准输入 stdin（0，默认是键盘）和标准输出 stdout（1，默认是终端屏幕）来表示每个命令的输入和输出，并使用标准错误输出 stderr（2，默认是终端屏幕）来输出错误信息，这 3 个标准输入输出系统默认与控制终端设备联系在一起。因此，在标准情况下，每个命令通常都从它的控制终端中获取输入，并输出到控制终端的屏幕上。但是也可以重新定义程序的 stdin、stdout、stderr，即将它们重定向。可以用特定符号改变数据来源或去向，最基本的方法是将它们重新定向到一个文件中，从一个文件中获取输入，并输出到另一个文件中。

1. 标准文件

Linux 把所有的设备当作文件来管理，每个设备都有相应的文件名，使用 ls 命令查看设备，执行以下命令。

```
[root@localhost ~]# ls   -l   /dev
总用量 0
crw-rw----. 1 root video    10, 175 7月   4 07:15 agpgart
crw-------. 1 root root     10, 235 7月   4 07:15 autofs
drwxr-xr-x. 2 root root         160 7月   4 07:15 block
drwxr-xr-x. 2 root root          80 7月   4 07:15 bsg
crw-------. 1 root root     10, 234 7月   4 07:15 btrfs-control
drwxr-xr-x. 3 root root          60 7月   4 07:15 bus
lrwxrwxrwx. 1 root root           3 7月   4 07:15 cdrom -> sr0
drwxr-xr-x. 2 root root          80 7月   4 07:15 CentOS
drwxr-xr-x. 2 root root        3100 7月   4 07:16 char
crw-------. 1 root root      5,   1 7月   4 07:16 console
lrwxrwxrwx. 1 root root          11 7月   4 07:15 core -> /proc/kcore
drwxr-xr-x. 3 root root          60 7月   4 07:15 cpu
brw-rw----. 1 root disk      8,   1 7月   4 07:15 sda1  // 以 b、c 开头的文件都是设备文件
brw-rw----. 1 root disk      8,   2 7月   4 07:15 sda2
......
```

对于输入输出设备也一样，说明如下。

（1）文件 /dev/stdin：标准输入（Standard Input）文件。

（2）文件 /dev/stdout：标准输出（Standard Output）文件。

（3）文件 /dev/stderr：标准错误输出（Standard Error Output）文件。

如果某命令需要在屏幕上输出结果，那么只需要把结果传送到 stdout 即可。因为 stdout 被看作文件，所以用户可以通过把 stdout 文件转换成指定的普通文件来执行该命令，这样结果就会被写入到指定的文件中，而不会在屏幕上输出，这就是文件的重定向的工作原理。

2. 输入重定向

有些命令需要用户通过标准输入（键盘）来输入数据，但某些时候让用户手动输入数据相当麻烦，此时，可以使用“<”重定向输入源。

输入重定向是指把命令或可执行程序的标准输入重定向到指定的文件，使输入不来自键盘，而是来自指定的文件。输入重定向主要用于改变一个命令的输入源，特别是改变那些需要大量输入的输入源。使用“<”重定向输入源为指定文件，执行以下命令。

```
[root@localhost ~]# wc < /etc/resolv.conf
 2  6  49
```

```
[root@localhost ~]# wc < ./test01.txt
 7  7  46
```

cat 命令不带参数时，默认从标准输入（键盘）获取内容，并原样输出到标准输出（终端屏幕）中，命令如下。

```
[root@localhost ~]# cat                     //按“Enter”键后，在下一行可以输入相关测试内容
hello,everyone welcome to here              //按“Enter”键后，输入内容会原样输出到终端屏幕上
hello,everyone welcome to here
<Ctrl+d>                                    //强行终止命令的执行，即退出输入
[root@localhost ~]#
```

查看文件内容可使用 cat 命令，而利用输入重定向可以实现类似的功能，命令如下。

```
[root@localhost ~]# cat      testfile01.txt
test 10
open 20
hello 30
welcome 40
[root@localhost ~]# cat  <  testfile01.txt
test 10
open 20
hello 30
welcome 40
[root@localhost ~]#
```

也可以使用“<<”使系统将键盘的全部输入先传送至虚拟的“当前文档”，再一次性输入，可以选择任意符号作为终止标识符，命令如下。

```
[root@localhost ~]# cat  > filetest.txt  <<quit
> hello welcome
> myfriend
> open the door
> quit
[root@localhost ~]# cat  filetest.txt
hello welcome
myfriend
open the door
[root@localhost ~]#
```

3. 输出重定向

多数命令在正确执行后，执行结果会显示在标准输出（终端屏幕）上，用户可以使用“>”改变执行结果输出的位置，一般将执行结果另存到一个文件中供以后分析使用。

输出重定向能把一个命令的输出重定向到一个文件中，而不是显示在终端屏幕上。很多情况下可以使用这种功能，例如，某个命令的输出很多，在屏幕上不能完全显示，则可以把它重定向到一个文件中，再用文本编辑器打开这个文件。当要保存一个命令的输出时也可以使用这种方法。输出重定向也可以把一个命令的输出当作另一个命令的输入。还有一种更

简单的方法可以把一个命令的输出当作另一个命令的输入，即使用管道，管道的使用方法将在后面介绍。输出重定向的使用方法与输入重定向的使用方法相似，但是输出重定向的符号是“>”。

注 意

若“>”右边指定的文件已经存在，则该文件会被删除，并重新创建，即原文件内容被覆盖。

为了避免输出重定向中指定的文件被重写，Shell 提供了输出重定向的追加功能。追加重定向用于把命令（或可执行程序）的输出结果追加到指定文件的最后，而文件原有内容不会被破坏。如果要将一条命令的输出结果追加到指定文件的后面，则可以使用追加重定向操作符“>>”，命令如下。

```
[root@localhost ~]# cat  test[1-3].txt  > test.txt            //输出到 test.txt 文件中
[root@localhost ~]# cat  test.txt
this is the content of the test1.txt
this is the content of the test2.txt
this is the content of the test3.txt
[root@localhost ~]# cat  test11.txt  test22.txt  >>  test.txt   //追加 test.txt 文件内容
[root@localhost ~]# cat  test.txt
this is the content of the test1.txt
this is the content of the test2.txt
this is the content of the test3.txt
this is the content of the test11.txt
this is the content of the test22.txt
[root@localhost ~]#
```

4. 错误重定向

若一个命令执行时发生错误，则会在屏幕上显示错误信息。虽然错误重定向与标准输出都会将结果显示在屏幕上，但它们占用的输入 / 输出（Input/Output，I/O）通道不同，错误输出也可以重定向。使用符号“2>”（或追加符号“2>>”）对错误输出设备进行重定向，如执行以下命令。

```
[root@localhost ~]# dir  test???.txt
dir: 无法访问 test???.txt: 没有那个文件或目录
[root@localhost ~]# dir  test???.txt  2>error.txt
[root@localhost ~]# cat  error.txt
dir: 无法访问 test???.txt: 没有那个文件或目录
[root@localhost ~]#
```

错误重定向的符号是“2>”和“2>>”，使用 2 的原因是标准错误文件的文件描述符是 2。标准输入文件的文件描述符可用 0，标准输出文件的文件描述符可用 1，0 和 1 都可以省略，但 2 不能省略，否则会和输出重定向冲突。使用错误重定向，可以避免将错误信息输出到屏幕上。

5. 管道

若想将一个程序或命令的输出作为另一个程序或命令的输入，有两种方法：一种是通过一个暂存文件将两个命令或程序结合在一起；另一种是通过 Linux 提供的管道功能，这种方法比第一种方法更常用。管道具有把多个命令从左到右串联起来的能力，可以使用管道符号“|”来建立一个管道行。管道的功能是把左边命令的输出重定向，并将其传送给右边的命令作为输入，同时把右边命令的输入重定向，并以左边命令的输出作为输入。使用“|”建立管道行，执行以下命令。

```
[root@localhost ~]# cat  testfile.txt
hello
friend
welcome
hello
friend
world
hello
[root@localhost ~]# cat  testfile.txt | grep "friend"
friend
friend
[root@localhost ~]# cat  testfile.txt | grep "friend" | wc -l
2
```

此例中，管道将 cat 命令的输出作为 grep 命令的输入，grep 命令的输出则是所有包含单词“friend”的行，这个输出又会传送给 wc 命令。

项目实训

Linux 系统管理员的日常工作离不开文本编辑器，Vim 编辑器是一个功能强大、简单易用的文本编辑与程序开发工具，Vim 编辑器有 3 种工作模式，即命令模式、编辑模式和末行模式。作为 Linux 系统管理员，必须熟练掌握 Vim 编辑器的 3 种工作模式的各种操作，同时必须熟练掌握 Linux 操作系统文件和目录的建立、复制、移动、删除、查看等相关操作。

实训目的

（1）掌握 Linux 操作系统文件和目录的建立、复制、移动、删除、查看等相关操作。

（2）熟悉 Vim 编辑器的 3 种工作模式的概念和功能。

（3）掌握 Vim 编辑器的 3 种工作模式的切换方法。

（4）掌握在 Vim 编辑器中进行复制、删除、粘贴、撤销、恢复等相关操作的方法。

实训内容

（1）在 /home 目录下创建 test01 目录。

（2）在 test01 目录下创建名为 testfile01.txt 的文件，输入以下内容，保存文件并退出。

```
aaa
bbb
ccc
ddd
eee
```

（3）显示 textfile01.txt 文件的行号，查看 testfile01.txt 文件的内容。

（4）将光标移动到第 2 行，复制当前行及以下两行（即第 2 ～ 4 行）的内容到文件末尾。

（5）删除当前文件的第 2 行和第 5 ～ 7 行的内容。

（6）撤销步骤（5）中删除第 5 ～ 7 行的内容的操作。

（7）保存文件并退出 Vim 编辑器。

练习题

1. 选择题

（1）Linux 操作系统中的超级用户登录后，默认的命令行提示符为（　　）。

A. ! B. # C. $ D. @

（2）可以用来创建新文件的命令是（　　）。

A. cp B. rm C. touch D. more

（3）命令的自动补齐功能要使用（　　）键。

A. “Alt” B. “Shift” C. “Ctrl” D. “Tab”

（4）以下不属于通配符的是（　　）。

A. ! B. * C. ? D. [ ]

（5）Linux 设备文件的保存目录为（　　）。

A. /home B. /dev C. /etc D. /root

（6）普通用户的主目录为（　　）。

A. /home B. /dev C. /etc D. /root

（7）在下列命令中，用于显示当前目录路径的命令是（　　）。

A. cd B. ls C. stat D. pwd

（8）在下列命令中，不能用于显示文本文件内容的命令是（　　）。

A. cat B. more C. less D. join

（9）在下列命令中，用于对文本文件内容进行排序的命令是（　　）。

A. wc　　B. file　　C. sort　　D. tail

（10）用于在给定文件中查找与设定条件相符的字符串的命令是（　　）。

A. grep　　B. find　　C. head　　D. gzip

（11）在 Vim 编辑器的命令模式中，输入（　　）无法进入末行模式。

A. :　　B. I　　C. ?　　D. /

（12）在 Vim 编辑器的命令模式中，输入（　　）无法进入编辑模式。

A. o　　B. a　　C. e　　D. i

（13）使用（　　）操作符，可以将输出重定向到指定的文件中，并追加文件内容。

A. >　　B. >>　　C. <　　D. <<

2. 简答题

（1）简述 Shell 定义及其功能。

（2）列举 Linux 文件系统中的主要目录，并简述其主要作用。

（3）简述 more 和 less 命令的区别。

（4）Vim 编辑器的工作模式有哪几种？简述其主要作用。

（5）简述硬链接与软链接的区别。

（6）简述输入与输出重定向的作用。

项目3

用户组群与文件目录权限管理

03

项目目标

知识目标

◎ 了解用户账户分类。
◎ 理解用户账户密码文件及组群文件。
◎ 理解文件和目录的权限以及详解文件和目录的属性信息。

技能目标

◎ 掌握用户账户管理及组群维护与管理的方法。
◎ 掌握 su 和 sudo 命令的使用方法。
◎ 掌握使用数字表示法与文字表示法修改文件和目录的权限的方法。

素质目标

◎ 培养实践动手能力、解决实际工作问题的能力，培养爱岗敬业精神。
◎ 树立团队互助、合作进取的意识。
◎ 培养交流沟通、独立思考以及逻辑思维能力。

项目陈述

Linux 是多用户、多任务的操作系统，可以让多个用户同时使用，为了保证用户之间的独立性，Linux 允许用户保护自己的资源不被非法访问，允许用户之间共享信息和文件，也允许用户分组工作，还可以为不同的用户分配不同的权限，使每个用户都能独立工作。因此，掌握系统配置、用户权限设置与管理、文件和目录的权限的修改方法是至关重要的。

项目知识

3.1 用户账户

为了实现安全控制，每次登录Linux操作系统时都要选择一个用户并输入用户名和密码，每个用户在系统中有不同的权限，所能管理的文件、执行的操作也不同。下面介绍用户账户分类、用户账户密码文件及用户账户管理等相关内容。

3.1.1 用户账户分类

微课

V3-1 用户账户分类

Linux 操作系统中的用户账户分为 3 种：超级用户（root 用户）、系统用户和普通用户。系统为每一个用户都分配了一个用户 ID（User ID，UID），它是区分用户的唯一标志，Linux 并不会直接识别用户的名称，它识别的其实是以数字表示的 UID。

（1）超级用户：也称为管理员用户，它具有一切权限，它的任务是对普通用户和整个系统进行管理，超级用户对系统具有绝对的控制权。如果操作不当，很容易对系统造成损坏，因此只有在进行系统维护（如建立用户账户）或其他必要情况下才使用超级用户登录，以避免系统出现问题。默认情况下，超级用户的 UID 为 0。

（2）系统用户：这是 Linux 操作系统正常工作所必需的内建用户，主要是为了满足文件所有者对相应的系统进程的要求而建立的。系统用户不能用来登录，man、bin、daemon、list、sys 等用户为系统用户，系统用户的 UID 一般为 1 ～ 999。

（3）普通用户：这是为了让用户能够使用 Linux 操作系统资源而建立的，普通用户在系统中只能进行普通工作，只能访问其拥有的或者有权限执行的文件，大多数用户属于普通用户，普通用户的 UID 一般为 1000 ～ 65535。

Linux 操作系统继承了 UNIX 操作系统传统的方法，采用纯文本文件来保存账户的各种信息，用户可以通过修改文本文件来管理用户和组。用户的默认配置信息是从 /etc/login.defs 文件中读取的，用户的基本信息保存在 /etc/passwd 文件中，用户密码等安全信息保存在 /etc/shadow 文件中。

因此，管理账户实际上就是对这几个文件的内容进行添加、修改和删除的操作，可以使用 Vim 编辑器来实现，也可以使用专门的命令来实现。不管以哪种方式来管理账户，了解这几个文件的内容是非常必要的。为了保障文件本身的安全，Linux 操作系统默认只允许超级用户更改这几个文件。即使当前系统只有一个用户在使用，也应该在超级用户账户之外再建立一个普通用户账户，在进行普通工作时以普通用户账户登录系统，并进行相应的操作。

3.1.2 用户账户密码文件

1. 用户账户管理文件——/etc/passwd

/etc/passwd 是用户账户管理文件，通过这个文件可以实现对用户的管理，每个用户在该文件中都对应一行，其中记录了用户的相关信息。

微课
V3-2 用户账户密码文件

在 Linux 操作系统中，创建的用户账户及其相关信息（密码除外）均放在 /etc/passwd 配置文件中，可以使用 cat 命令来查看 /etc/passwd 文件的内容，-n 表示为每一行加一个行号，/etc/passwd 文件的内容如图 3.1 所示。

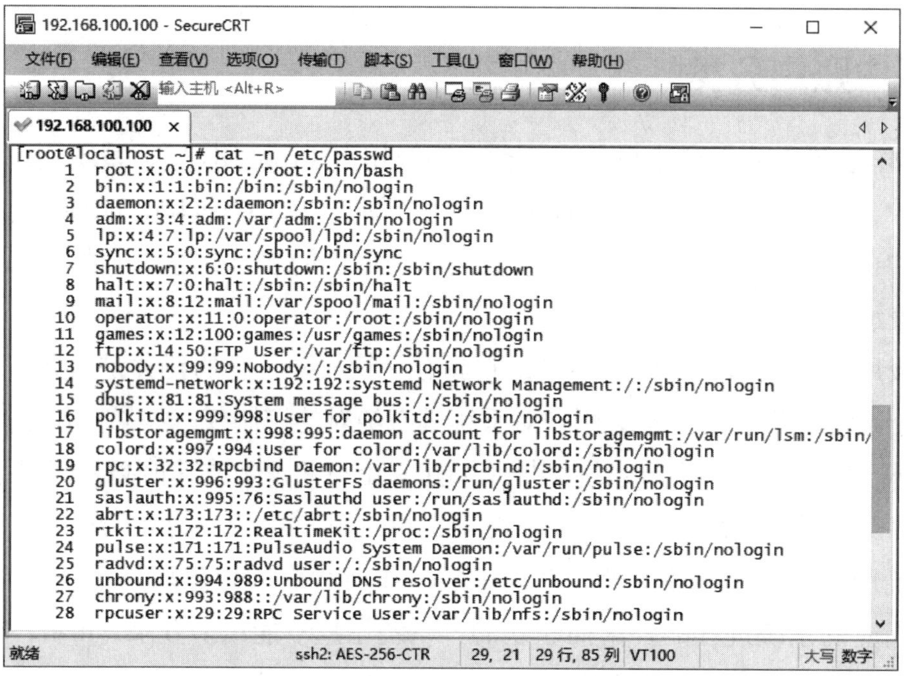

图 3.1 查看 /etc/passwd 文件的内容

/etc/passwd 文件中的每一行代表一个用户的信息，可以看到第一个用户是超级用户。每行由 7 个字段组成，字段之间用“:”分隔。其格式如下。

```
账户名称：密码：UID：GID：用户信息：主目录：命令解释器（登录 Shell）
```

/etc/passwd 文件中各字段及其功能说明如表 3.1 所示，其中，少数字段的内容可以是空的，但仍然需要使用“:”进行占位来表示该字段。

表 3.1 /etc/passwd 文件中各字段及其功能说明

字段	功能说明
账户名称	用户账户名称，用户登录时所使用的用户名
密码	加密后的用户口令，这里的密码会显示为特定的字符“X”，真正的密码被保存在 /etc/shadow 文件中
UID	用户的标识，是一个数值，Linux 操作系统内部使用它来区分不同的用户

续表

字段	功能说明
GID	组群 ID（Group ID，GID），用户所在的主组的标识，是一个数值，Linux 操作系统内部使用它来区分不同的组，同一组中的用户具有相同的 GID
用户信息	用户的个人信息，如用户姓名、电话等
主目录	用户的宿主目录，用户成功登录后的默认目录
命令解释器	用户所使用的 Shell 类型，默认为 /bin/bash 或 /sbin/nologin

2. 用户密码文件——/etc/shadow

在 /etc/passwd 文件中，有一个字段用来存放经过加密后的密码。下面先来查看 /etc/passwd 文件的权限，如图 3.2 所示。

从图 3.2 中可以看到任何用户对它都有读的权限，虽然密码已经经过加密，但是仍不能避免别有用心的人轻易地获取加密后的密码并进行解密。为了增强系统的安全性，Linux 操作系统对密码提供了额外的保护，即把加密后的密码重定向到另一个文件 /etc/shadow 中，只有超级用户能够读取 /etc/shadow 文件的内容，以此保障密码安全。查看 /etc/shadow 文件的权限，如图 3.3 所示。

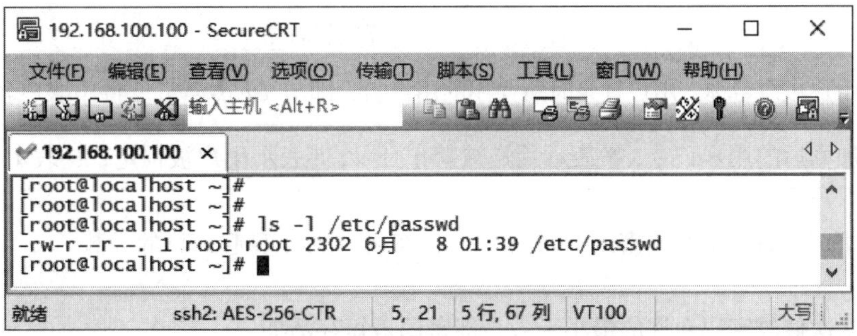

图 3.2 查看 /etc/passwd 文件的权限

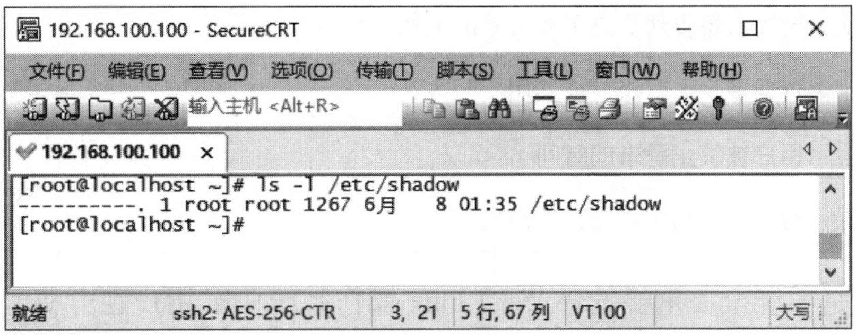

图 3.3 查看 /etc/shadow 文件的权限

查看 /etc/shadow 文件的内容，如图 3.4 所示。

图 3.4 查看 /etc/shadow 文件的内容

从图 3.4 中可以看到 /etc/shadow 文件与 /etc/passwd 文件的内容类似，前者中的每一行都和后者中的每一行对应，每个用户的信息在 /etc/shadow 文件中占用一行，并用“:”分隔为 9 个字段。其格式如下。

```
账户名称：密码：最后一次修改时间：最小时间间隔：最大时间间隔：警告时间：不活动时间：失效时间：标志字段
```

/etc/shadow 文件中各字段及其功能说明如表 3.2 所示，其中，少数字段的内容可以为空，但仍然需要使用“:”进行占位来表示该字段。

表 3.2 /etc/shadow 文件中各字段及其功能说明

字段	功能说明
账户名称	用户账户名称，用户登录时所使用的用户名，即与 /etc/passwd 文件中账户名称相对应的用户名
密码	加密后的用户口令，* 表示用户被禁止登录，! 表示用户被锁定，!! 表示没有设置密码
最后一次修改时间	用户最后一次修改密码的时间（从 1970 年 1 月 1 日起计算的天数）
最小时间间隔	两次修改密码允许的最小天数，即密码最短存活期
最大时间间隔	密码保持有效的最大天数，即密码最长存活期
警告时间	从系统提前警告到密码正式失效的天数
不活动时间	密码过期多少天后账户被禁用
失效时间	表示用户被禁止登录的时间
标志字段	保留域，用于功能扩展，未使用

用户的管理是系统至关重要的环节，Linux 操作系统要求用户在开机时必须提供用户名和密码，因此设置的用户名和密码必须牢记，密码的长度要求至少是 8 个字符。因为手动修改 /etc/passwd 文件容易出现问题，所以用户最好使用命令或图形界面设置用户名和密码，不要直接更改 /etc/passwd 文件内容。

3.1.3　用户账户管理

用户账户管理包括建立用户账户、设置用户账户密码、修改用户账户密码属性、修改用户账户和删除用户账户等内容。

微课

V3-3　用户账户管理

1. useradd（adduser）命令——建立用户账户

在 Linux 操作系统中，可以使用 useradd 命令（或者 adduser 命令）来建立用户账户。其命令格式如下。

```
useradd  [选项] 用户名
```

useradd 命令各选项及其功能说明如表 3.3 所示。

表 3.3　useradd 命令各选项及其功能说明

选项	功能说明
-c comment	用户的注释性信息，如姓名、办公电话等
-d home_dir	设置用户的主目录，默认值为"/home/ 用户名"
-e YYYY-MM-DD	设置账户的有效日期，此日期以后，用户将不能使用该账户
-f days	设置账户过期多少天后用户账户被禁用，如果为 0，则账户过期后将立刻被禁用；如果为 -1，则账户过期后将不被禁用
-g group	用户所属主组群的组群名称或者 GID
-G group-list	用户所属的附属组群列表，多个组群之间用逗号分隔
-m	自动建立用户的主目录
-M	不要自动建立用户的主目录
-n	不要为用户创建用户私有组
-p passwd	加密后的用户口令
-r	建立系统账户
-s shell	指定用户登录所使用的 Shell，默认为 /bin/bash
-u UID	指定用户的 UID，它必须是唯一的

【实例 3.1】使用 useradd 命令，新建用户 user01，UID 为 2000，用户主目录为 /home/user01，用户的 Shell 为 /bin/bash，用户的密码为 admin@123，用户账户永不过期。执行命令如下。

```
[root@localhost ~]# useradd -u 2000 -d /home/user01 -s /bin/bash -p admin@123 -f -1 user01
[root@localhost ~]# tail -1 /etc/passwd             //查看新建用户信息
user01:x:2000:2000::/home/user01:/bin/bash
[root@localhost ~]#
```

如果要新建的用户已经存在，那么执行 useradd 命令时，系统会提示该用户已经存在，执行命令如下。

```
[root@localhost ~]# useradd user01
useradd：用户“user01”已存在
[root@localhost ~]#
```

2. passwd 命令——设置用户账户密码

passwd 命令可以设置用户账户的密码，超级用户可以为自己和其他用户设置密码，而普通用户只能为自己设置密码。其命令格式如下。

```
passwd  [选项]  用户名
```

passwd 命令各选项及其功能说明如表 3.4 所示。

表 3.4　passwd 命令各选项及其功能说明

选项	功能说明
-d	删除已命名账户的密码（只有超级用户才能进行此操作）
-l	锁定指定账户的密码（只有超级用户才能进行此操作）
-u	解锁指定账户的密码（只有超级用户才能进行此操作）
-e	终止指定账户的密码（只有超级用户才能进行此操作）
-f	强制执行操作
-x	密码的最长有效时限（只有超级用户才能进行此操作）
-n	密码的最短有效时限（只有超级用户才能进行此操作）
-w	在密码过期前多少天开始提醒用户（只有超级用户才能进行此操作）
-i	当密码过期多少天后该账户会被禁用（只有超级用户才能进行此操作）
-S	报告已命名账户的密码状态（只有超级用户才能进行此操作）

【实例 3.2】使用 passwd 命令，修改超级用户和用户 user01 的密码。执行命令如下。

```
[root@localhost ~]# passwd            //超级用户修改自己的密码，修改完直接按“Enter”键即可
更改超级用户 root 的密码。
新的密码：
无效的密码：密码少于 8 个字符          //提示“无效的密码”，密码不少于 8 个字符
新的密码：
passwd：所有的身份验证令牌已经成功更新。
[root@localhost ~]#
[root@localhost ~]# passwd user01     //修改用户 user01 的密码
更改用户 user01 的密码。
新的密码：
无效的密码： 密码未通过字典检查——它基于字典单词
重新输入新的密码：
passwd：所有的身份验证令牌已经成功更新。
[root@localhost ~]#
```

需要注意的是，普通用户修改密码时，passwd 命令会先询问原来的密码，只有验证通过后才可以修改密码，而超级用户为用户指定密码时，不需要知道原来的密码。为了系统安全，应设置包含字母、数字和特殊符号的复杂密码，且密码应至少有 8 个字符。

如果密码复杂度不够，则系统会提示“无效的密码：密码未通过字典检查——它基于字典单词”。此时有两种处理方法：一种是再次输入刚才输入的简单密码，系统也会接受；另一种是将其更改为符合要求的密码，如 Lncc@512#aw，其中包含大小写字母、数字、特殊符号等 8 位或 8 位以上的字符。

3. chage 命令——修改用户账户密码属性

chage 命令也可以修改用户账户的密码等相关属性。其命令格式如下。

```
chage [选项] 用户名
```

chage 命令各选项及其功能说明如表 3.5 所示。

表 3.5 chage 命令各选项及其功能说明

选项	功能说明
-d	将最近一次密码设置时间设置为“最近日期”
-E	将账户过期时间设置为“过期日期”
-h	显示帮助信息并退出
-I	过期失效多少天后，设定密码为失效状态
-l	列出账户密码属性的各个数值
-m	将两次改变密码之间相距的最小天数设为“最小天数”
-M	将两次改变密码之间相距的最大天数设为“最大天数”
-W	将过期警告天数设为“警告天数”

【实例 3.3】使用 chage 命令，设置用户 user01 的最短密码存活期为 10 天，最长密码存活期为 90 天，密码到期前 3 天提醒用户修改密码，设置完成后查看各属性值。执行命令如下。

```
[root@localhost ~]# chage -m 10 -M 90 -W 3 user01
[root@localhost ~]# chage -l user01
最近一次密码修改时间                    ：8月 18, 2023
密码过期时间                            ：11月 16, 2023
密码失效时间                            ：从不
账户过期时间                            ：从不
两次改变密码之间相距的最小天数          ：10
两次改变密码之间相距的最大天数          ：90
在密码过期之前警告的天数                ：3
[root@localhost ~]#
```

4. usermod 命令——修改用户账户

usermod 命令用于修改用户账户的属性。其命令格式如下。

```
usermod  [选项]  用户名
```

前文强调过，Linux 操作系统中的一切都以文件的形式保存，因此创建用户的过程也是修改配置文件的过程。用户的信息保存在 /etc/passwd 文件中，可以直接用文本编辑器来修改其中的用户参数，也可以用 usermod 命令修改已经创建的用户信息，如 UID、用户组、默认终端等。usermod 命令各选项及其功能说明如表 3.6 所示。

表 3.6　usermod 命令各选项及其功能说明

选项	功能说明
-d	设定用户的新主目录
-e	设定账户过期的日期
-f	过期失效多少天后，设定密码为失效状态
-g	修改用户的基本组
-G	修改用户所属的附加组
-a	常与 -G 连用，将用户追加至 -G 提到的附加组中，并不从其他组中删除此用户
-h	显示帮助信息并退出
-l	设定新的登录名称
-L	锁定用户账户
-m	将主目录内容移动到新位置（仅与 -d 一起使用）
-o	允许使用重复的（非唯一的）UID
-p	将加密过的密码设为新密码
-R	修改用户的主目录，允许指定新的主目录路径
-s	设定用户账户的新登录 Shell
-u	设定用户账户的新 UID
-U	解锁用户账户
-Z	设定用户账户的新 SELinux（Security-Enhanced Linux）用户映射

【实例 3.4】使用 usermod 命令，维护、禁用和恢复用户账户。

查看用户 user01 的默认信息，执行命令如下。

```
[root@localhost ~]# id user01
uid=2000(user01) gid=2000(user01) 组=2000(user01)
[root@localhost ~]#
```

将用户 user01 加入 root 用户组，这样附加组列表中会出现 root 用户组的字样，而基本组不会受影响，执行命令如下。

```
[root@localhost ~]# usermod -G root user01
[root@localhost ~]# id user01
uid=2000(user01) gid=2000(user01) 组=2000(user01),0(root)
[root@localhost ~]#
```

使用 -u 选项修改用户 user01 的 UID，执行命令如下。

```
[root@localhost ~]# usermod -u 5000 user01
[root@localhost ~]# id user01
uid=5000(user01) gid=2000(user01) 组=2000(user01),0(root)
[root@localhost ~]#
```

修改用户 user01 的主目录为 /var/user01，把登录 Shell 修改为 /bin/tabs，完成后恢复到初始状态，执行命令如下。

```
[root@localhost ~]# usermod -d /var/user01 -s /bin/tabs user01
[root@localhost ~]# tail -2 /etc/passwd
csg:x:1000:1000:root:/home/csg:/bin/bash
user01:x:5000:2000::/var/user01:/bin/tabs
[root@localhost ~]# usermod -d /var/user01 -s /bin/bash user01
```

有时候需要临时禁用一个账户而不删除它，禁用用户账户可以使用 passwd 或 usermod 命令实现，也可以通过直接修改 /etc/passwd 或 /etc/shadow 文件来实现。

例如，如果需要暂时禁用和恢复用户 user01，则可以使用以下 3 种方法实现。

（1）使用 passwd 命令。使用 passwd 命令禁用用户 user01，利用 tail 命令进行查看，可以看到 /etc/shadow 文件中被锁定的账户密码前面会加上“!!”，执行命令如下。

```
[root@localhost ~]# passwd -l user01
锁定用户 user01 的密码。
passwd: 操作成功
[root@localhost ~]# tail -1 /etc/shadow
user01:!!$6$r3PbM.32$IQ/ciM9wmNM7ZkPjefrJmINM4ChadEDp/pw20jXM0AUnmQ4/wRa0T93RtLdVrvHCJzd.0/
otrNK9uXrUIDlEh1:18492:10:90:3:::
[root@localhost ~]# tail  -1  /etc/passwd
user01:x:5000:2000::/var/user01:/bin/bash
[root@localhost ~]# passwd -u user01              //解除用户 user01 的锁定
解锁用户 user01 的密码。
passwd: 操作成功
[root@localhost ~]#
```

（2）使用 usermod 命令。使用 usermod 命令禁用用户 user01，利用 tail 命令进行查看，可以看到 /etc/shadow 文件中被锁定的账户密码前面会加上“!”，执行命令如下。

```
[root@localhost ~]# usermod -L user01
[root@localhost ~]# tail -1 /etc/shadow
user01:!$6$r3PbM.32$IQ/ciM9wmNM7ZkPjefrJmINM4ChadEDp/pw20jXM0AUnmQ4/wRa0T93RtLdVrvHCJzd.0/
```

```
otrNK9uXrUIDlEh1:18492:10:90:3:::
    [root@localhost ~]# tail -1 /etc/passwd
    user01:x:5000:2000::/var/user01:/bin/bash
    [root@localhost ~]# usermod -U user01          //解除用户 user01 的锁定
    [root@localhost ~]#
```

（3）直接修改用户账户配置文件。在 /etc/passwd 或 /etc/shadow 文件中关于用户 user01 的 passwd 字段的第一个字符前面加上一个“*”，以达到禁用用户账户的目的，在需要恢复的时候只需删除字符“*”即可，如图 3.5 所示。

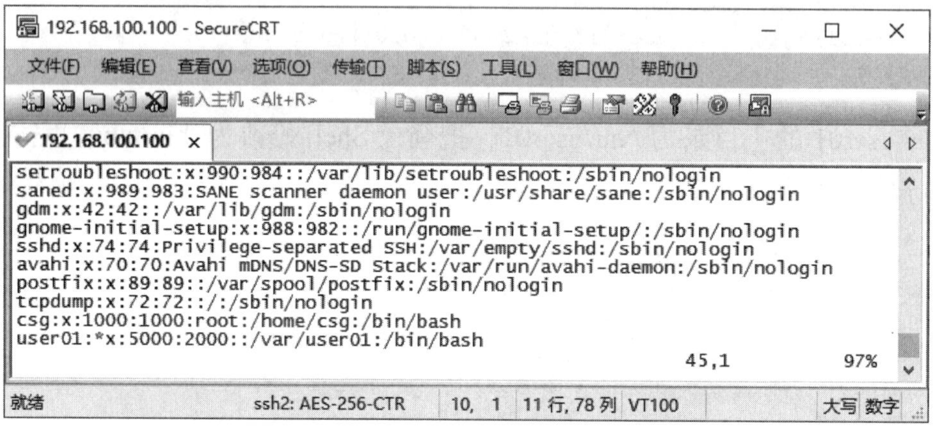

图 3.5 修改 /etc/passwd 文件以禁用用户 user01

5. userdel 命令——删除用户账户

要想删除一个用户账户，可以直接删除 /etc/passwd 和 /etc/shadow 文件中要删除的用户账户所对应的行，也可以使用 userdel 命令进行删除。其命令格式如下。

```
userdel  [选项]  用户名
```

userdel 命令各选项及其功能说明如表 3.7 所示。

表 3.7 userdel 命令各选项及其功能说明

选项	功能说明
-h	显示此帮助信息并退出
-r	删除主目录及目录下的所有文件
-R	指定用户主目录的根路径
-Z	为用户账户删除所有的 SELinux 用户映射

【实例 3.5】使用 userdel 命令删除用户账户。先创建用户 user02 和 user03，再查看用户主目录情况及用户账户信息，删除用户 user03，并查看用户主目录的变化情况。执行命令如下。

```
[root@localhost ~]# useradd -p 123456 user02        //新建用户 user02，密码为 123456
[root@localhost ~]# useradd -p 123456 user03        //新建用户 user03，密码为 123456
[root@localhost ~]# ls  /home                       //查看用户主目录的情况
csg  user01  user02  user03
[root@localhost ~]# tail  -4  /etc/passwd           //查看用户账户信息
csg:x:1000:1000:root:/home/csg:/bin/bash
user01:x:5000:1::/var/user01:/bin/bash
user02:x:5001:0::/home/user02:/bin/bash
user03:x:5002:0::/home/user03:/bin/bash
[root@localhost ~]# userdel  -r  user03             //删除用户 user03
[root@localhost ~]# ls  /home                       //查看用户主目录的情况
csg  user01  user02
[root@localhost ~]#
```

3.2 组群管理

Linux 操作系统中包含私有组、系统组、标准组等 3 种组群。

（1）私有组：建立用户账户时，若没有指定其所属的组群，则系统会建立一个名称和用户名相同的组群，这个组群就是私有组，它只容纳一个用户。

（2）系统组：这是 Linux 操作系统正常运行所必需的组群，安装 Linux 操作系统或添加新的软件包时会自动建立系统组。

（3）标准组：可以容纳多个用户，其中的用户都具有组群所拥有的权限。

一个用户可以属于多个组群，用户所属的组群又有基本组和附加组之分。用户所属组群中的第一个组称为基本组，基本组在 /etc/passwd 文件中指定；其他组群为附加组，附加组在 /etc/group 文件中指定。属于多个组群的用户所拥有的权限是它所在组群的权限之和。

相对于用户信息，用户组群的信息少一些。与用户一样，用户组群也由一个唯一的标识来表示身份，即 GID。在 Linux 操作系统中，关于组群账户的信息存放在 /etc/group 文件中，而关于组群管理的信息，如组群的加密密码、组群管理员等，则存放在 /etc/gshadow 文件中。

3.2.1 理解组群文件

1. /etc/group 文件

/etc/group 文件用于存放用户的组群账户信息，任何用户都可以读取该文件的内容，每个组群账户在 /etc/group 文件中占一行，并用“:”分隔为 4 个字段。其格式如下。

```
组群名称：组群密码（一般为空，用 x 占位）：GID：组群成员
```

/etc/group 文件中各字段及其功能说明如表 3.8 所示。

表 3.8 /etc/group 文件中各字段及其功能说明

字段	功能说明
组群名称	组群的名称
组群密码	通常不需要设定，一般很少用组群登录，其密码也被记录在 /etc/gshadow 中
GID	组群 ID
组群成员	组群所包含的用户，用户之间用“,”分隔，如果没有成员，则默认为空

一般情况下，用户不必手动修改 /etc/group 文件，系统提供了一些命令来完成组群的管理。

【实例 3.6】查看 /etc/group 文件的内容，执行命令如下。

```
[root@localhost ~]# useradd -p 123456 user03
[root@localhost ~]# usermod -G root user01          //加入root组
[root@localhost ~]# usermod -G bin user02           //加入bin组
[root@localhost ~]# usermod -G bin user03           //加入bin组
[root@localhost ~]# cat -n /etc/group               //查看组群信息
     1  root:x:0:user01
     2  bin:x:1:user02,user03
     3  daemon:x:2:
     4  sys:x:3:
     5  adm:x:4:
     6  tty:x:5:
[root@localhost ~]# id user02                       //查看user02用户相关组群信息
uid=5001(user02) gid=1(bin) 组=1(bin)
[root@localhost ~]#
```

从以上配置可以看出，root 组的 GID 为 0，包含用户 user01 组群成员；bin 组的 GID 为 1，包含用户 user02 和 user03 组群成员，各成员之间用“,”分隔。在 /etc/group 文件中，用户的基本组并不把该用户作为成员列出，只有用户的附加组才会把该用户作为成员列出。例如，用户 bin 的基本组是 bin，但 /etc/group 文件的组群的成员列表中并没有用户 bin，只有用户 user02 和 user03。

2. /etc/gshadow 文件

/etc/gshadow 文件用于存放组群的加密密码、组群的管理员等信息，该文件只有超级用户可以读取，每个组群账户在 /etc/gshadow 文件中占一行，并用“:”将其分隔为 4 个字段。其格式如下。

```
组群名称：加密后的组群密码：组群的管理员：组群成员
```

/etc/gshadow 文件中各字段及其功能说明如表 3.9 所示。

表 3.9　/etc/gshadow 文件中各字段及其功能说明

字段	功能说明
组群名称	组群的名称
加密后的组群密码	通常不需要设定，没有时用“!”占位
组群的管理员	组群的管理员，默认为空
组群成员	组群所包含的用户，用户之间用“,”分隔，如果没有用户，则默认为空

【实例 3.7】查看 /etc/gshadow 文件的内容，执行命令如下。

```
[root@localhost ~]# cat -n /etc/gshadow
     1  root:::user01
     2  bin:::user02,user03
     3  daemon:::
    ……
    75  user03:!::
[root@localhost ~]#
```

3.2.2　组群维护与管理

1. groupadd 命令——创建组群

groupadd 命令用来在 Linux 操作系统中创建用户组群，只要为不同的用户组群赋予不同的权限，再将不同的用户加入不同的组群，用户即可获得所在组群拥有的权限，在 Linux 操作系统中有许多用户时，使用这种方法创建组群非常方便。其命令格式如下。

```
groupadd  [选项]  组群名
```

groupadd 命令各选项及其功能说明如表 3.10 所示。

表 3.10　groupadd 命令各选项及其功能说明

选项	功能说明
-f	如果组群已经存在，则成功退出；如果 GID 已经存在，则取消 -g 选项
-g	为新组群使用 GID
-h	显示帮助信息并退出
-k	不使用 /etc/login.defs 中的默认值
-o	允许创建有重复 GID 的组群
-p	为新组群使用加密过的密码
-r	创建一个系统账户
-R	指定用户主目录的根路径

【实例 3.8】使用 groupadd 命令创建用户组群，执行命令如下。

```
[root@localhost ~]# ls /home
csg  user01  user02  user03
[root@localhost ~]# groupadd workgroup        //创建用户组群 workgroup
[root@localhost ~]# tail -5 /etc/group
csg:x:1000:
user01:x:2000:
user02:x:5001:
user03:x:5002:
workgroup:x:5003:
[root@localhost ~]# tail -5 /etc/gshadow
csg:!::
user01:!::
user02:!::
user03:!::
workgroup:!::
```

2. groupdel 命令——删除组群

groupdel 命令用来在 Linux 操作系统中删除组群，如果该组群中包含某些用户，则必须先使用 userdel 命令删除这些用户，才能使用 groupdel 命令删除该组群；如果该组群有任何一个用户在线，则不能删除该组群。其命令格式如下。

```
groupdel  [选项]  组群名
```

groupdel 命令各选项及其功能说明如表 3.11 所示。

表 3.11 groupdel 命令各选项及其功能说明

选项	功能说明
-h	显示帮助信息并退出
-R	指定用户主目录的根路径

【实例 3.9】使用 groupdel 命令删除组群，执行命令如下。

```
[root@localhost ~]# groupadd workgroup-1          //新建组群 workgroup-1
[root@localhost ~]# groupadd workgroup-2          //新建组群 workgroup-2
[root@localhost ~]# tail -6 /etc/group            //显示 /etc/group 文件的最后 6 条内容
user01:x:2000:
user02:x:5001:
user03:x:5002:
workgroup:x:5003:
workgroup-1:x:5004:
workgroup-2:x:5005:
[root@localhost ~]#
[root@localhost ~]# groupdel workgroup-2          //删除组群 workgroup-2
[root@localhost ~]# tail -6 /etc/group            //显示 /etc/group 文件的最后 6 条内容
```

```
csg:x:1000:
user01:x:2000:
user02:x:5001:
user03:x:5002:
workgroup:x:5003:
workgroup-1:x:5004:
```

3. groupmod 命令——更改 GID 或名称

groupmod 命令用来在 Linux 操作系统中更改 GID 或名称。其命令格式如下。

```
groupmod  [选项]  组群名
```

groupmod 命令各选项及其功能说明如表 3.12 所示。

表 3.12　groupmod 命令各选项及其功能说明

选项	功能说明
-g	修改 GID
-h	显示帮助信息并退出
-n	修改组群名
-o	允许使用重复的 GID
-p	修改组群密码
-R	指定用户主目录的根路径

【实例 3.10】使用 groupmod 命令更改 GID 或名称，将 workgroup-1 的 GID 修改为 3000，同时将组群名称修改为 workgroup-student，并显示相关结果，执行命令如下。

```
[root@localhost ~]# groupmod -g 3000 -n workgroup-student  workgroup-1
[root@localhost ~]# tail -6 /etc/group
csg:x:1000:
user01:x:2000:
user02:x:5001:
user03:x:5002:
workgroup:x:5003:
workgroup-student:x:3000:
```

4. gpasswd 命令——管理组群

gpasswd 命令用来在 Linux 操作系统中管理组群，可以将用户加入组群，也可以删除组群中的用户、指定管理员、设置组群成员列表、删除密码等。其命令格式如下。

```
gpasswd  [选项]  组群名
```

gpasswd 命令各选项及其功能说明如表 3.13 所示。

表 3.13 gpasswd 命令各选项及其功能说明

选项	功能说明
-a	向组群中添加用户
-d	从组群中删除用户
-h	显示帮助信息并退出
-r	删除密码
-R	设置组群的密码，使其成为受限用户组
-M	设置组群的成员列表
-A	设置组群的管理员列表

【实例 3.11】使用 gpasswd 命令管理组群，相关命令如下。

```
[root@localhost ~]# ls  /home
csg  user01  user02  user03  user04
[root@localhost ~]# tail -6 /etc/group
csg:x:1000:
user01:x:2000:
user02:x:5001:
user03:x:5002:
workgroup:x:5003:
workgroup-student:x:3000:
[root@localhost ~]# gpasswd -a user01 workgroup-student        //向组群中添加用户
正在将用户“user01”加入“workgroup-student”组中
[root@localhost ~]# gpasswd -a user02 workgroup-student        //向组群中添加用户
正在将用户“user02”加入“workgroup-student”组中
[root@localhost ~]# tail -6 /etc/group
csg:x:1000:
user01:x:2000:
user02:x:5001:
user03:x:5002:
workgroup:x:5003:
workgroup-student:x:3000:user01,user02
[root@localhost ~]# gpasswd -d user02 workgroup-student        //删除用户
正在将用户“user02”从“workgroup-student”组中删除
[root@localhost ~]# tail -6 /etc/group
csg:x:1000:
user01:x:2000:
user02:x:5001:
user03:x:5002:
workgroup:x:5003:
workgroup-student:x:3000:user01
[root@localhost ~]# gpasswd -A csg workgroup-student           //指定组群管理员为csg
[root@localhost ~]# tail  -6  /etc/gshadow
```

5. chown 命令——修改文件或目录的所有者和组群

chown 命令可以将指定文件或目录的所有者改为指定的用户或组群，用户可以是用户名或者 UID，组群可以是组群名或者 GID，文件或目录是以空格分开的要改变权限的文件或目录列表，支持通配符。超级用户经常使用 chown 命令，在将文件复制到另一个用户的目录下之后，通过 chown 命令修改文件的所有者和组群，使用户拥有使用文件的权限。在修改文件或目录的所有者或所属组群时，可以使用用户名和 UID，普通用户不能修改自己的文件或目录的所有者，这一操作权限一般属于超级用户。其命令格式如下。

```
chown [选项] user[:group] 文件或目录名
```

chown 命令各选项及其功能说明如表 3.14 所示。

表 3.14　chown 命令各选项及其功能说明

选项	功能说明
-c	作用与 -v 相似，但只传回修改的部分
-f	不显示错误信息
-h	只对软链接的文件做修改，不更改其他任何相关文件
-R	递归处理，对指定目录下的所有文件及子目录进行修改
-v	显示命令执行过程
--dereference	作用于软链接的指向，而不是软链接本身
--reference=<参考文件或目录>	将指定文件或目录的所有者与组群都设置为参考文件或目录的所有者与组群
--help	显示帮助信息
--version	显示版本信息

【实例 3.12】使用 chown 命令修改文件的所有者和组群，执行命令如下。

（1）将 test01.txt 文件的所有者改为 test 用户。

```
[root@localhost ~]# useradd -p 123456 test                 //添加 test 用户
[root@localhost ~]# touch test01.txt
[root@localhost ~]# ls -l test01.txt
-rw-r--r--. 1 root root 84 8月 21 08:28 test01.txt
[root@localhost ~]# chown test:root test01.txt            //修改文件的所有者为 test 用户
[root@localhost ~]# ls -l test01.txt
-rw-r--r--. 1 test root 84 8月 22 20:33 test01.txt
[root@localhost ~]#
```

（2）chown 后的新的所有者和新的组群之间可以使用“:”连接，新所有者和新组群之一可以为空。如果新所有者为空，则应该是“: 组群”；如果新所有者为空，则可以不用加“:”。

```
[root@localhost ~]# ls -l test01.txt
-rw-r--r--. 1 test root 84 8月 22 20:33 test01.txt
[root@localhost ~]# chown :test test01.txt                //修改组群为 test 组
[root@localhost ~]# ls -l test01.txt
-rw-r--r--. 1 test test 84 8月 22 20:33 test01.txt
[root@localhost ~]#
```

（3）chown 命令也提供了 -R 选项，这个选项修改目录的所有者和组群极为有用，可以通过添加 -R 选项来改变某个目录下的所有文件的所有者或组群。

```
[root@localhost ~]# mkdir  testdir                                //新建文件夹
[root@localhost ~]# ls  -ld  testdir                              //查看文件夹默认属性
drwxr-xr-x. 2 root root 6 8月  22 20:46 testdir
[root@localhost ~]# touch testdir/test1.txt                       //新建文件 test1.txt
[root@localhost ~]# touch testdir/test2.txt                       //新建文件 test2.txt
[root@localhost ~]# touch testdir/test3.txt                       //新建文件 test3.txt
[root@localhost ~]# ls  -l  testdir/
总用量 0
-rw-r--r--. 1 root root 0 8月  22 20:47 test1.txt
-rw-r--r--. 1 root root 0 8月  22 20:49 test2.txt
-rw-r--r--. 1 root root 0 8月  22 20:49 test3.txt
[root@localhost ~]# chown  -R  test:test  testdir
                    //修改 testdir 及其下级目录和所有文件的所有者和组群
[root@localhost ~]# ls -ld testdir
drwxr-xr-x. 2 test test 57 8月  22 20:49 testdir
```

6. chgrp 命令——修改文件与目录所属组群

在 Linux 操作系统中，文件与目录的权限控制是由所有者及所属组群来管理的，可以使用 chgrp 命令来获取要修改文件与目录的所属组群。chgrp 命令可采用组群名称或 GID 码的方式来改变文件或目录的所属组群，这一操作权限属于超级用户。要改变的组群名称必须在 /etc/group 文件中。其命令格式如下。

```
chgrp  [选项]  组群  文件名
```

chgrp 命令各选项及其功能说明如表 3.15 所示。

表 3.15　chgrp 命令各选项及其功能说明

选项	功能说明
-c	当发生改变时输出调试信息
-f	不显示错误信息
-R	处理指定目录及其子目录下的所有文件
-v	运行时显示详细的处理信息
--dereference	作用于软链接的指向，而不是软链接本身
--no-dereference	作用于软链接本身
--reference=<文件或者目录>	将指定文件或目录的所有者与所属组群都设置为参考文件或目录的所有者与所属组群
--help	显示帮助信息
--version	显示版本信息

【实例 3.13】通过使用 chgrp 命令修改组群名称或 GID 的方式改变文件或目录的所属组群，执行命令如下。

（1）改变文件的所属组群，将 test01 用户的所属组群由 root 更改为 bin。

```
[root@localhost ~]# ls -l test01
-rw-r--r--. 1 root root 84 8月  21 08:28 test01
[root@localhost ~]# chgrp  -v  bin  test01     //改变 test01 文件的组群属性为 bin
changed group of "test01" from root to bin
[root@localhost ~]# ls -l test01
-rw-r--r--. 1 root bin 84 8月  21 08:28 test01
```

（2）改变文件 test01 的所属组群，使得文件 test01 的所属组群和参考文件 test01.txt 的所属组群相同。

```
[root@localhost ~]# ls  -l  test01*
-rw-r--r--. 1 root bin  84 8月  21 08:28 test01
-rw-r--r--. 1 test test 84 8月  22 20:33 test01.txt
[root@localhost ~]# chgrp --reference=test01.txt test01
[root@localhost ~]# ls  -l  test01*
-rw-r--r--. 1 root test 84 8月  21 08:28 test01
-rw-r--r--. 1 test test 84 8月  22 20:33 test01.txt
[root@localhost ~]#
```

（3）改变指定目录及其子目录下的所有文件的所属组群。

```
[root@localhost ~]# ls -l testdir/
总用量 0
-rw-r--r--. 1 test test 0 8月  22 20:47 test1.txt
-rw-r--r--. 1 test test 0 8月  22 20:49 test2.txt
-rw-r--r--. 1 test test 0 8月  22 20:49 test3.txt
[root@localhost ~]# chgrp -R bin testdir/  //指定 testdir 目录及其子目录下所有文件的组群为 bin
[root@localhost ~]# ls -l testdir/
总用量 0
-rw-r--r--. 1 test bin 0 8月  22 20:47 test1.txt
-rw-r--r--. 1 test bin 0 8月  22 20:49 test2.txt
-rw-r--r--. 1 test bin 0 8月  22 20:49 test3.txt
[root@localhost ~]#
```

（4）通过 GID 来改变文件的所属组群。

```
[root@localhost ~]# tail  -6  /etc/group
user02:x:5001:
user03:x:5002:
workgroup:x:5003:
workgroup-student:x:3000:user01
user05:x:5004:
test:x:5005:
[root@localhost ~]# chgrp -R 3000 test01  //指定 3000 为 workgroup-student 的 GID
[root@localhost ~]# ls  -l  test01
-rw-r--r--. 1 root workgroup-student 84 8月  21 08:28 test01
```

3.3 su 和 sudo 命令使用

1. su 命令

su 命令可用于在不注销系统的情况下由当前登录系统的用户切换到系统中的另一个用户。su 命令可以让一个普通用户拥有超级用户或其他用户的权限，也可以让超级用户以普通用户的身份执行操作命令。若没有指定的用户账户，则系统默认切换到超级用户，普通用户使用 su 命令时必须有超级用户或其他用户的密码，超级用户向普通用户切换时则不需要密码。如果要退出当前用户账户，则可以执行 exit 命令，返回默认用户。其命令格式如下。

```
su  [选项]  [-]  [USER [参数]...]
```

su 命令各选项及其功能说明如表 3.16 所示。

表 3.16 su 命令各选项及其功能说明

选项	功能说明
-	- 表示切换到超级用户，- user 表示切换到另一个用户
-c	向 Shell 传递一条命令，并退出所切换到的用户环境
-f	适用于 csh（C Shell）与 tcsh（Tenex C Shell），使用 Shell 时不用读取启动文件
-m，-p	变更身份时，不重置环境变量
-g	指定基本组
-G	指定一个附加组
-l	使 Shell 成为登录 Shell
-s	指定要执行的 Shell

【实例 3.14】使用 su 命令进行用户切换，相关命令如下。

```
[root@localhost ~]# su user05                //切换到 user05 用户
[user05@localhost root]$ su -                //切换到超级用户
密码：                                        //输入超级用户的密码
上一次登录：三 8月 19 21:13:11 CST 2023pts/0 上
[root@localhost ~]# su - user04              //切换到 user05 用户
[user04@localhost ~]$ exit                   //返回默认用户
```

su 命令为管理带来了方便，只要把超级用户的密码交给普通用户，普通用户就可以通过 su 命令切换到超级用户，以完成相应的管理工作。

然而，把超级用户的密码交给普通用户，这种方法存在安全隐患。如果系统有 10 个用户需要完成管理工作，则意味着要把超级用户的密码告诉这 10 个用户，这在一定程度上对系统安全构成了威胁，因此在多人参与的系统管理中一般不使用 su 命令。

注 意

超级用户的命令提示符默认为“#”，普通用户的命令提示符默认为“$”。

2. sudo 命令

sudo 命令可以让用户以其他的身份来执行指定的命令，默认的身份为超级用户，在 /etc/sudoers 中设置可执行 sudo 命令的用户，若未经授权的用户企图使用 sudo 命令，则系统会发送警告邮件给超级用户。用户使用 sudo 命令时，必须先输入用户密码，之后有 5min 的有效期限，超过有效期限后必须重新输入密码。sudo 命令可以提供日志，真实地记录每个用户使用 sudo 命令时做了哪些操作，并能将日志传到中心主机或者日志服务器中。通过 sudo 命令可以把某些超级权限有针对性地下放，且不需要普通用户知道超级用户的密码，所以 sudo 命令相对于权限无限制的 su 命令来说是比较安全的，故 sudo 命令也被称为受限制的 su 命令。另外，sudo 命令是需要授权许可的，所以也被称为授权许可的 su 命令。其命令格式如下。

```
sudo  [选项]  [-s]  [-u 用户]  command
```

sudo 命令各选项及其功能说明如表 3.17 所示。

表 3.17　sudo 命令各选项及其功能说明

选项	功能说明
-A	使用助手程序进行密码提示
-b	后台运行命令
-E	在执行命令时保留当前用户的环境变量，不使用目标用户的环境变量
-e	编辑文件而非执行命令
-g	以指定的用户组群或 GID 执行命令
-H	将当前用户主目录设为目标用户的主目录
-h	显示帮助消息并退出
-i	以目标用户身份进行登录
-k	完全移除时间戳文件
-l	列出用户权限或检查某个特定命令
-n	非交互模式，不提示

续表

选项	功能说明
-P	保留组向量（group vector），而非设置为目标的组向量
-p	使用指定的密码提示
-r	以指定的角色创建 SELinux 安全环境
-S	从标准输入读取密码
-s	以目标用户运行 Shell，可同时指定一条命令
-t	以指定的类型创建 SELinux 安全环境
-T	在达到指定时间限制后终止命令
-U	在列表模式中显示用户的权限
-u	以指定用户或 UID 运行命令（或编辑文件）
-V	显示版本信息并退出
-v	更新用户的时间戳而不必执行命令

sudo 命令是 Linux 操作系统中的重要命令，它允许系统管理员分配给普通用户一些合理的权限，使其执行一些只有超级用户或其他特许用户才能完成的任务，如运行 restart、reboot、passwd 等命令，或者编辑一些系统配置文件。使用 sudo 命令不仅减少了超级用户的登录次数和管理时间，还增强了系统安全性，sudo 命令主要有以下特点。

（1）sudo 命令的配置文件为 /etc/sudoers 文件，它允许系统管理员集中地管理用户的使用权限和使用的主机。

（2）不是所有的用户都可以使用 sudo 命令来执行管理权限，普通用户是否可以使用 sudo 命令执行管理权限是通过 /etc/sudoers 文件设置的。在默认情况下，/etc/sudoers 文件是只读文件，需要对其进行属性设置才能修改文件内容。

（3）sudo 命令能够限制用户只在某台主机上运行某些命令。

（4）sudo 命令使用时间戳文件来实现类似“检票”的系统，当用户执行 sudo 命令并输入其密码时，会获得一张存活期为 5min 的“票”，这个时间值可以在编译时修改。

【实例 3.15】使用 sudo 命令进行相关操作，执行命令如下。

```
[root@localhost ~]# usermod -G root user02          //将 user02 用户添加到 root 管理员组群中
[root@localhost ~]# id user02
uid=5001(user02) gid=1(bin) 组 =1(bin),0(root)
[root@localhost ~]# passwd user02                   //修改 user02 用户的密码为 admin@123
更改用户 user02 的密码。
新的密码：
无效的密码：密码未通过字典检查——它基于字典单词
重新输入新的密码：
passwd：所有的身份验证令牌已经成功更新。
[root@localhost ~]#
[root@localhost ~]# su user02
[user02@localhost root]$ sudo su root
```

```
[sudo] user02 的密码：
[root@localhost ~]#
[root@localhost ~]# ls -l /etc/sudoers
-r--r-----. 1 root root 4328 10月 30 2018 /etc/sudoers
[root@localhost ~]# cp /etc/sudoers /etc/sudoers-backup //复制一个文件，留作备用
[root@localhost ~]# ls -l /etc/sudoers-backup
-r--r-----. 1 root root 4328 8月  19 21:40 /etc/sudoers-backup
[root@localhost ~]# chmod 740 /etc/sudoers          //修改文件属性
[root@localhost ~]# ls -l /etc/sudoers
-rwxr-----. 1 root root 4328 10月 30 2018 /etc/sudoers
[root@localhost ~]# vim /etc/sudoers                //编辑/etc/sudoers文件，添加user02用户
[root@localhost ~]# chmod 440 /etc/sudoers          //设置文件属性为只读
[root@localhost ~]# ls -l /etc/sudoers
-r--r-----. 1 root root 4356 8月  19 21:45 /etc/sudoers
[root@localhost ~]# su user02
[user02@localhost root]$ sudo cat /etc/sudoers      //以user02用户显示文件/etc/sudoers的内容
[sudo] user02 的密码：                               //输入user02用户的密码
## Sudoers allows particular users to run various commands as
……
# Host_Alias     FILESERVERS = fs1, fs2
# Host_Alias     MAILSERVERS = smtp, smtp2
```

从以上操作可以看出，user02 用户被添加到 root 管理员组群中，拥有超级用户的权限。/etc/sudoers 文件默认情况下为只读文件，只有超级用户和管理员组群中的用户可以进行读写操作，其他用户都不可以，所以在为其他用户授权时，必须对 /etc/sudoers 文件进行属性设置，修改 /etc/sudoers 文件为可读写文件，同时添加授权用户，如图 3.6 所示。

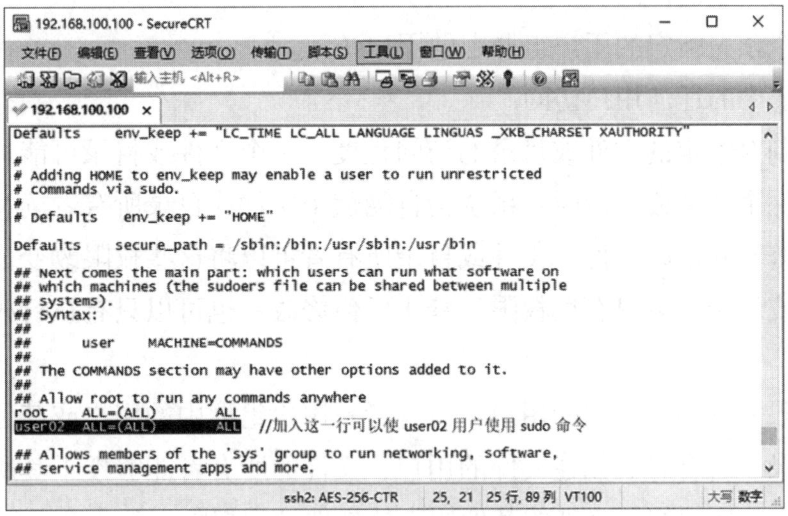

图 3.6 添加授权用户

3.4 文件和目录权限管理

对于初学者而言，理解 Linux 操作系统的文件和目录权限管理是非常必要的。下面主要

讲解文件和目录的权限、文件和目录的属性信息、使用数字表示法修改文件和目录的权限，以及使用文字表示法修改文件和目录的权限等相关操作。

3.4.1 理解文件和目录的权限

文件是操作系统用来存储信息的基本结构，是一组信息的集合，文件通过文件名来唯一标识。在 Linux 操作系统中，文件名最多允许有 255 个字符，这些字符可用 a ～ z、A ～ Z、0 ～ 9、特殊字符等符号来表示。与其他操作系统相比，Linux 操作系统最大的不同就是没有“扩展名”的概念，也就是说，文件的名称和类型并没有直接的关联。例如，file01.txt 有可能是一个所执行文件，而 file01.exe 有可能是一个文本文件，甚至可以不使用扩展名。另外，Linux 操作系统中的文件名区分字母大小写，如 file01.txt、File01.txt、FILE01.TXT、file01.TXT 在 Linux 操作系统中分别代表不同的文件，但在 Windows 操作系统中它们代表同一个文件。在 Linux 操作系统中，如果某个文件名以“.”开始，则表示该文件为隐藏文件，需要使用 ls -a 命令才能将其显示出来。

Linux 操作系统中的每一个文件或目录都有访问权限，这些访问权限决定了哪些用户能访问和如何访问这些文件或目录，访问权限的限制可以通过设定权限来实现。

微课
V3-4 理解文件和目录的权限

文件和目录有以下 3 种访问权限。

（1）只允许用户自己访问。

（2）允许一个预先指定的用户组群中的用户访问。

（3）允许系统中的任何用户访问。

用户能够控制对给定的文件或目录的访问程度。一个文件或目录可能有读、写及执行权限，当用户创建一个文件或目录时，系统会自动赋予文件或目录所有者读和写的权限，这样文件所有者可以查看和修改文件。文件或目录所有者可以将这些权限改变为任何想要指定的权限，一个文件或目录可以只有读权限，禁止任何修改；也可以只有执行权限，能够像一个程序一样执行。

根据赋予权限的不同，不同的用户（所有者、用户组群中的用户或其他用户）能够访问不同的文件或目录。所有者是创建文件的用户，文件的所有者能够授予其所在用户组群的其他成员以及系统中除所属组群之外的其他用户的文件访问权限。

每一个用户针对系统中的所有文件都有相应的读、写和执行权限，具体如下。

（1）第一套权限控制为访问自己的文件或目录的权限，即文件或目录所有者的权限。

（2）第二套权限控制为用户组群中的用户访问其中一个用户的文件或目录的权限。

（3）第三套权限控制为其他用户访问一个用户的文件或目录的权限。

以上 3 套权限控制赋予了不同类型用户的读、写和执行权限，构成了一个有 9 种类型的权限组。

用户可以使用 ls -l 或者 ll 命令来显示文件的详细信息，其中包括文件或目录的权限，执行命令如下。

```
[root@localhost ~]# vim  file01.txt
aaaaaaaaaaaaaaaaaaaaaa
bbbbbbbbbbbbbbbbbbbb
[root@localhost ~]# ls  -l
总用量 12
-rw-------. 1 root root 1647 6月   8 01:27 anaconda-ks.cfg
-rw-r--r--. 1 root root  116 8月  20 19:43 file01.txt
……
[root@localhost ~]#
```

以上列出了文件或目录的详细属性信息，共分为 7 组，各组信息的含义如图 3.7 所示。

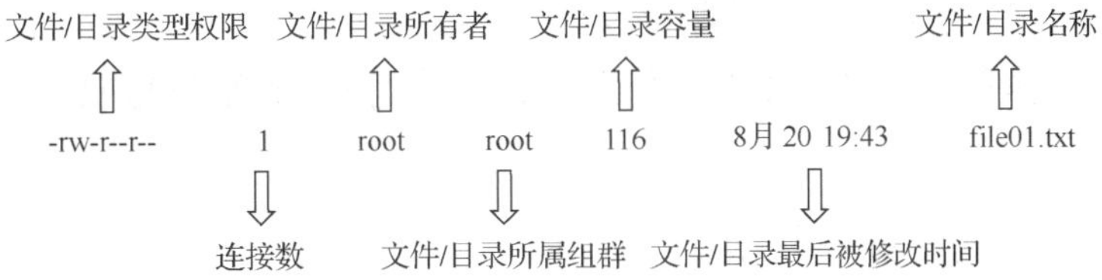

图 3.7 各组信息的含义

3.4.2 详解文件和目录的属性信息

微课

V3-5 详解文件和目录的属性信息

1. 文件 / 目录类型权限

每一行的第一个字符一般用来区分文件 / 目录的类型，一般取值为 -、b、c、d、l、s、p，其具体含义如表 3.18 所示。

表 3.18 文件 / 目录类型权限第一个字符的值及具体含义

值	具体含义
-	表示该文件是一个普通的文件
b	表示该文件为区块设备，是特殊类型的文件
c	表示该文件为其他的外围设备，是特殊类型的文件
d	表示该文件是一个目录，在 Linux 扩展文件系统中，目录也是一种特殊的文件
l	表示该文件是一个软链接文件，实际上它指向另一个文件
s、p	表示该文件关系到系统的数据结构和管道，通常很少见到

每一行的第 2 ～ 10 个字符表示文件的访问权限，这 9 个字符每 3 个为一组，左边 3 个字符表示所有者权限，中间 3 个字符表示与所有者属于同一组群的用户的权限，右边 3 个字

符表示其他用户的权限。其代表的含义分别如下。

（1）字符 2、3、4 表示文件所有者的权限，简称为 u（user）的权限。

（2）字符 5、6、7 表示文件所有者所属组群中的成员的权限，如文件所有者属于 workgroup 组群，该组群中有 5 个成员，这 5 个成员都有此处指定的权限，简称为 g（group）的权限。

（3）字符 8、9、10 表示文件所有者所属组群以外的其他用户的权限，简称为 o（other）的权限。

根据权限种类的不同，这 9 个字符可以分为以下 4 种类型。

（1）r（read，读）：对于文件而言，用户具有读取文件内容的权限；对于目录而言，用户具有浏览目录的权限。

（2）w（write，写）：对于文件而言，用户具有新增、修改文件内容的权限；对于目录而言，用户具有删除、移动目录中文件的权限。

（3）x（execute，执行）：对于文件而言，用户具有执行文件的权限；对于目录而言，用户具有进入目录的权限。

（4）-：表示用户不具有该项权限。

【实例 3.16】说明文件类型权限属性信息。

（1）-rw-rw-rw-：该文件为普通文件，文件所有者、同组群用户和其他用户对文件都只具有读、写权限，不具备执行权限。

（2）brwxr--r--：该文件为区块设备文件，文件所有者具有读、写和执行的权限，同组群用户和其他用户具有读权限。

（3）drwx--x---：该文件是目录文件，目录所有者具有读、写和执行的权限，同组群用户和其他用户能进入目录，但无法读取任何数据。

（4）lrwxrwxrwx：该文件是软链接文件，文件所有者、同组群用户和其他用户都具有读、写和执行权限。

每个用户都拥有自己的主目录，通常在 /home 目录下，这些主目录的默认权限为 drwx------。对于通过执行 mkdir 命令所创建的目录，其默认权限为 drwxr-xr-x，相关命令如下，用户可以根据需要修改目录权限。

```
[root@localhost ~]# mkdir  /home/student
[root@localhost ~]# ls -l  /home
总用量 4
drwx------. 15 csg     csg       4096 6月   8 01:37 csg
drwxr-xr-x.  2 root    root         6 8月  20 21:43 student
drwx------.  5 user01 user01      107 8月  18 17:15 user01
drwx------.  5 user02 bin         128 8月  18 23:52 user02
……
[root@localhost ~]#
```

2. 连接数

在 Linux 操作系统中，连接数指的是指向该文件或目录的硬链接数量。每个文件或目录都与一个索引节点（i-node）相关联，i-node 是硬链接指向同一个文件或目录的唯一标识，其中记录了文件或目录的权限与属性信息。因此，每个文件名会连接到一个 i-node，连接数记录的就是有多少个不同的文件名连接到一个相同的 i-node。

3. 文件 / 目录所有者

在 Linux 操作系统中，文件或目录所有者通常指的是文件或目录的创建者，即所有者。所有者对文件或目录具有特定的权限。

4. 文件 / 目录所属组群

在 Linux 操作系统中，用户的账户会附属到一个或多个组群中。例如，user01、user02、user03 用户均属于 workgroup 组群，如果某个文件 / 目录所属的组群为 workgroup，且这个文件 / 目录的权限为 -rwxrwx---，则 user01、user02、user03 用户对于这个文件 / 目录都具有读、写和执行的权限，但是不属于 workgroup 的其他用户，则对此文件 / 目录不具有任何权限。

5. 文件 / 目录容量

此组信息表示文件或目录的容量，默认单位为 B。

6. 文件 / 目录最后被修改时间

此组信息表示文件 / 目录最后被修改时间。如果某个文件 / 目录被修改的时间距离现在太久，那么这组信息仅显示年份；如果想要显示完整的时间，则可以利用 ls 命令的选项，即 --full-time，执行命令如下。

```
[root@localhost ~]# ls  -l  --full-time
总用量 12
-rw-------. 1 root root 1647 2023-06-08 01:27:06.769013640 +0800 anaconda-ks.cfg
-rw-r--r--. 1 root root  116 2023-08-20 19:43:26.279461488 +0800 file01.txt
……
drwxr-xr-x. 2 root root   40 2023-06-08 01:41:52.504670406 +0800 桌面
[root@localhost ~]#
```

7. 文件 / 目录名称

最后一组信息为文件 / 目录名称，使用 ls 和 ls -a 命令来查看文件和目录，执行命令如下。

```
[root@localhost ~]# ls
anaconda-ks.cfg  file01.txt  initial-setup-ks.cfg  公共  模板  视频  图片  文档  下载  音乐  桌面
[root@localhost ~]# ls -a
```

```
.               .bash_logout   .config     file01.txt        .mozilla   公共   文档
..              .bash_profile  .cshrc      .ICEauthority     .pki       模板   下载
……
[root@localhost ~]#
```

3.4.3 使用数字表示法修改文件和目录的权限

微课

V3-6 使用数字表示法修改文件和目录的权限

在文件 / 目录被建立时，系统会自动设置文件 / 目录的默认权限，如果这些默认权限无法满足需要，则可以使用 chmod 命令来修改文件 / 目录权限。通常，在修改权限时可以用两种方法来表示权限类型：数字表示法和文字表示法。

chmod 命令的格式如下。

```
chmod  [选项] 文件
```

chmod 命令各选项及其功能说明如表 3.19 所示。

表 3.19 chmod 命令各选项及其功能说明

选项	功能说明
-c	当该文件 / 目录权限确实已经更改时，才显示其更改动作
-f	若该文件 / 目录权限无法被更改，则不显示错误信息
-v	显示权限变更的详细资料
-R	对当前目录下的所有文件与子目录进行相同的权限变更（即以递归的方式逐个进行变更）

所谓数字表示法是指将读（r）、写（w）和执行（x）权限分别以数字 4、2、1 来表示，没有授予权限的部分表示为 0。将分别用于表示所有者、同组群用户和其他用户权限的 3 个字符对应的权限数字相加，得到每种用户对应的权限数字。以数字表示法表示文件 / 目录权限示例如表 3.20 所示。

表 3.20 以数字表示法表示文件 / 目录权限

原始权限	转换为数字	数字表示
-rwxrwxrwx	(421)(421)(421)	777
-rw-rw-rw-	(420)(420)(420)	666
-rwxrw-rw-	(421)(420)(420)	766
-rwxr--r--	(421)(400)(400)	744
-rwxrw-r--	(421)(420)(400)	764
-r--r--r--	(400)(400)(400)	444

【实例 3.17】使用 chmod 命令修改文件的权限。为文件 test01 设置权限，其默认权限为 -rw-r--r--，要求赋予文件所有者和同组群成员读、写权限，而其他用户只有读权限，应该将

其权限设置为 -rw-rw-r--，该权限用数字表示法表示为 664。进行相关操作，相关命令如下。

```
[root@localhost ~]# touch  /mnt/test01                    //创建文件 test01，位于 /mnt 中
[root@localhost ~]# ls -l  /mnt
总用量 0
-rw-r--r--. 1 root root 0 8月  20 22:52 test01
[root@localhost ~]# chmod  664  /mnt/test01               //修改文件 test01 的权限
[root@localhost ~]# ls -l /mnt
总用量 0
-rw-rw-r--. 1 root root 0 8月  20 22:52 test01
[root@localhost ~]#
```

如果想要修改隐藏文件 .tcshrc 的权限，则可执行如下命令。

```
[root@localhost ~]# ls  -al  .tcshrc
-rw-r--r--. 1 root root 129 12月 29 2013 .tcshrc
[root@localhost ~]# chmod  777  .tcshrc
[root@localhost ~]# ls  -al  .tcshrc
-rwxrwxrwx. 1 root root 129 12月 29 2013 .tcshrc
[root@localhost ~]#
```

3.4.4　使用文字表示法修改文件和目录的权限

使用文字表示法表示文件 / 目录的权限时，系统以 4 个字母来表示不同的用户。

（1）u：user，表示所有者。

（2）g：group，表示文件所有者所属的组群。

（3）o：others，表示其他用户。

（4）a：all，表示以上 3 种用户。

使用以下 3 个字母的组合设置操作权限。

（1）r：read，表示可读取。

（2）w：write，表示可写入。

（3）x：execute，表示可执行。

操作符号有以下几种。

（1）+：表示添加某种权限。

（2）−：表示删除某种权限。

（3）=：表示赋予给定权限并删除原来的权限。

使用 chmod 命令，以文字表示法修改文件权限的命令如下。

```
[root@localhost ~]# vim /mnt/test01
aaaaaaaaaaaaaaaaaaa
bbbbbbbbbbbbbbbb
ccccccccccccccccccc
"/mnt/test01" 3L, 60C 已写入
```

```
[root@localhost ~]# ls  -l  /mnt/test01
-rw-rw-r--. 1 root root 60 8月  21 08:33 /mnt/test01
[root@localhost ~]# chmod u=rwx,g=rw,o=rx /mnt/test01       //修改文件权限
[root@localhost ~]# ls  -l  /mnt/test01
-rwxrw-r-x. 1 root root 60 8月  21 08:33 /mnt/test01
[root@localhost ~]#
```

修改目录权限和修改文件权限的方法相同，都是使用 chmod 命令，但不同的是，要使用通配符“*”来表示目录中的所有文件。

【实例 3.18】修改 /mnt/test 目录的权限时，要同时将 /mnt/test 目录下的所有文件权限都设置为所有用户可以读写。在 /mnt/test 目录下新建文件 test01.txt、test02.txt、test03.txt，进行相关权限操作，执行命令如下。

```
[root@localhost ~]#mkdir  -p  /mnt/test
[root@localhost ~]# touch  /mnt/test/test01.txt  /mnt/test/test02.txt  /mnt/test/
test03.txt
[root@localhost ~]# ls  -l  /mnt/test
总用量 0
-rw-r--r--. 1 root root 0 8月  21 08:51 test01.txt
-rw-r--r--. 1 root root 0 8月  21 08:51 test02.txt
-rw-r--r--. 1 root root 0 8月  21 08:51 test03.txt
[root@localhost ~]# chmod a=rw /mnt/test/*       //设置文件权限为所有用户都可以读写
[root@localhost ~]# ls -l /mnt/test
总用量 0
-rw-rw-rw-. 1 root root 0 8月  21 08:51 test01.txt
-rw-rw-rw-. 1 root root 0 8月  21 08:51 test02.txt
-rw-rw-rw-. 1 root root 0 8月  21 08:51 test03.txt
[root@localhost ~]#
```

如果目录中包含子目录，则必须使用 -R（Recursive，递归）选项来同时设置所有文件及子目录的权限。在 /mnt/test 目录下新建子目录 /aaa 和 /bbb，同时在子目录 /aaa 中新建文件 user01.txt，在子目录 /bbb 中新建文件 user02.txt，设置 /mnt/test 子目录及文件的权限为只读，进行相关权限操作，执行命令如下。

```
[root@localhost ~]# mkdir /mnt/test/aaa
[root@localhost ~]# mkdir /mnt/test/bbb
[root@localhost ~]# touch /mnt/test/aaa/user01.txt
[root@localhost ~]# touch /mnt/test/bbb/user02.txt
[root@localhost ~]# ls -l /mnt/test
总用量 0
drwxr-xr-x. 2 root root 24 8月  21 09:02 aaa
drwxr-xr-x. 2 root root 24 8月  21 09:02 bbb
-rw-rw-rw-. 1 root root  0 8月  21 08:51 test01.txt
-rw-rw-rw-. 1 root root  0 8月  21 08:51 test02.txt
-rw-rw-rw-. 1 root root  0 8月  21 08:51 test03.txt
[root@localhost ~]# chmod -R a=r /mnt/test  //设置/mnt/test子目录及文件的权限为只读
[root@localhost ~]# ls -l /mnt/test
```

```
总用量 0
dr--r--r--. 2 root root 24 8月  21 09:02 aaa
dr--r--r--. 2 root root 24 8月  21 09:02 bbb
-r--r--r--. 1 root root  0 8月  21 08:51 test01.txt
-r--r--r--. 1 root root  0 8月  21 08:51 test02.txt
-r--r--r--. 1 root root  0 8月  21 08:51 test03.txt
[root@localhost ~]#
```

【实例 3.19】使用文字表示法，当设定 aa.txt 文件的权限为 -rwxrw-rw- 时，其所表示的含义如下。

（1）u：文件具有读、写及可执行的权限。

（2）g 与 o：文件具有读、写权限，但不具有可执行的权限。

执行命令如下。

```
[root@localhost ~]# ls  -l  aa.txt
-rw-r--r--. 1 user02 root 0 8月  21 18:45 aa.txt
[root@localhost ~]# chmod  u=rwx,go=rw  aa.txt  // u=rwx 与 go=rw 之间没有任何空格
[root@localhost ~]# ls  -l aa.txt
-rwxrw-rw-. 1 user02 root 0 8月  21 18:45 aa.txt
[root@localhost ~]#
```

如果要使用文字表示法设定一个文件的权限为 -rwxrw-r--，则应该如何操作呢？此时，可以通过 chmod u=rwx,g=rw,o=r filename 命令来设定。另外，如果不知道原来的文件属性，而想设置文件的所有用户均有写入的权限，则应该如何操作呢？假设对 /mnt/bbb.txt 文件进行此操作，则可以执行如下命令。

```
[root@localhost ~]# ls -l /mnt
总用量 4
-rw-r--r--. 1 user02 root   0 8月  21 19:34 aaa.txt
-rw-r--r--. 1 user03 root   0 8月  21 19:35 bbb.txt
dr--r--r--. 4 root   root 82 8月  21 09:02 test
-rwSrwSr--. 1 root   root 60 8月  21 08:33 test01
[root@localhost ~]# chmod a+w /mnt/bbb.txt  // 设定 /mnt/bbb.txt 文件的权限，使所有用户均可写入
[root@localhost ~]# ls -l /mnt
总用量 4
-rw-r--r--. 1 user02 root   0 8月  21 19:34 aaa.txt
-rw-rw-rw-. 1 user03 root   0 8月  21 19:35 bbb.txt
dr--r--r--. 4 root   root 82 8月  21 09:02 test
-rwSrwSr--. 1 root   root 60 8月  21 08:33 test01
[root@localhost ~]#
```

如果要将文件的某种权限删除而不改动其他已存在的权限，则应该如何操作呢？例如，要想删除所有用户对 .bashrc 文件的可执行权限，则可以执行如下命令。

```
[root@localhost ~]# ls -al .bashrc
-rwxrwxrwx. 1 user02 root 231 10月 31 2018 .bashrc
```

```
[root@localhost ~]# chmod a-x .bashrc     //删除所有用户对 .bashrc 文件的可执行权限
[root@localhost ~]# ls -al .bashrc
-rw-rw-rw-. 1 user02 root 231 10月 31 2018 .bashrc
[root@localhost ~]#
```

在 + 与 - 的状态下，只要不是指定的文件权限，原有权限是不会变动的。例如，在前面的例子中，仅删除了一个文件的可执行权限，其他权限保持不变。如果想让所有用户拥有文件的可执行权限，但又不知道该文件原来的权限，则可以使用 chmod a+x filename 命令。权限对于用户来说是非常重要的，因为权限可以决定用户能否进行读取、写入、修改、建立、删除、执行文件或目录等操作。

项目实训

本实训的主要任务是对用户和组群进行管理、使用 su 和 sudo 命令及管理文件和目录的权限；结合文件和目录权限与用户和组群的设置，理解文件和目录的 3 种用户及权限对于文件和目录的不同含义。

实训目的

（1）掌握文件与用户和组群的基本概念及关系。

（2）掌握修改文件 / 目录的所有者和组群的方法。

（3）掌握 su 和 sudo 命令的使用方法。

（4）理解文件和目录的 3 种权限的含义。

（5）掌握使用数字表示法、文字表示法修改文件和目录权限的方法。

实训内容

（1）建立用户 user01、user02，设置用户密码。

（2）将新建用户 user01、user02 分别加入 stu01、stu02 组群中。

（3）使用 su 和 sudo 命令进行用户登录切换，切换到超级用户。

（4）在 root 目录下创建文件 test01.txt 和目录 test-dir，并将文件 test01.txt 的所有者和组群分别设置为 user01 和 stu01。

（5）将文件 test01.txt 的权限修改为以下两种。对于每种权限，分别切换到 user01 和 user02 用户，验证这两个用户能否对 test01.txt 进行读取、写入、重命名和删除操作。

① -rwxrw-rw-。

② -rwxr--r--。

（6）将目录 test-dir 的权限修改为以下 3 种。对于每种权限，分别切换到 user01 和 user02 用户，验证这两个用户能否进入目录 test-dir，并在目录 test-dir 下进行新建、删除、重命名、修改文件内容等相关操作。

① -rwxrwxrwx。

② -rwxr-xr-x。

③ -r-xr-xr-x。

练习题

1. 选择题

（1）在 Linux 操作系统中，若文件名前面多一个“.”，则代表文件为（　　）。

A. 只读文件　　B. 写入文件　　C. 可执行文件　　D. 隐藏文件

（2）在 Linux 操作系统中，可以使用（　　）命令来查看隐藏文件。

A. ll　　B. ls -a　　C. ls -l　　D. ls -ld

（3）存放 Linux 基本命令的目录是（　　）。

A. /bin　　B. /lib　　C. /root　　D. /home

（4）在 Linux 操作系统中，将加密后的密码存放到（　　）文件中。

A. /etc/passwd　　B. /etc/shadow　　C. /etc/password　　D. /etc/gshadow

（5）在 Linux 操作系统中，超级用户的 UID 是（　　）。

A. 0　　B. 1　　C. 100　　D. 1000

（6）在 Linux 操作系统中，新建用户 user01，并设置其密码为 123456 的命令是（　　）。

A. useradd -c 123456 user01　　B. useradd -d 123456 user01

C. useradd -p 123456 user01　　D. useradd -n 123456 user01

（7）在 Linux 操作系统中，为 user01 用户添加 student 组的命令是（　　）。

A. usermod -G student user01　　B. usermod -g student user01

C. usermod -M student user01　　D. usermod -m student user01

（8）在 Linux 操作系统中，删除主目录及其中的所有文件的命令是（　　）。

A. userdel -h user01　　B. userdel -r user01

C. userdel -R user01　　D. userdel -z user01

（9）在 Linux 操作系统中，groupmod 命令中用于更改 GID 或名称的选项为（　　）。

A. -g　　B. -h　　C. -n　　D. -p

（10）在 Linux 操作系统中，将 user01 用户加入 workgroup 组的命令是（　　）。

A. gpasswd -a user01 workgroup　　B. gpasswd -d user01 workgroup

C. gpasswd -h user01 workgroup　　D. gpasswd -r user01 workgroup

（11）在 Linux 操作系统中，为文件 /mnt/test01 设置权限，其默认权限为 rw-r--r--，则该权限用数字表示法表示为（　　）。

A. 764　　B. 644　　C. 640　　D. 740

（12）在 Linux 操作系统中，当一个文件的权限为 -rwxrw-rw- 时，这个文件为（　　）。

A. 目录文件　　B. 普通文件　　C. 设备文件　　D. 链接文件

（13）在 Linux 操作系统中，当一个文件的权限为 drwxrw-rw- 时，这个文件为（　　）。

A. 目录文件　　B. 普通文件　　C. 设备文件　　D. 链接文件

（14）在 Linux 操作系统中，当一个文件的权限为 lrwxrw-rw- 时，这个文件为（　　）。

A. 目录文件　　B. 普通文件　　C. 设备文件　　D. 链接文件

（15）在 Linux 操作系统中，建立目录的默认权限为（　　）。

A. drwxr-xr--　　B. drw-r-xr-x　　C. drwxr-xr-x　　D. drw-r-xr--

2. 简答题

（1）简述 Linux 操作系统中的用户账户种类及其 UID 取值。

（2）简述用户账户管理文件 /etc/passwd 中各字段的含义。

（3）简述禁用用户账户的有几种方法。

（4）简述组群文件 /etc/group 中各字段的含义。

（5）简述 su 和 sudo 命令的使用方法。

（6）简述文件和目录的权限的设置方法。

项目4
磁盘配置与管理

04

项目目标

知识目标

◎ 掌握 Linux 操作系统中的设备命名规则。
◎ 掌握磁盘添加、磁盘分区及磁盘格式化的方法。

技能目标

◎ 掌握磁盘挂载与文件系统卸载的相关命令。
◎ 掌握配置和管理逻辑卷的方法。

素质目标

◎ 培养学生解决实际问题的能力，树立团队协作等意识。
◎ 培养工匠精神，以及做事严谨、精益求精、着眼细节、爱岗敬业的品质。
◎ 培养交流沟通、独立思考以及逻辑思维能力。

项目陈述

对于任何一个通用操作系统而言，磁盘管理与文件管理都十分重要，因此，Linux 操作系统提供了非常强大的磁盘与文件管理功能。Linux 操作系统的管理员应掌握配置和管理磁盘的技巧，高效地对磁盘空间进行使用和管理。如果 Linux 服务器中有多个用户经常存取数据，为了有效保证用户数据的安全性与可靠性，应该配置逻辑卷。

项目知识

4.1 磁盘管理

从广义上来讲，硬盘、光盘和 U 盘等用来保存数据的存储设备都可以称为磁盘。其中，硬盘是计算机的重要组件，无论是在 Windows 操作系统中还是在 Linux 操作系统中，都要使用硬盘。因此，规划和管理磁盘是非常重要的工作。

4.1.1 Linux 操作系统中的设备命名规则

在 Linux 操作系统中，每个硬件设备都有一个设备名称，例如，对于接在 IDE1 的第一个硬盘（主硬盘），其设备名称为 /dev/hda，也就是说，可以用“/dev/hda”来代表此硬盘。下面介绍硬盘设备在 Linux 操作系统中的命名规则。

微课

V4-1 Linux 操作系统中的设备命名规则

IDE1 的第 1 个硬盘（master）/dev/hda。

IDE1 的第 2 个硬盘（slave）/dev/hdb。

IDE2 的第 1 个硬盘（master）/dev/hdc。

IDE2 的第 2 个硬盘（slave）/dev/hdd。

……

SCSI 的第 1 个硬盘（master）/dev/sda。

SCSI 的第 2 个硬盘（slave）/dev/sdb。

……

在 Linux 操作系统中，分区的概念和 Windows 中分区的概念接近。按照功能的不同，硬盘分区可以分为以下几类。

（1）主分区：在划分硬盘的第 1 个分区时，会指定其为主分区。主分区主要用来存放操作系统的启动或引导程序，/boot 分区最好指定为主分区。

（2）扩展分区：Linux 的一个硬盘中最多允许用户创建 4 个主分区，如果用户想要创建更多的分区，应该怎么办呢？这就要用到扩展分区。用户可以创建一个扩展分区，并在扩展分区中创建多个逻辑分区，从理论上来说，逻辑分区没有数量限制。需要注意的是，创建扩展分区的时候，会占用一个主分区的位置，因此，如果创建了扩展分区，则一个硬盘中最多只能创建 3 个主分区和一个扩展分区。扩展分区不是用来存放数据的，它的主要功能是创建逻辑分区。

（3）逻辑分区：逻辑分区不能被直接创建，它必须依附扩展分区而创建，其容量受到扩展分区大小的限制。逻辑分区通常用于存放文件和数据。

大部分设备的前缀后面跟一个数字，它用于唯一指定某一设备；硬盘驱动器的前缀后面跟一个字母和一个数字，字母用于指定设备，而数字用于指定分区。因此，/dev/sda2 用于指定硬盘上的一个分区，/dev/pts/10 用于指定一个网络终端会话。设备节点前缀及设备类型说明如表 4.1 所示。

表 4.1 设备节点前缀及设备类型说明

设备节点前缀	设备类型说明	设备节点前缀	设备类型说明
fb	Frame 缓冲	ttyS	串口
fd	软盘	scd	SCSI 音频光驱
hd	IDE 硬盘	sd	SCSI 硬盘
lp	打印机	sg	SCSI 通用设备
par	并口	sr	SCSI 数据光驱
pt	伪终端	st	SCSI 磁带
tty	终端	md	磁盘阵列

一些 Linux 发行版用小型计算机系统接口（Small Computer System Interface，SCSI）层访问所有固定硬盘，因此，虽然有些硬盘有可能并不是 SCSI 硬盘，但仍可以通过存储设备对其进行访问。

有了磁盘命名和分区命名的概念，理解诸如 /dev/hda1 之类的分区名称就不难了，分区命名规则如下。

IDE1 的第 1 个硬盘（master）的第 1 个主分区 /dev/hda1。

IDE1 的第 1 个硬盘（master）的第 2 个主分区 /dev/hda2。

IDE1 的第 1 个硬盘（master）的第 1 个逻辑分区 /dev/hda5。

IDE1 的第 1 个硬盘（master）的第 2 个逻辑分区 /dev/hda6。

……

IDE1 的第 2 个硬盘（slave）的第 1 个主分区 /dev/hdb1。

IDE1 的第 2 个硬盘（slave）的第 2 个主分区 /dev/hdb2。

……

SCSI 的第 1 个硬盘（master）的第 1 个主分区 /dev/sda1。

SCSI 的第 1 个硬盘（master）的第 2 个主分区 /dev/sda2。

……

SCSI 的第 2 个硬盘（slave）的第 1 个主分区 /dev/sdb1。

SCSI 的第 2 个硬盘（slave）的第 2 个主分区 /dev/sdb2。

……

4.1.2 添加新磁盘

对于新购置的物理磁盘（如硬盘、软盘、光盘等），不管是用于 Windows 操作系统还是用于 Linux 操作系统，都要进行如下操作。

（1）分区：可以划分一个分区或多个分区。

（2）格式化：分区必须经过格式化才能用于创建文件系统。

（3）挂载：被格式化的磁盘分区必须挂载到操作系统相应的文件目录下。

微课
V4-2 添加新磁盘

Windows 操作系统自动帮助用户完成挂载分区到目录的工作；Linux 操作系统除了会自动挂载根分区启动项外，其他分区都需要用户自己配置，所有的磁盘都必须挂载到文件系统相应的目录下。

1. 查看分区信息

可以使用 fdisk -l 命令查看当前系统所有磁盘设备及其分区的信息，如图 4.1 所示。

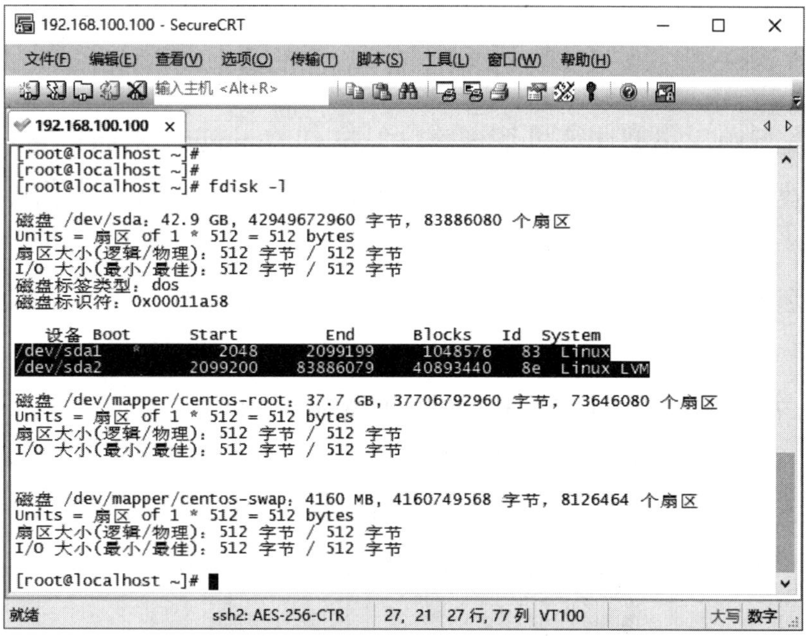

图 4.1 查看当前系统所有磁盘设备及其分区的信息

从图 4.1 中可以看出，安装系统时，磁盘分为 /root 分区、/boot 分区和 /swap 分区，其中分区信息的各字段的含义如下。

（1）设备：分区的设备名称，如 /dev/sda1。

（2）Boot：某分区是否为引导分区，若是，则带有“*”标识，如 /dev/sda1 *。

（3）Start：分区在磁盘中的起始位置（柱面数）。

（4）End：分区在磁盘中的结束位置（柱面数）。

（5）Blocks：分区大小。

（6）Id：分区类型的 ID；Ext4 分区的 Id 为 83，LVM 分区的 Id 为 8e。

（7）System：分区类型。其中，“Linux”代表 Ext4 文件系统，“Linux LVM”代表逻辑卷。

2. 在虚拟机中添加硬盘

练习硬盘分区操作时，需要先在虚拟机中添加一块新的硬盘。由于 SCSI 硬盘支持热插拔，因此可以在虚拟机开机的状态下直接添加硬盘，具体操作如下。

（1）打开虚拟机软件，选择“虚拟机”→“设置”，如图 4.2 所示。

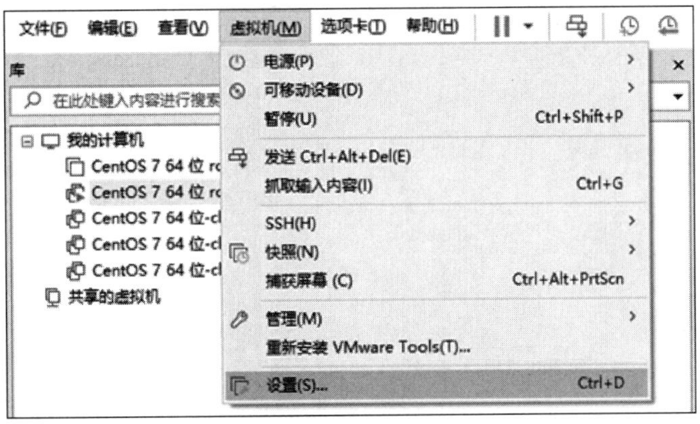

图 4.2　选择“虚拟机”→“设置”

（2）弹出“虚拟机设置”对话框，如图 4.3 所示。

图 4.3　“虚拟机设置”对话框

（3）单击“添加”按钮，弹出“添加硬件向导”对话框，如图 4.4 所示。

（4）在“硬件类型”列表框中，选择“硬盘”选项，单击“下一步”按钮，进入“选择磁盘类型”界面，如图 4.5 所示。

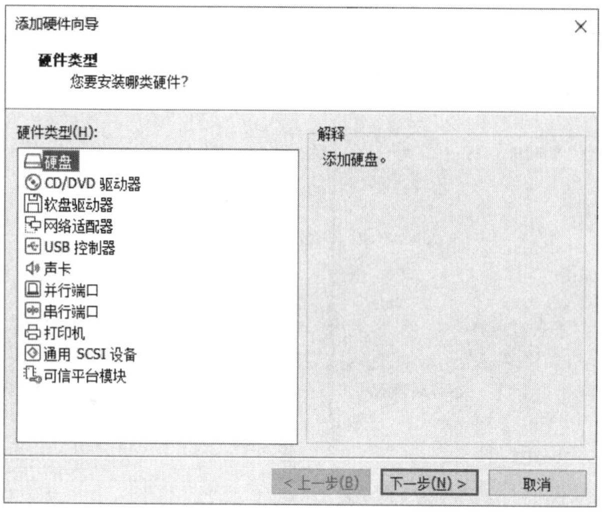

图 4.4 “添加硬件向导”对话框

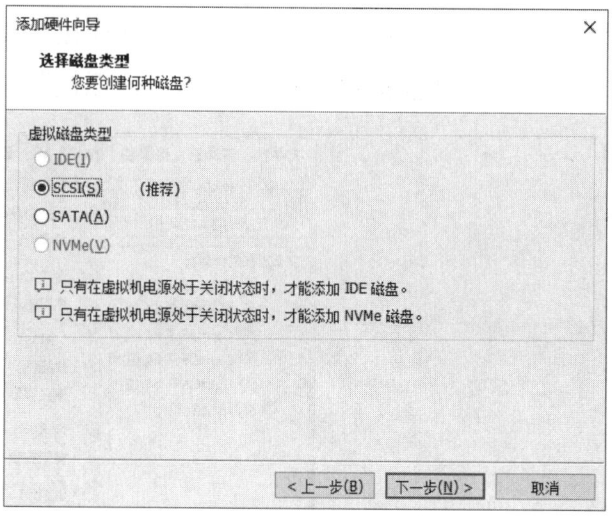

图 4.5 “选择磁盘类型”界面

（5）选中“SCSI(S)”单选按钮，单击“下一步”按钮，进入“选择磁盘”界面，如图 4.6 所示。

（6）选中“创建新虚拟磁盘”单选按钮，单击“下一步”按钮，进入“指定磁盘容量”界面，如图 4.7 所示。

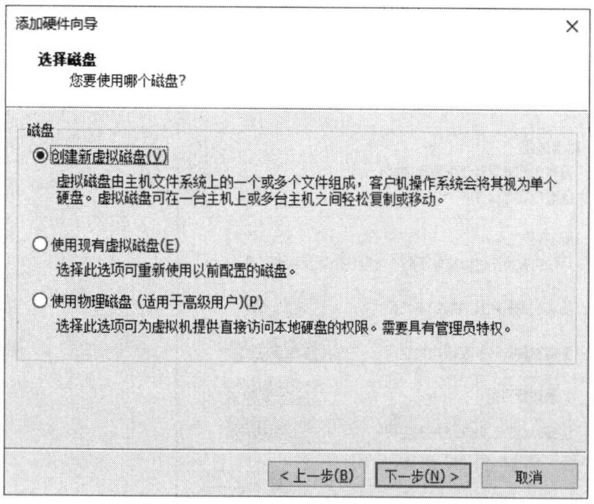

图 4.6 “选择磁盘”界面

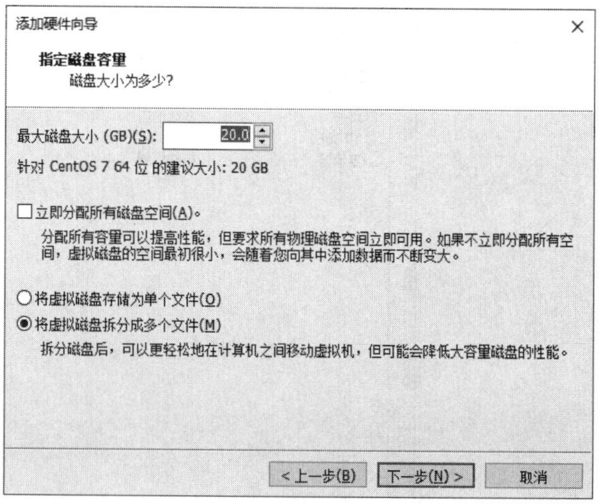

图 4.7 “指定磁盘容量”界面

（7）设置“最大磁盘大小”的值，单击“下一步”按钮，进入“指定磁盘文件”界面，如图 4.8 所示。

（8）单击“完成”按钮，完成在虚拟机中添加硬盘的工作，返回“虚拟机设置”对话框，可以看到刚刚添加的 20GB 的 SCSI 硬盘，如图 4.9 所示。

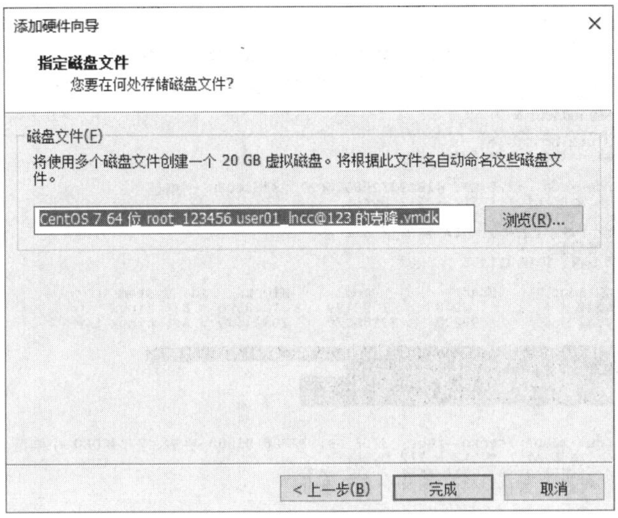

图 4.8 “指定磁盘文件”界面

图 4.9 添加的 20GB 的 SCSI 硬盘

（9）单击“确定”按钮，返回虚拟机主界面，重新启动 Linux 操作系统，再执行 fdisk -l 命令查看磁盘分区信息，如图 4.10 所示。从中可以看到新增加的硬盘 /dev/sdb，系统识别到新的硬盘后，即可在该硬盘中建立新的分区。

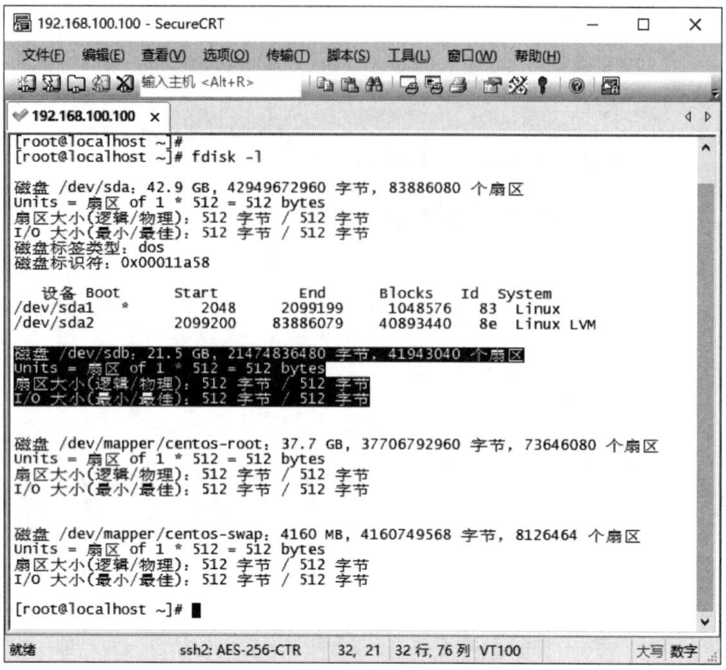

图 4.10 查看磁盘分区信息

4.1.3 磁盘分区

在安装 Linux 操作系统时，其中有一个步骤是进行磁盘分区。在进行分区时可以采用 RAID 和 LVM 等方式，除此之外，Linux 操作系统中还提供了 fdisk、cfdisk、parted 等分区工具，这里主要介绍 fdisk 分区工具。

微课

V4-3 磁盘分区

fdisk 分区工具在 DOS、Windows 和 Linux 操作系统中都有相应的应用程序。在 Linux 操作系统中，fdisk 分区工具是基于菜单的命令，使用 fdisk 对磁盘进行分区时，可以在 fdisk 命令后面直接加上要进行分区的磁盘作为参数。其命令格式如下。

```
fdisk [选项] <磁盘>        更改分区表
fdisk [选项] -l <磁盘>     列出分区表
fdisk -s <分区>            给出分区大小（块数）
```

fdisk 命令各选项及其功能说明如表 4.2 所示。

表 4.2 fdisk 命令各选项及其功能说明

选项	功能说明
-b<大小>	指定分区大小
-c[=<模式>]	指定兼容模式：dos 或 nondos（默认）
-h	输出帮助文本
-u[=<单位>]	指定显示单位：cylinders（柱面）或 sectors（扇区，默认）
-v	输出命令的版本

续表

选项	功能说明
-C< 数字 >	指定柱面数
-H < 数字 >	指定磁头数
-S < 数字 >	指定每个磁道的扇区数

准备对新增加的第 2 块 SCSI 硬盘进行分区，执行命令如下。

```
[root@localhost ~]# fdisk  /dev/sdb
欢迎使用 fdisk (util-Linux 2.23.2)。
更改将停留在内存中，直到您决定将更改写入磁盘。
使用写入命令前请三思。
Device does not contain a recognized partition table
使用磁盘标识符 0xfb0b9128 创建新的 DOS 磁盘标签。
命令（输入 m 获取帮助）：m
命令操作
  a   toggle a bootable flag
  b   edit bsd disklabel
  c   toggle the dos compatibility flag
  d   delete a partition
  g   create a new empty GPT partition table
  G   create an IRIX (SGI) partition table
  l   list known partition types
  m   print this menu
  n   add a new partition
  o   create a new empty DOS partition table
  p   print the partition table
  q   quit without saving changes
  s   create a new empty Sun disklabel
  t   change a partition's system id
  u   change display/entry units
  v   verify the partition table
  w   write table to disk and exit
  x   extra functionality (experts only)
命令（输入 m 获取帮助）：
```

在“命令 (输入 m 获取帮助):”后，若输入“m”，则可以查看所有命令的帮助信息，输入相应的命令可执行需要的操作。表 4.3 所示为 fdisk 命令操作及其功能说明。

表 4.3　fdisk 命令操作及其功能说明

命令操作	功能说明	命令操作	功能说明
a	设置可引导标签	o	建立空白 DOS 分区表
b	编辑 BSD 磁盘标签	p	显示分区列表
c	设置 DOS 的兼容标签	q	不保存设置并退出
d	删除一个分区	s	新建空白 SUN 磁盘标签
g	新建一个空的 GPT 分区表	t	改变一个分区的系统 ID
G	新建一个 IRIX（SGI）分区表	u	改变显示记录单位
l	显示已知的文件系统类型，82 表示 Linux Swap 分区，83 表示 Linux 分区	v	验证分区表
m	显示帮助菜单	w	保存设置并退出
n	新建分区	x	附加功能（高级功能）

【实例 4.1】使用 fdisk 命令对新增加的 SCSI 硬盘 /dev/sdb 进行分区操作，在此硬盘中创建两个主分区和一个扩展分区，在扩展分区中创建两个逻辑分区。

（1）执行 fdisk /dev/sdb 命令，进入交互的分区管理界面，在“命令(输入 m 获取帮助):”后，用户可以输入特定的分区命令操作来完成相应的分区管理任务。输入“n”可以进行创建分区的操作，包括创建主分区、扩展分区和逻辑分区，根据提示继续输入“p”可创建主分区（输入“e”可创建扩展分区），之后依次选择分区序号、起始位置、结束位置或分区大小。

选择分区序号时，主分区和扩展分区的序号只能为 1 ～ 4，分区的起始位置一般由 fdisk 命令默认识别，结束位置或分区大小可以使用类似于“+size{K,M,G}”的形式表示，如“+2G”表示将分区大小设置为 2GB。

下面先创建一个大小为 5GB 的主分区，主分区创建结束之后，输入“p”查看已创建好的分区 /dev/sdb1，执行命令如下。

```
命令(输入 m 获取帮助):n
Partition type:
    p    primary (0 primary, 0 extended, 4 free)
    e    extended
Select (default p): p
分区号 (1-4，默认 1):1
起始 扇区 (2048-41943039，默认为 2048):
将使用默认值 2048
Last 扇区 , +扇区 or +size{K,M,G} (2048-41943039，默认为 41943039):+5G
分区 1 已设置为 Linux 类型，大小设为 5 GiB

命令(输入 m 获取帮助):p

磁盘 /dev/sdb:21.5 GB, 21474836480 字节，41943040 个扇区
Units = 扇区 of 1 * 512 = 512 bytes
扇区大小(逻辑/物理):512 字节 / 512 字节
I/O 大小(最小/最佳):512 字节 / 512 字节
磁盘标签类型:dos
磁盘标识符:0x0bcee221

    设备 Boot      Start         End      Blocks    Id  System
/dev/sdb1           2048    10487807     5242880    83  Linux

命令(输入 m 获取帮助):
```

（2）继续创建第 2 个大小为 3GB 的主分区，主分区创建结束之后，输入“p”查看已创建好的分区 /dev/sdb1、/dev/sdb2，执行命令如下。

```
命令(输入 m 获取帮助):n
Partition type:
    p    primary (1 primary, 0 extended, 3 free)
    e    extended
Select (default p): p
```

```
分区号 (2-4, 默认 2): 2
起始 扇区 (10487808-41943039, 默认为 10487808):
将使用默认值 10487808
Last 扇区, +扇区 or +size{K,M,G} (10487808-41943039, 默认为 41943039): +3G
分区 2 已设置为 Linux 类型, 大小设为 3 GiB

命令(输入 m 获取帮助): p

磁盘 /dev/sdb: 21.5 GB, 21474836480 字节, 41943040 个扇区
Units = 扇区 of 1 * 512 = 512 bytes
扇区大小(逻辑/物理): 512 字节 / 512 字节
I/O 大小(最小/最佳): 512 字节 / 512 字节
磁盘标签类型: dos
磁盘标识符: 0x0bcee221

   设备 Boot      Start         End      Blocks   Id  System
/dev/sdb1          2048    10487807     5242880   83  Linux
/dev/sdb2      10487808    16779263     3145728   83  Linux

命令(输入 m 获取帮助):
```

(3)创建扩展分区。需要特别注意的是，必须将所有的剩余磁盘空间都分配给扩展分区。输入“e”创建扩展分区，扩展分区创建结束之后，输入“p”查看已经创建好的主分区和扩展分区，执行命令如下。

```
命令(输入 m 获取帮助): n
Partition type:
   p   primary (2 primary, 0 extended, 2 free)
   e   extended
Select (default p): e
分区号 (3,4, 默认 3):
起始 扇区 (16779264-41943039, 默认为 16779264):
将使用默认值 16779264
Last 扇区, +扇区 or +size{K,M,G} (16779264-41943039, 默认为 41943039):
将使用默认值 41943039
分区 3 已设置为 Extended 类型, 大小设为 12 GiB

命令(输入 m 获取帮助): p

磁盘 /dev/sdb: 21.5 GB, 21474836480 字节, 41943040 个扇区
Units = 扇区 of 1 * 512 = 512 bytes
扇区大小(逻辑/物理): 512 字节 / 512 字节
I/O 大小(最小/最佳): 512 字节 / 512 字节
磁盘标签类型: dos
磁盘标识符: 0x0bcee221

   设备 Boot      Start         End      Blocks   Id  System
/dev/sdb1          2048    10487807     5242880   83  Linux
/dev/sdb2      10487808    16779263     3145728   83  Linux
/dev/sdb3      16779264    41943039    12581888    5  Extended

命令(输入 m 获取帮助):
```

扩展分区的起始扇区和结束扇区使用默认值即可，可以把所有的剩余磁盘空间（共12GB）全部分配给扩展分区。从以上操作可以看出，划分的两个主分区的大小分别为5GB和3GB，扩展分区的大小为12GB。

（4）扩展分区创建完成后即可创建逻辑分区。在扩展分区中创建两个逻辑分区，磁盘大小分别为8GB和4GB，在创建逻辑分区的时候不需要指定分区序号，系统会自动从5开始顺序编号，执行命令如下。

```
命令（输入 m 获取帮助）：n
Partition type:
    p    primary (2 primary, 1 extended, 1 free)
    l    logical (numbered from 5)
Select (default p): l
添加逻辑分区 5
起始 扇区 (16781312-41943039，默认为 16781312)：
将使用默认值 16781312
Last 扇区 , +扇区 or +size{K,M,G} (16781312-41943039，默认为 41943039)：+8G
分区 5 已设置为 Linux 类型，大小设为 8 GiB

命令（输入 m 获取帮助）：n
Partition type:
    p    primary (2 primary, 1 extended, 1 free)
    l    logical (numbered from 5)
Select (default p): l
添加逻辑分区 6
起始 扇区 (33560576-41943039，默认为 33560576)：
将使用默认值 33560576
Last 扇区 , +扇区 or +size{K,M,G} (33560576-41943039，默认为 41943039)：
将使用默认值 41943039
分区 6 已设置为 Linux 类型，大小设为 4 GiB

命令（输入 m 获取帮助）：
```

（5）再次输入“p”，查看分区情况，执行命令如下。

```
命令（输入 m 获取帮助）：p

磁盘 /dev/sdb：21.5 GB, 21474836480 字节，41943040 个扇区
Units = 扇区 of 1 * 512 = 512 bytes
扇区大小（逻辑 / 物理）：512 字节 / 512 字节
I/O 大小（最小 / 最佳）：512 字节 / 512 字节
磁盘标签类型：dos
磁盘标识符：0x0bcee221

   设备 Boot      Start         End      Blocks    Id  System
/dev/sdb1          2048    10487807     5242880    83  Linux
/dev/sdb2      10487808    16779263     3145728    83  Linux
/dev/sdb3      16779264    41943039    12581888     5  Extended
/dev/sdb5      16781312    33558527     8388608    83  Linux
/dev/sdb6      33560576    41943039     4191232    83  Linux

命令（输入 m 获取帮助）：
```

（6）完成对硬盘的分区以后，输入“w”保存设置并退出（或输入“q”不保存设置并退出）。硬盘分区完成以后，一般需要重启系统以使设置生效；如果不想重启系统，则可以使用 partprobe 命令使系统获取新的分区表。这里使用 partprobe 命令重新查看 /dev/sdb 硬盘中的分区表，执行命令如下。

```
命令（输入 m 获取帮助）：w
The partition table has been altered!
Calling ioctl() to re-read partition table.
正在同步磁盘。
[root@localhost ~]# partprobe  /dev/sdb
[root@localhost ~]# fdisk  -l
磁盘 /dev/sda：42.9 GB, 42949672960 字节，83886080 个扇区
Units = 扇区 of 1 * 512 = 512 bytes
扇区大小（逻辑 / 物理）：512 字节 / 512 字节
I/O 大小（最小 / 最佳）：512 字节 / 512 字节
磁盘标签类型：dos
磁盘标识符：0x00011a58
    设备 Boot      Start         End      Blocks   Id  System
/dev/sda1   *        2048     2099199     1048576   83  Linux
/dev/sda2         2099200    83886079    40893440   8e  Linux LVM
磁盘 /dev/sdb：21.5 GB, 21474836480 字节，41943040 个扇区
Units = 扇区 of 1 * 512 = 512 bytes
扇区大小（逻辑 / 物理）：512 字节 / 512 字节
I/O 大小（最小 / 最佳）：512 字节 / 512 字节
磁盘标签类型：dos
磁盘标识符：0x0bcee221
    设备 Boot      Start          End      Blocks   Id  System
/dev/sdb1            2048     10487807     5242880   83  Linux
/dev/sdb2        10487808     16779263     3145728   83  Linux
/dev/sdb3        16779264     41943039    12581888    5  Extended
/dev/sdb5        16781312     33558527     8388608   83  Linux
/dev/sdb6        33560576     41943039     4191232   83  Linux
磁盘 /dev/mapper/CentOS-root：37.7 GB, 37706792960 字节，73646080 个扇区
Units = 扇区 of 1 * 512 = 512 bytes
扇区大小（逻辑 / 物理）：512 字节 / 512 字节
I/O 大小（最小 / 最佳）：512 字节 / 512 字节
磁盘 /dev/mapper/CentOS-swap：4160 MB, 4160749568 字节，8126464 个扇区
Units = 扇区 of 1 * 512 = 512 bytes
扇区大小（逻辑 / 物理）：512 字节 / 512 字节
I/O 大小（最小 / 最佳）：512 字节 / 512 字节
```

至此，已经完成了新增加硬盘的分区操作。

4.1.4 磁盘格式化

微课

V4-4 磁盘格式化

完成分区创建之后，磁盘还不能直接使用，必须经过格式化才能使用，这是因为操作系统必须按照一定的方式来管理磁盘，并使系统识别磁盘，所以磁盘格式化的作用就是在分区中创建文件系统。Linux 操作系统专用的文

件系统是 Ext，包含 Ext3、Ext4 等诸多版本，CentOS 中默认使用 Ext4 文件系统。

mkfs 命令的作用是在磁盘中创建 Linux 文件系统，mkfs 命令本身并不执行建立文件系统的操作，而是调用相关的程序来实现。其命令格式如下。

```
mkfs [选项] [-t <类型>] [文件系统选项] <设备> [<大小>]
```

mkfs 命令各选项及其功能说明如表 4.4 所示。

表 4.4　mkfs 命令各选项及其功能说明

选项	功能说明
-V	解释正在进行的操作
-v	显示版本信息并退出
-h	显示帮助信息并退出

【实例 4.2】将新增加的 SCSI 硬盘的分区 /dev/sdb1 按 Ext4 文件系统进行格式化，执行命令如下。

```
[root@localhost ~]# mkfs                              //输入命令后连续按两次“Tab”键
mkfs          mkfs.cramfs    mkfs.ext3     mkfs.fat      mkfs.msdos    mkfs.xfs
mkfs.btrfs    mkfs.ext2      mkfs.ext4     mkfs.minix    mkfs.vfat
[root@localhost ~]# mkfs  -t  ext4  /dev/sdb1       //按 Ext4 文件系统进行格式化
mke2fs 1.42.9 (28-Dec-2013)
文件系统标签 =
……
Writing superblocks and filesystem accounting information: 完成
```

格式化时需指定文件系统的类型，如果未指定，则使用 Ext2 文件系统对分区进行格式化。使用同样的方法，按 Ext4 文件系统对 /dev/sdb2、/dev/sdb5 和 /dev/sdb6 进行格式化。需要注意的是，格式化时会清除分区中的所有数据，为了保证系统安全，要备份重要数据。

4.1.5　磁盘挂载与文件系统卸载

挂载就是指定系统中的一个目录作为挂载点，用户通过访问这个目录来实现对硬盘分区数据的存取操作，作为挂载点的目录相当于一个访问硬盘分区的入口。设备文件名对应分区的设备文件名。例如，将 /dev/sdb6 挂载到 /mnt 目录上，当用户在 /mnt 目录下执行相关数据的存储操作时，Linux 操作系统会在 /dev/sdb6 上执行对应的操作。图 4.11 所示为磁盘挂载示意。

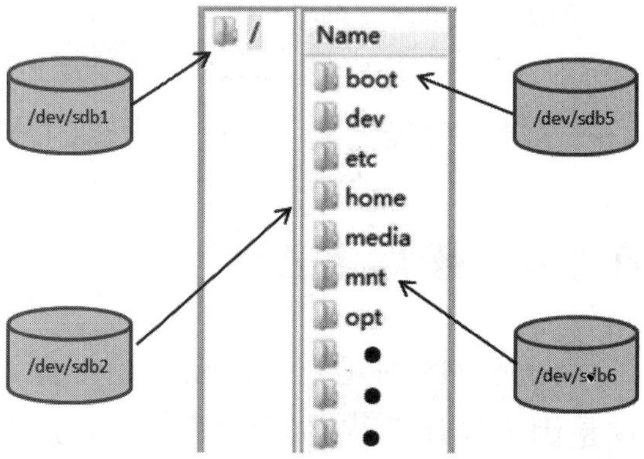

图 4.11　磁盘挂载示意

在安装 Linux 操作系统的过程中，自动建立或识别的分区通常由系统自动完成挂载工作，如 /root 分区、/boot 分区等。新增加的硬盘分区、光盘、U 盘等设备，都必须由管理员手动挂载到系统目录。

Linux 操作系统中提供了两个默认的挂载点：/media 和 /mnt。

（1）/media 用作系统自动挂载点。

（2）/mnt 用作手动挂载点。

挂载点为用户指定的用作挂载点的目录，其需要满足以下几方面的要求。

（1）目录已存在，可使用 mkdir 命令新建目录。

（2）挂载点的目录不可被其他进程使用。

（3）挂载点的原有文件被隐藏。

从理论上讲，Linux 操作系统中的任何一个目录都可以作为挂载点，但从系统的角度看，/bin、/sbin、/etc、/lib 和 /lib64 目录是不能作为挂载点。

1. 手动挂载

mount 命令的作用是将一个设备（通常是存储设备）挂载到一个已经存在的目录，访问这个目录就是访问该设备。其命令格式如下。

```
mount [选项] [--source] <源> | [--target] <目录>
```

mount 命令各选项及其功能说明如表 4.5 所示。

表 4.5　mount 命令各选项及其功能说明

选项	功能说明
-a	挂载 /etc/fstab 中的所有文件系统
-c	不对路径进行格式化
-f	空运行，跳过 mount(2) 系统调用
-F	需要与 -a 选项同时使用，所有在 /etc/fstab 中设置的设备会同时被加载，可加快执行速度
-T	设置 /etc/fstab 的替代文件
-h	显示帮助信息并退出
-i	不调用 mount.<类型>助手程序
-l	列出所有带有指定标签的挂载
-n	不在 /etc/mtab 中加载信息记录
-o	显示挂载选项列表，以英文逗号分隔
-r	以只读方式挂载文件系统
-t	限制文件系统类型集合

续表

选项	功能说明
-v	输出当前进行的操作
-V	显示版本信息并退出
-w	以读写方式挂载文件系统（默认）

mount 命令的 -t< 文件系统类型 > 与 -o< 选项 > 选项及其含义如表 4.6 所示。

表 4.6　mount 命令的 -t< 文件系统类型 > 与 -o< 选项 > 选项及其含义

-t < 文件系统类型 >		-o < 选项 >	
选项	含义	选项	含义
ext4/xfs	Linux 中目前常用的文件系统	ro	以只读方式挂载
msdos	DOS 的文件系统，即 FAT16 文件系统	rw	以读写方式挂载
vfat	FAT32 文件系统	remount	重新挂载已经挂载的设备
iso9660	CD-ROM 文件系统	user	允许一般用户挂载设备
ntfs	NTFS 文件系统	nouser	不允许一般用户挂载设备
auto	自动检测文件系统	codepage=xxx	代码页
swap	交换分区的系统类型	iocharset=xxx	字符集

微课

V4-5　磁盘挂载

【实例 4.3】将新增加的 SCSI 分区 /dev/sdb1、/dev/sdb2、/dev/sdb5 和 /dev/sdb6 分别挂载到 /mnt/data01、/mnt/data02、/mnt/data05 和 /mnt/data06 目录，执行命令如下。

```
[root@localhost cdrom]# cd  /mnt
[root@localhost mnt]# mkdir  data01  data02  data05  data06    //新建目录
[root@localhost mnt]# ls  -l  | grep  '^d'          //显示使用 grep 命令查找以“d”开头的目录
drwxr-xr-x. 2 root   root  6 8月  25 11:59 data01
drwxr-xr-x. 2 root   root  6 8月  25 11:59 data02
drwxr-xr-x. 2 root   root  6 8月  25 11:59 data05
drwxr-xr-x. 2 root   root  6 8月  25 11:59 data06
dr--r--r--. 4 root   root 82 8月  21 09:02 test
[root@localhost mnt]# mount  /dev/sdb1  /mnt/data01          //挂载目录
[root@localhost mnt]# mount  /dev/sdb2  /mnt/data02
[root@localhost mnt]# mount  /dev/sdb5  /mnt/data05
[root@localhost mnt]# mount  /dev/sdb6  /mnt/data06
```

完成挂载后，可以使用 df 命令查看挂载情况。df 命令主要用来查看系统中已经挂载的各个文件系统的磁盘使用情况，使用该命令可获取硬盘已被占用的空间，以及目前剩余空间等信息。其命令格式如下。

```
df  [选项]  [文件]
```

df 命令各选项及其功能说明如表 4.7 所示。

表 4.7 df 命令各选项及其功能说明

选项	功能说明
-a	显示所有文件系统的磁盘使用情况
-h	以易读的格式输出
-H	等效于 -h，但计算时，1K 表示 1000，而不是 1024
-T	输出所有已挂载文件系统的类型
-i	输出文件系统的 i-node 信息，如果 i-node 已满，则即使有空间也无法存储
-k	按分区大小输出文件系统的磁盘使用情况
-l	只显示本机的文件系统

【实例 4.4】使用 df 命令查看磁盘使用情况，执行命令如下。

```
[root@localhost mnt]# df  -hT
文件系统                   类型    容量   已用   可用   已用%  挂载点
/dev/mapper/CentOS-root xfs     36G    5.2G   30G    15%    /
……
/dev/sdb1                 ext4    4.8G   20M    4.6G   1%     /mnt/data01
/dev/sdb2                 ext4    2.9G   9.0M   2.8G   1%     /mnt/data02
/dev/sdb5                 ext4    7.8G   36M    7.3G   1%     /mnt/data05
/dev/sdb6                 ext4    3.9G   16M    3.7G   1%     /mnt/data06
```

2. 光盘挂载

微课

V4-6 光盘挂载

Linux 将一切视为文件，光盘也不例外，识别出来的光盘会存放在 /dev 目录下，需要将它挂载到一个目录中，才能以文件形式查看或者使用光盘。

【实例 4.5】使用 mount 命令实现光盘挂载，执行命令如下。

```
[root@localhost ~]# mount  /dev/cdrom  /media
mount: /dev/sr0 写保护，将以只读方式挂载
```

也可以使用以下命令进行光盘挂载，执行命令如下。

```
[root@localhost ~]# mount  /dev/sr0  /media
mount: /dev/sr0 写保护，将以只读方式挂载
```

显示磁盘使用情况，执行命令如下。

```
[root@localhost ~]# df  -hT
文件系统                   类型        容量   已用   可用   已用%  挂载点
/dev/mapper/CentOS-root xfs         36G    5.2G   30G    15%    /
devtmpfs                  devtmpfs    1.9G   0      1.9G   0%     /dev
tmpfs                     tmpfs       1.9G   0      1.9G   0%     /dev/shm
……
```

```
/dev/sr0                iso9660    4.3G  4.3G    0        100%    /media
[root@localhost ~]#
```

显示磁盘挂载目录文件内容，执行命令如下。

```
[root@localhost ~]# ls  -l  /media
总用量 686
-rw-rw-r--. 1 root root     14 11月 26 2018 CentOS_BuildTag
……
-rw-rw-r--. 1 root root   1690 12月 10 2015 RPM-GPG-KEY-CentOS-Testing-7
-r--r--r--. 1 root root   2883 11月 26 2018 TRANS.TBL
[root@localhost ~]#
```

3. U 盘挂载

Linux 将一切视为文件，U 盘也不例外，识别出来的 U 盘会存放在 /dev 目录下，需要将它挂载到一个目录中，才能以文件形式查看或者使用 U 盘。

【实例 4.6】使用 mount 命令实现 U 盘挂载。

（1）插入 U 盘，使用 fdisk -l 命令查看 U 盘是否被识别，查看相关信息，执行命令如下。

```
[root@localhost ~]# fdisk  -l                                  // 查看 U 盘信息
磁盘 /dev/sdc：62.9 GB, 62930117632 字节，122910386 个扇区
Units = 扇区 of 1 * 512 = 512 bytes
扇区大小（逻辑 / 物理）：512 字节 / 512 字节
I/O 大小（最小 / 最佳）：512 字节 / 512 字节
磁盘标签类型：dos
磁盘标识符：0x270b8f9b
   设备    Boot      Start         End      Blocks     Id  System
/dev/sdc1    *      1060864    122910385    60924761     7    HPFS/NTFS/exFAT
```

（2）进行 U 盘挂载，执行命令如下。

```
[root@localhost ~]# mkdir  /mnt/u-disk
[root@localhost ~]# mount  /dev/sdc1  /mnt/u-disk
mount: 未知的文件系统类型“NTFS”
```

从以上输出结果可以看出，系统无法进行 U 盘挂载，因为 U 盘文件系统的类型为 NTFS，Linux 操作系统默认情况下是无法识别的，此时需要安装支持 NTFS 格式的数据包。默认情况下，CentOS 7.6 安装光盘 ISO 镜像文件中包括 NTFS 格式的数据包，但是默认情况下不会自动安装，需要用户手动配置安装。

（3）挂载光盘，编辑 local.repo 文件，执行命令如下。

```
[root@localhost ~]# mount  /dev/sr0  /media
mount: /dev/sr0 写保护，将以只读方式挂载
[root@localhost ~]# vim  /etc/yum.repos.d/local.repo
[epel]
name=epel
baseurl=file:///media
gpgcheck=0
```

```
enable=1
"/etc/yum.repos.d/local.repo" 5L, 65C 已写入
```

（4）查看 NTFS 数据包，执行命令如下。

```
[root@localhost ~]# yum  list  |  grep  ntfs
ntfs-3g.x86_64                              2:2017.3.23-11.el7                    epel
ntfs-3g-devel.x86_64                        2:2017.3.23-11.el7                    epel
ntfsprogs.x86_64                            2:2017.3.23-11.el7                    epel
```

（5）安装 NTFS 数据包，执行命令如下。

```
[root@localhost ~]# yum  install  ntfs-3g  - y
已加载插件：fastestmirror, langpacks
Loading mirror speeds from cached hostfile
 * base: mirrors.aliyun.com
 * extras: mirrors.aliyun.com
 * updates: mirrors.aliyun.com
正在解决依赖关系
--> 正在检查事务
--> 软件包 ntfs-3g.x86_64.2.2017.3.23-11.el7 将被安装
--> 解决依赖关系完成
依赖关系解决
==========================================================================
 Package      架构          版本                源                    大小
==========================================================================
正在安装：
 ntfs-3g     x86_64     2:2017.3.23-11.el7     epel                  265 K
事务概要
==========================================================================
安装  1 软件包
总下载量：265 K
安装大小：612 K
……
  正在安装  : 2:ntfs-3g-2017.3.23-11.el7.x86_64                1/1
  验证中    : 2:ntfs-3g-2017.3.23-11.el7.x86_64                1/1
已安装：
  ntfs-3g.x86_64 2:2017.3.23-11.el7
完毕！
```

（6）安装成功后即可进行 U 盘挂载，执行命令如下。

```
[root@localhost ~]# mount  /dev/sdb1  /mnt/u-disk
The disk contains an unclean file system (0, 0).
The file system wasn't safely closed on Windows. Fixing.
```

（7）U 盘挂载成功，查看 U 盘挂载情况，执行命令如下。

```
[root@localhost ~]# df -hT
文件系统                    类型     容量    已用    可用    已用%     挂载点
/dev/mapper/CentOS-root xfs      36G     4.3G    31G     13%       /
……
```

```
/dev/sdb1              fuseblk  59G   4.7G   54G    9%       /mnt/u-disk
[root@localhost ~]#
```

（8）查看 U 盘挂载目录文件内容，执行命令如下。

```
 [root@localhost ~]# ls -l  /mnt/u-disk
总用量 1
drwxrwxrwx. 1 root root 0 7月   8 17:12 GHO
……
drwxrwxrwx. 1 root root 0 8月  25 14:37 user02
```

4. 自动挂载

微课

V4-7 自动挂载

通过 mount 命令挂载的文件系统在 Linux 操作系统关机或重启时会被自动卸载，所以一般手动挂载磁盘之后要把挂载信息写入 /etc/fstab 文件。系统在开机时会自动读取 /etc/fstab 文件中的内容，并根据文件中的配置信息对设备进行挂载，这样就不需要每次开机之后都手动进行挂载。/etc/fstab 文件称为系统数据表（File System Table，FST），其中包含系统中已经存在的挂载信息。

【实例 4.7】使用 mount 命令实现自动挂载。

（1）使用 cat 命令查看 /etc/fstab 文件内容。

```
[root@localhost ~]# cat  /etc/fstab
# /etc/fstab
# Created by anaconda on Mon Jun  8 01:15:36 2023
# Accessible filesystems, by reference, are maintained under '/dev/disk'
# See man pages fstab(5), findfs(8), mount(8) and/or blkid(8) for more info
#
/dev/mapper  /CentOS-root /                        xfs     defaults        0 0
UUID=6d58086e-0a6b-4399-93dc-c2016ea17fe0  /boot  xfs     defaults        0 0
/dev/mapper  /CentOS-swap swap                     swap    defaults        0 0
```

/etc/fstab 文件中的每一行对应一个自动挂载设备，每行包括 6 列。/etc/fstab 文件的每一列及其功能说明如表 4.8 所示。

表 4.8　/etc/fstab 文件的每一列及其功能说明

列	功能说明
第 1 列	需要挂载的设备文件名
第 2 列	挂载点，必须是一个目录名且必须使用绝对路径
第 3 列	文件系统类型，可以设置为 auto，即由系统自动检测
第 4 列	挂载参数，一般为 defaults，还可以设置为 rw、suid、dev、exec、auto 等参数
第 5 列	能否被 dump 备份。dump 是一个用来备份的命令，这一列的取值通常为 0 或 1（0 表示忽略，1 表示需要）
第 6 列	是否检验扇区。在开机的过程中，系统默认以 fsck 命令检验系统是否完整，这一列的取值通常为 0，表示不进行检验

（2）编辑 /etc/fstab 文件，在文件尾部添加一行命令，执行命令如下。

```
[root@localhost ~]# vim  /etc/fstab
# /etc/fstab
……
/dev/mapper  /CentOS-root /                          xfs     defaults        0 0
UUID=6d58086e-0a6b-4399-93dc-c2016ea17fe0  /boot  xfs     defaults        0 0
/dev/mapper  /CentOS-swap swap                       swap    defaults        0 0
/dev/sr0  /media  auto  defaults      0  0
~
"/etc/fstab" 12L, 515C 已写入
[root@localhost ~]# mount  -a                        // 自动挂载系统中的所有文件系统
mount: /dev/sr0 写保护，将以只读方式挂载
[root@localhost ~]#
```

也可以使用以下命令修改 /etc/fstab 文件的内容。

```
# echo "/dev/sr0  /media  iso9660  defaults  0  0"  >>  /etc/fstab
# mount  -a
```

（3）结果测试，重启系统，查看分区挂载情况，执行命令如下。

```
[root@localhost ~]# reboot
[root@localhost ~]# df  -hT
文件系统                      类型      容量   已用   可用   已用%  挂载点
/dev/mapper/CentOS-root       xfs       36G    4.3G   31G    13%    /
……
/dev/sr0                      iso9660   4.3G   4.3G   0      100%   /media
……
```

5. 卸载文件系统

umount 命令用于卸载一个已经挂载的文件系统（分区），实现的功能与 Windows 操作系统中的弹出设备类似。其命令格式如下。

微课

V4-8 卸载文件系统

```
umount [ 选项 ] <源> | <目录>
```

umount 命令各选项及其功能说明如表 4.9 所示。

表 4.9 umount 命令各选项及其功能说明

选项	功能说明
-a	卸载所有文件系统
-A	卸载当前名称空间中指定设备对应的所有挂载点
-c	不对路径进行格式化
-d	若挂载了回环设备，则释放该回环设备
-f	当遇到不响应的网络文件系统（Network File System，NFS）时，强制卸载
-i	不调用 umount.<类型>辅助程序

续表

选项	功能说明
-n	不在 /etc/mtab 中加载信息记录
-l	立即断开文件系统
-o	限制文件系统集合（和 -a 选项一起使用）
-R	递归卸载目录及其子对象
-r	若卸载失败，则尝试以只读方式重新卸载
-t	限制文件系统集合
-v	输出当前进行的操作

【实例 4.8】使用 umount 命令卸载文件系统，执行命令如下。

```
[root@localhost ~]# umount  /mnt/u-disk
[root@localhost ~]# umount  /media/cdrom
[root@localhost ~]# df  -hT
文件系统                       类型      容量    已用    可用    已用%   挂载点
/dev/mapper/CentOS-root       xfs       36G     4.3G    31G     13%     /
devtmpfs                      devtmpfs  1.9G    0       1.9G    0%      /dev
……
```

在使用 umount 命令卸载文件系统时，必须保证相应的文件系统未处于忙（busy）状态。在以下情况下，文件系统会处于 busy 状态：文件系统中有打开的文件；某个进程的工作目录在文件系统中；文件系统的缓存文件正在被使用等。

4.2 逻辑卷配置与管理

逻辑卷管理器（Logical Volume Manager，LVM）是建立在磁盘分区和文件系统之间的一个逻辑层，其设计目的是实现对磁盘的动态管理。利用 LVM，管理员不用对磁盘重新分区即可动态调整文件系统的大小，而且，当服务器添加新磁盘后，管理员不必将已有的磁盘文件移动到磁盘中，而是通过 LVM 即可直接跨越磁盘扩展文件系统，这是一种非常高效、灵活的磁盘管理方式。

通过 LVM，用户可以在系统运行时动态调整文件系统的大小，把数据从一个硬盘重定位到另一个硬盘中。这种方式既可以提高 I/O 操作的性能，又能够提供冗余保护。此外，LVM 的快照功能允许用户对逻辑卷进行实时的备份。

4.2.1 逻辑卷简介

早期硬盘驱动器（Hard Disk Drive，HDD）呈现给操作系统的是一组连续的物理块，整个硬盘驱动器都分配给文件系统或者其他数据体，由操作系统或应用程序使用。这样做缺乏灵活性：当一个硬盘驱动器的存储空间不足时，很难扩展文件系统；而当硬盘驱动器存储容量增加时，把整个硬盘驱动器分配给文件系统又会导致无法充分利用存储空间。

用户在安装 Linux 操作系统时常遇到的一个问题是：如何正确评估分区的大小，以分配合适的硬盘空间？使用普通的磁盘分区管理方式进行逻辑分区划分后，分区大小无法改变，当一个逻辑分区存放不下某个文件时，这个文件受上层文件系统的限制，无法跨越多个分区存放，所以也不能同时存放到其他磁盘上。当某个分区空间耗尽时，解决的方法通常是使用软链接，或者使用工具调整分区大小，但这并没有从根本上解决问题。随着 LVM 的出现，该问题迎刃而解，用户可以在无须停机的情况下方便地调整各个分区的大小。

对一般用户而言，使用较多的是动态调整文件系统大小的功能。这样，在分区时就不必为如何设置分区的大小而烦恼，只要在硬盘中预留部分空间，并根据系统的使用情况动态调整分区大小即可。

LVM 是在磁盘分区和文件系统之间添加的一个逻辑层，为文件系统屏蔽下层磁盘分区。通过它可以将若干个磁盘分区连接为一个整块的抽象卷组，在卷组中可以任意创建逻辑卷并在逻辑卷中创建文件系统，最终在系统中挂载使用的就是逻辑卷，逻辑卷的使用方法与管理方式和普通磁盘分区的是完全一样的。LVM 磁盘组织结构如图 4.12 所示。

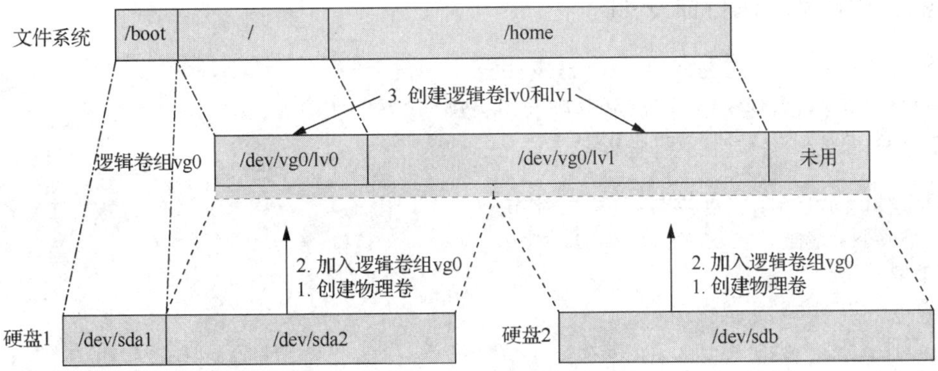

图 4.12 LVM 磁盘组织结构

LVM 中主要涉及以下几个概念。

（1）物理存储介质（Physical Storage Media）：指系统的物理存储设备，如磁盘、/dev/sda、/dev/had 等，是存储系统最底层的存储单元。

（2）物理卷（Physical Volume，PV）：指磁盘分区或逻辑上与磁盘分区具有同样功能的设备，是 LVM 最基本的存储逻辑块，但和基本的物理存储介质（如分区、磁盘）相比，其包含与 LVM 相关的管理参数。

（3）卷组（Volume Group，VG）：类似于非 LVM 系统中的物理磁盘，由一个或多个物理卷组成；可以在卷组中创建一个或多个逻辑卷。

（4）逻辑卷：可以将卷组划分成若干个逻辑卷，相当于在逻辑硬盘上划分出几个逻辑分区，逻辑卷（如 /home、/mnt 等）建立在卷组之上，在每个逻辑分区上都可以创建具体的文件系统。

（5）物理块：每一个物理卷被划分成称为物理块的基本单元，物理块具有唯一编号，是可以被 LVM 寻址的最小单元。物理块的大小是可以配置的，默认为 4MB，物理卷由大小相同的物理块组成。

在 CentOS 7.6 操作系统中，LVM 的作用至关重要。在安装系统的过程中，如果设置由系统自动进行分区，则系统除了创建一个 /boot 引导分区之外，还会对剩余的磁盘空间全部采用 LVM 进行管理，并在其中创建两个逻辑卷，分别挂载到 /root 分区和 /swap 分区中。

4.2.2 配置逻辑卷

1. 创建磁盘分区

磁盘分区是实现 LVM 的前提和基础。在使用 LVM 时，需要先划分磁盘分区，然后将磁盘分区的类型设置为 8e，最后将分区初始化为物理卷。

这里使用前面安装的第 2 块硬盘的主分区 /dev/sdb2 和逻辑分区 /dev/sdb6 来进行演示。需要注意的是，要先将分区 /dev/sdb2 和 /dev/sdb6 卸载以便进行演示。使用 fdisk 命令查看 /dev/sdb 硬盘分区情况，执行命令如下。

```
[root@localhost ~]# fdisk  -l  /dev/sdb
磁盘 /dev/sdb：21.5 GB, 21474836480 字节，41943040 个扇区
Units = 扇区 of 1 * 512 = 512 bytes

扇区大小(逻辑/物理)：512 字节 / 512 字节
I/O 大小(最小/最佳)：512 字节 / 512 字节
磁盘标签类型：dos
磁盘标识符：0x28cba55d

设备 Boot      Start         End         Blocks     Id  System
/dev/sdb1          2048    10487807     5242880    83  Linux
/dev/sdb2      10487808    20973567     5242880    83  Linux
/dev/sdb3      20973568    41943039    10484736     5  Extended
/dev/sdb5      20975616    31461375     5242880    83  Linux
/dev/sdb6      31463424    41943039     5239808    83  Linux
```

在 fdisk 命令中，使用 t 命令可以更改分区的类型。如果不知道分区类型对应的 ID，则可以输入“L”来查看各分区类型对应的 ID，如图 4.13 所示。

【实例 4.9】将 /dev/sdb2 和 /dev/sdb6 的分区类型更改为 Linux LVM，即将分区的 ID 修改为 8e，如图 4.14 所示。分区类型更改成功后要保存分区表，重启系统或使用 partprobe

/dev/sdb 命令即可。

```
命令(输入 m 获取帮助)：t
分区号 (1-3,5,6, 默认 6)：
Hex 代码(输入 L 列出所有代码)：L

 0  空               24  NEC DOS          81  Minix / 旧 Linu bf  Solaris
 1  FAT12            27  隐藏的 NTFS Win  82  Linux 交换 / So c1  DRDOS/sec (FAT-
 2  XENIX root       39  Plan 9           83  Linux           c4  DRDOS/sec (FAT-
 3  XENIX usr        3c  PartitionMagic   84  OS/2 隐藏的 C:  c6  DRDOS/sec (FAT-
 4  FAT16 <32M       40  Venix 80286      85  Linux 扩展      c7  Syrinx
 5  扩展             41  PPC PReP Boot    86  NTFS 卷集       da  非文件系统数据
 6  FAT16            42  SFS              87  NTFS 卷集       db  CP/M / CTOS / .
 7  HPFS/NTFS/exFAT  4d  QNX4.x           88  Linux 纯文本    de  Dell 工具
 8  AIX              4e  QNX4.x 第2部分   8e  Linux LVM       df  BootIt
 9  AIX 可启动       4f  QNX4.x 第3部分   93  Amoeba          e1  DOS 访问
 a  OS/2 启动管理器  50  OnTrack DM       94  Amoeba BBT      e3  DOS R/O
 b  W95 FAT32        51  OnTrack DM6 Aux  9f  BSD/OS          e4  SpeedStor
 c  W95 FAT32 (LBA)  52  CP/M             a0  IBM Thinkpad 休 eb  BeOS fs
 e  W95 FAT16 (LBA)  53  OnTrack DM6 Aux  a5  FreeBSD         ee  GPT
 f  W95 扩展 (LBA)   54  OnTrackDM6       a6  OpenBSD         ef  EFI (FAT-12/16/
10  OPUS             55  EZ-Drive         a7  NeXTSTEP        f0  Linux/PA-RISC
11  隐藏的 FAT12     56  Golden Bow       a8  Darwin UFS      f1  SpeedStor
12  Compaq 诊断      5c  Priam Edisk      a9  NetBSD          f4  SpeedStor
14  隐藏的 FAT16 <3  61  SpeedStor        ab  Darwin 启动     f2  DOS 次要
16  隐藏的 FAT16     63  GNU HURD or Sys  af  HFS / HFS+      fb  VMware VMFS
17  隐藏的 HPFS/NTF  64  Novell Netware   b7  BSDI fs         fc  VMware VMKCORE
18  AST 智能睡眠     65  Novell Netware   b8  BSDI swap       fd  Linux raid 自动
1b  隐藏的 W95 FAT3  70  DiskSecure 多启  bb  Boot Wizard 隐  fe  LANstep
1c  隐藏的 W95 FAT3  75  PC/IX            be  Solaris 启动    ff  BBT
1e  隐藏的 W95 FAT1  80  旧 Minix
```

图 4.13　查看各分区类型对应的 ID

```
[root@localhost ~]# fdisk /dev/sdb
欢迎使用 fdisk (util-linux 2.23.2)。

更改将停留在内存中，直到您决定将更改写入磁盘。
使用写入命令前请三思。


命令(输入 m 获取帮助)：t
分区号 (1-3,5,6, 默认 6)：2
Hex 代码(输入 L 列出所有代码)：8e
已将分区"Linux"的类型更改为"Linux LVM"

命令(输入 m 获取帮助)：t
分区号 (1-3,5,6, 默认 6)：6
Hex 代码(输入 L 列出所有代码)：8e
已将分区"Linux"的类型更改为"Linux LVM"

命令(输入 m 获取帮助)：p

磁盘 /dev/sdb：21.5 GB, 21474836480 字节，41943040 个扇区
Units = 扇区 of 1 * 512 = 512 bytes
扇区大小(逻辑/物理)：512 字节 / 512 字节
I/O 大小(最小/最佳)：512 字节 / 512 字节
磁盘标签类型：dos
磁盘标识符：0x28cba55d

   设备 Boot      Start         End      Blocks   Id  System
/dev/sdb1          2048    10487807     5242880   83  Linux
/dev/sdb2      10487808    20973567     5242880   8e  Linux LVM
/dev/sdb3      20973568    41943039    10484736    5  Extended
/dev/sdb5      20975616    31461375     5242880   83  Linux
/dev/sdb6      31463424    41943039     5239808   8e  Linux LVM

命令(输入 m 获取帮助)：w
The partition table has been altered!

Calling ioctl() to re-read partition table.

WARNING: Re-reading the partition table failed with error 16: 设备或资源忙.
The kernel still uses the old table. The new table will be used at
the next reboot or after you run partprobe(8) or kpartx(8)
正在同步磁盘。
[root@localhost ~]# partprobe /dev/sdb
```

图 4.14　更改分区类型

2. 创建物理卷

pvcreate 命令用于将物理硬盘分区初始化为物理卷，以便 LVM 使用。其命令格式如下。

```
pvcreate  [选项]  [参数]
```

pvcreate 命令各选项及其功能说明如表 4.10 所示。

表 4.10　pvcreate 命令各选项及其功能说明

选项	功能说明
-f	强制创建物理卷，不需要用户确认
-u	指定设备的 UUID（设备的唯一标识符）
-y	所有问题都回答 yes
-Z	是否利用前 4 个扇区

【实例 4.10】将 /dev/sdb2 和 /dev/sdb6 分区转化为物理卷，执行相关命令，如图 4.15 所示。

```
[root@localhost ~]# pvcreate /dev/sdb2 /dev/sdb6
WARNING: ext4 signature detected on /dev/sdb2 at offset 1080. Wipe it? [y/n]: y
  Wiping ext4 signature on /dev/sdb2.
WARNING: swap signature detected on /dev/sdb6 at offset 4086. Wipe it? [y/n]: y
  Wiping swap signature on /dev/sdb6.
  Physical volume "/dev/sdb2" successfully created.
  Physical volume "/dev/sdb6" successfully created.
[root@localhost ~]# pvcreate  -y /dev/sdb2 /dev/sdb6
  Physical volume "/dev/sdb2" successfully created.
  Physical volume "/dev/sdb6" successfully created.
```

图 4.15　将分区转化为物理卷

pvscan 命令会扫描系统中连接的所有硬盘，并列出找到的物理卷列表。其命令格式如下。

```
pvscan  [选项]  [参数]
```

pvscan 命令各选项及其功能说明如表 4.11 所示。

表 4.11　pvscan 命令各选项及其功能说明

选项	功能说明
-d	设置调试模式
-n	仅显示不属于任何卷组的物理卷
-s	以短格式输出
-u	显示 UUID
-e	仅显示属于输出卷组的物理卷

【实例 4.11】使用 pvscan 命令扫描系统中连接的所有硬盘，并列出找到的物理卷列表，执行命令如下。

```
[root@localhost ~]# pvscan  -s
  /dev/sda2
  /dev/sdb6
  /dev/sdb2
  Total: 3 [48.99 GiB] / in use: 1 [<39.00 GiB] / in no VG: 2 [<10.00 GiB]
```

3. 创建卷组

卷组设备文件在创建卷组时自动生成，位于 /dev 目录下，与卷组同名。卷组中的所有卷组设备文件都保存在该目录下，卷组中可以包含一个或多个物理卷。vgcreate 命令用于创建 LVM 卷组。其命令格式如下。

```
vgcreate  [选项]  卷组名 物理卷名
```

vgcreate 命令各选项及其功能说明如表 4.12 所示。

表 4.12 vgcreate 命令各选项及其功能说明

选项	功能说明
-l	设置卷组中允许创建的最大逻辑卷数
-p	设置卷组中允许添加的最大物理卷数
-s	设置卷组中的物理卷的大小，默认值为 4MB

vgdisplay 命令用于显示 LVM 卷组的信息，如果不指定卷组参数，则分别显示所有卷组的信息。其命令格式如下。

```
vgdisplay  [选项]  [卷组名]
```

vgdisplay 命令各选项及其功能说明如表 4.13 所示。

表 4.13 vgdisplay 命令各选项及其功能说明

选项	功能说明
-A	仅显示活动卷组的属性
-s	使用短格式输出信息

【实例 4.12】为物理卷 /dev/sdb2 和 /dev/sdb6 创建名为 vg-group01 的卷组并查看相关信息，执行相关命令，如图 4.16 所示。

```
[root@localhost ~]# vgcreate vg-group01  /dev/sdb2  /dev/sdb6
  Volume group "vg-group01" successfully created
[root@localhost ~]# vgdisplay vg-group01
  --- Volume group ---
  VG Name               vg-group01
  System ID
  Format                lvm2
  Metadata Areas        2
  Metadata Sequence No  1
  VG Access             read/write
  VG Status             resizable
  MAX LV                0
  Cur LV                0
  Open LV               0
  Max PV                0
  Cur PV                2
  Act PV                2
  VG Size               9.99 GiB
  PE Size               4.00 MiB
  Total PE              2558
  Alloc PE / Size       0 / 0
  Free  PE / Size       2558 / 9.99 GiB
  VG UUID               gAgSQj-bfY2-BFus-vDuk-fCcM-COSQ-OTufIr
```

图 4.16 创建卷组并查看相关信息

4. 创建逻辑卷

lvcreate 命令用于创建 LVM 逻辑卷，逻辑卷是创建在卷组的基础之上的，逻辑卷对应的设备文件保存在卷组目录下。其命令格式如下。

```
lvcreate  [选项]  逻辑卷名 卷组名
```

lvcreate 命令各选项及其功能说明如表 4.14 所示。

表 4.14　lvcreate 命令各选项及其功能说明

选项	功能说明
-L	指定逻辑卷的大小（使用容量值表示）
-l	指定逻辑卷的大小（使用逻辑扩展的数量表示）
-n	后接逻辑卷名
-s	创建快照

lvdisplay 命令用于显示 LVM 逻辑卷的空间大小、读写状态和快照信息等属性，如果省略逻辑卷参数，则 lvdisplay 命令显示所有的逻辑卷属性，否则仅显示指定的逻辑卷属性。其命令格式如下。

```
lvdisplay  [选项]  逻辑卷名
```

lvdisplay 命令各选项及其功能说明如表 4.15 所示。

表 4.15　lvdisplay 命令各选项及其功能说明

选项	功能说明
-C	以列的形式显示信息
-h	显示帮助信息

【实例 4.13】在 vg-group01 卷组的基础上创建名为 databackup、容量为 8GB 的逻辑卷，并使用 lvdisplay 命令查看逻辑卷的详细信息，执行相关命令，如图 4.17 所示。

```
[root@localhost ~]# lvcreate  -L 8G -n  databackup  vg-group01
  Logical volume "databackup" created.
[root@localhost ~]# lvdisplay  /dev/vg-group01/databackup
  --- Logical volume ---
  LV Path                /dev/vg-group01/databackup
  LV Name                databackup
  VG Name                vg-group01
  LV UUID                mBCred-8nMg-JqZn-f7ys-1aOI-gjGu-CH7c7b
  LV Write Access        read/write
  LV Creation host, time localhost.localdomain, 2020-08-26 18:33:20 +0800
  LV Status              available
  # open                 0
  LV Size                8.00 GiB
  Current LE             2048
  Segments               2
  Allocation             inherit
  Read ahead sectors     auto
  - currently set to     8192
  Block device           253:2
```

图 4.17　创建逻辑卷并查看逻辑卷的详细信息

创建逻辑卷 databackup 后，执行相关命令，查看 vg-group01 卷组的详细信息，如图 4.18 所示，从图中可以看到 vg-group01 卷组还有 1.99GB 的空闲空间。

```
[root@localhost ~]# vgdisplay vg-group01
  --- Volume group ---
  VG Name               vg-group01
  System ID
  Format                lvm2
  Metadata Areas        2
  Metadata Sequence No  2
  VG Access             read/write
  VG Status             resizable
  MAX LV                0
  Cur LV                1
  Open LV               0
  Max PV                0
  Cur PV                2
  Act PV                2
  VG Size               9.99 GiB
  PE Size               4.00 MiB
  Total PE              2558
  Alloc PE / Size       2048 / 8.00 GiB
  Free  PE / Size       510 / 1.99 GiB
  VG UUID               gAgSQj-bfY2-BFus-vDuk-fCcM-COSQ-OTufIr
```

图 4.18　查看 vg-group01 卷组的详细信息

5. 创建并挂载文件系统

逻辑卷相当于一个磁盘分区，使用逻辑卷前需要先对其进行格式化和挂载。

【实例 4.14】对逻辑卷 /dev/vg-group01/databackup 进行格式化，执行相关命令，如图 4.19 所示。

```
[root@localhost ~]# mkfs.ext4 /dev/vg-group01/databackup
mke2fs 1.42.9 (28-Dec-2013)
文件系统标签=
OS type: Linux
块大小=4096 (log=2)
分块大小=4096 (log=2)
Stride=0 blocks, Stripe width=0 blocks
524288 inodes, 2097152 blocks
104857 blocks (5.00%) reserved for the super user
第一个数据块=0
Maximum filesystem blocks=2147483648
64 block groups
32768 blocks per group, 32768 fragments per group
8192 inodes per group
Superblock backups stored on blocks:
        32768, 98304, 163840, 229376, 294912, 819200, 884736, 1605632

Allocating group tables: 完成
正在写入inode表: 完成
Creating journal (32768 blocks): 完成
Writing superblocks and filesystem accounting information: 完成
```

图 4.19　对逻辑卷进行格式化

创建挂载点，对逻辑卷进行手动挂载或者修改 /etc/fstab 文件进行自动挂载，挂载后即可使用逻辑卷，执行相关命令，如图 4.20 所示。

```
[root@localhost ~]# mkdir /mnt/backup-data
[root@localhost ~]# mount /dev/vg-group01/databackup  /mnt/backup-data
[root@localhost ~]# df -hT
文件系统                         类型      容量  已用  可用 已用% 挂载点
/dev/mapper/centos-root         xfs        36G   14G   22G   39% /
devtmpfs                        devtmpfs  1.9G     0  1.9G    0% /dev
tmpfs                           tmpfs     1.9G     0  1.9G    0% /dev/shm
tmpfs                           tmpfs     1.9G   13M  1.9G    1% /run
tmpfs                           tmpfs     1.9G     0  1.9G    0% /sys/fs/cgroup
/dev/sr0                        iso9660   4.3G  4.3G     0  100% /media/cdrom
/dev/sda1                       xfs      1014M  179M  836M   18% /boot
tmpfs                           tmpfs     378M     0  378M    0% /run/user/0
tmpfs                           tmpfs     378M   12K  378M    1% /run/user/42
/dev/sdb5                       ext4      4.8G   20M  4.6G    1% /mnt/data05
/dev/sdb1                       ext4      4.8G   20M  4.6G    1% /mnt/data01
/dev/mapper/vg--group01-databackup ext4   7.8G   36M  7.3G    1% /mnt/backup-data
```

图 4.20　挂载并使用逻辑卷

项目实训

本实训的主要任务是使用 fdisk 分区工具对磁盘进行分区，熟练使用 fdisk 命令的各选项对磁盘进行挂载与卸载、对逻辑卷进行配置与管理等相关操作。

实训目的

（1）掌握在虚拟机中添加新磁盘的方法。

（2）掌握在 Linux 操作系统中使用 fdisk 分区工具管理及格式化分区的方法。

（3）掌握文件系统挂载与卸载的方法。

实训内容

（1）在虚拟机中添加新的磁盘，其容量为 40GB。

（2）使用 fdisk 分区工具进行磁盘分区，新增磁盘的第 1 个主分区的大小为 12GB，第 2 个主分区的大小为 8GB，以剩余容量创建扩展分区，并在其中创建两个逻辑分区，其容量都为 10 GB。

（3）对新建分区进行格式化操作。

（4）在 /mnt 目录下，新建目录 /data01、/data02、/data05 和 /data06。

（5）将新建分区分别挂载到 /mnt 目录下的 /data01、/data02、/data05 和 /data06 目录中。

（6）查看磁盘挂载情况。

（7）以同样的方法，在虚拟机中添加 4 块新的磁盘，其容量都为 20GB。

练习题

1. 选择题

（1）在 Linux 操作系统中，最多可以划分（　　）个主分区。

A. 1　　B. 2　　C. 4　　D. 8

（2）在 Linux 操作系统中，按照分区的命名规则，IDE1 的第 1 个硬盘的第 3 个主分区为（　　）。

A. /dev/hda0　　B. /dev/hda1　　C. /dev/hda2　　D. /dev/hda3

（3）在 Linux 操作系统中，SCSI 硬盘设备节点前缀为（　　）。

A. hd　　B. md　　C. sd　　D. sr

（4）在 Linux 操作系统中，磁盘阵列设备节点前缀为（　　）。

A. hd　　B. md　　C. sd　　D. sr

（5）在 Linux 操作系统中，SCSI 数据光驱设备节点前缀为（　　）。

A. hd　　B. md　　C. sd　　D. sr

（6）在 Linux 操作系统中，IDE 硬盘设备节点前缀为（　　）。

A. hd　　B. md　　C. sd　　D. sr

（7）在 Linux 操作系统中，使用 fdisk 命令进行磁盘分区时，输入“n”可以创建分区，输入（ ）可以创建主分区。

A. p B. l C. e D. w

（8）在 Linux 操作系统中，mkfs 命令的作用是在硬盘中创建 Linux 文件系统，用于设置文件系统类型的选项是（ ）。

A. -t B. -h C. -v D. -l

（9）在 Linux 操作系统中，mkfs 命令的作用是在硬盘中创建 Linux 文件系统，若不指定文件系统类型，则默认使用（ ）。

A. XFS B. Ext2 C. Ext3 D. Ext4

（10）mount 命令的作用是将一个设备（通常是存储设备）挂载到一个已经存在的目录中，在 mount 命令中使用（ ）选项时，表示设置文件系统类型。

A. -o B. -l C. -n D. -t

（11）在 fdisk 命令中，使用 t 选项可以更改分区的类型，如果不知道分区类型对应的 ID，则可以输入“L”来查看各分区类型对应的 ID，若将分区类型改为“Linux LVM”，则表示将分区类型对应的 ID 修改为（ ）。

A. 86 B. 87 C. 88 D. 8e

（12）若使用 fdisk 命令将分区类型改为“Linux raid autodetect”，则表示将分区类型对应的 ID 修改为（ ）。

A. fb B. fc C. fd D. fe

2. 简答题

（1）简述 Linux 操作系统中的设备命名规则。

（2）简述对磁盘进行挂载的方法。

项目5

网络配置与管理

05

项目目标

知识目标

◎ 掌握网络常用的配置文件。

◎ 掌握网络常用管理命令的功能以及格式。

技能目标

◎ 掌握网络常用管理命令的使用方法。

◎ 掌握磁盘、内存、CPU 系统监控的方法。

素质目标

◎ 培养自我学习的能力和习惯。

◎ 培养工匠精神，以及做事严谨、精益求精、着眼细节、爱岗敬业的品质。

◎ 培养系统分析与解决问题的能力。

项目陈述

Linux 操作系统的网络管理员必须掌握网络常用管理命令的使用方法。Linux 服务器的网络配置是至关重要的，随时掌握 Linux 操作系统的运行状态、监控管理 Linux 操作系统是网络管理员必须具备的技能，这些是后续实际进行服务器配置的基础。

项目知识

5.1 管理网络配置文件

Linux 主机要想与网络中的其他主机进行通信，就必须进行正确的网络配置。网络配置通常包括主机名、IP 地址、子网掩码、默认网关、DNS 等配置工作。

5.1.1 修改常用网络配置文件

网卡 IP 地址配置是否正确决定了服务器间能否相互通信。在 Linux 操作系统中，一切都是文件，因此配置网络服务实际就是编辑网卡配置文件。

1. 网卡配置文件

微课

V5-1 网卡配置文件

在 CentOS 7 以前，网卡配置文件的前缀为 eth，第 1 块网卡的接口名称为 eth0，第 2 块网卡的接口名称为 eth1，以此类推；而在 CentOS 7.6 中，网卡配置文件的前缀是 ifcfg，其后为网卡接口名称，它们共同组成网卡配置文件的名称，如 ifcfg-ens33。

CentOS 7.6 操作系统中的网卡配置文件为 /etc/sysconfig/network-scripts/ifcfg-<iface>，其中，iface 表示网卡接口名称，本书使用的网卡接口名称是 ens33。网卡配置文件的相关说明如表 5.1 所示。

表 5.1　网卡配置文件的相关说明

选项	功能说明	默认值	可选值
TYPE	网络类型	Ethernet	Ethernet、Wireless、TeamPort、Team、VLAN
PROXY_METHOD	代理配置的方法	none	none、auto
BROWSER_ONLY	代理配置是否仅用于浏览器	no	no、yes
BOOTPROTO	网卡获取 IP 地址的方式	dhcp	none、dhcp、static、shared、ibft、autoip
DEFROUTE	DEFAULT ROUTE，即是否将设备设置为默认路由	yes	no、yes
IPV4_FAILURE_FATAL	如果 IPv4 配置失败，是否禁用设备	no	no、yes
IPV6INIT	是否启用 IPv6 的接口	yes	no、yes

续表

选项	功能说明	默认值	可选值
IPV6_AUTOCONF	是否允许使用 IPv6 自动配置地址	yes	no、yes
IPV6_DEFROUTE	是否允许使用 IPv6 默认路由	yes	no、yes
IPV6_FAILURE_FATAL	是否将 IPv6 故障视为致命错误	no	no、yes
IPV6_ADDR_GEN_MODE	生成 IPv6 地址的方式	stable-privacy	eui64、stable-privacy
NAME	网络连接的名称		
UUID	用来标识网卡的唯一识别码		
DEVICE	网卡接口名称	ens33	
ONBOOT	在开机或重启网卡的时候是否启动网卡	no	no、yes
HWADDR	硬件 MAC 地址		
IPADDR	IP 地址		
NETMASK	子网掩码		
PREFIX	网络前缀		
GATEWAY	网关		
DNS{1,2}	域名解析器		

【实例 5.1】配置网卡 IP 地址，并查看相关信息。

（1）打开 Linux 操作系统终端窗口，使用 ifconfig 或 ip address 命令，查看本地 IP 地址，如图 5.1 所示。

（2）编辑网卡配置文件 /etc/sysconfig/network-scripts/ifcfg-ens33，执行相关命令，如图 5.2 所示。

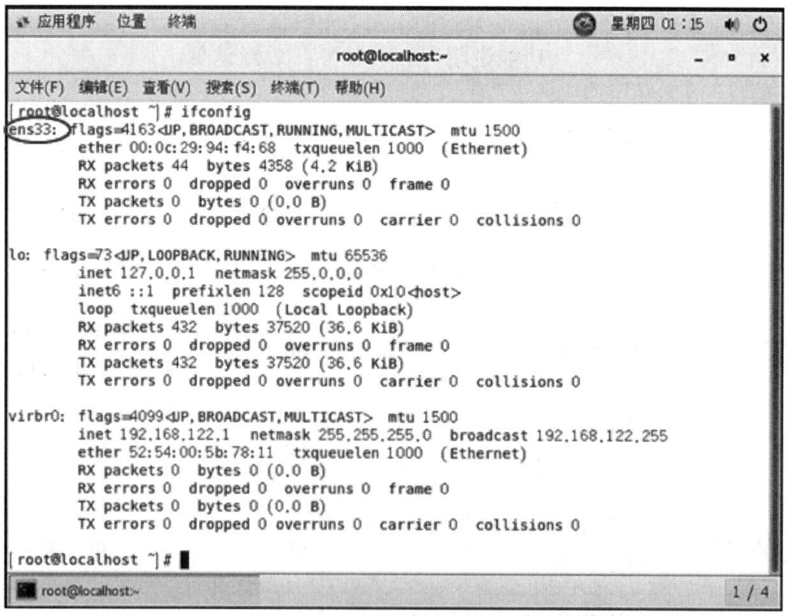

图 5.1 查看本地 IP 地址

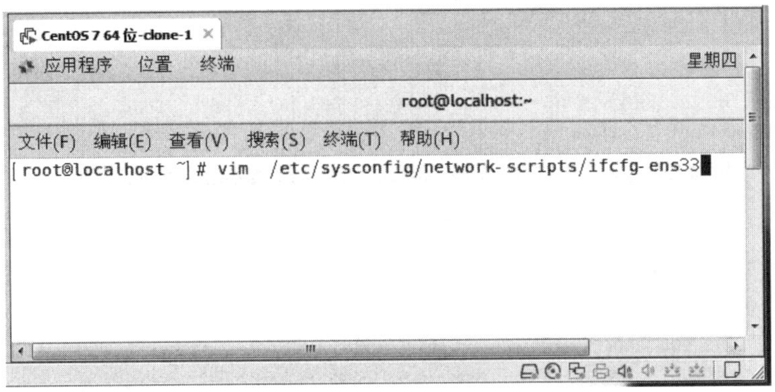

图 5.2　编辑网卡配置文件

（3）修改网卡配置文件的内容，如图 5.3 所示。使用 Vim 编辑器进行配置的修改，相关修改内容如下。

```
[root@localhost ~]# vim  /etc/sysconfig/network-scripts/ifcfg-ens33
修改选项：
BOOTPROTO=dhcp--->static                    // 将 DHCP 配置为静态
ONBOOT=no--->yes                            // 激活网卡
增加选项：
IPADDR=192.168.100.100                      // 配置 IP 地址
PREFIX=24 或 NETMASK=255.255.255.0           // 配置网络子网掩码
GATEWAY=192.168.100.2                       // 配置网关
DNS1=8.8.8.8                                // 配置 DNS 地址
[root@localhost ~]# systemctl restart network   // 重启网络服务
```

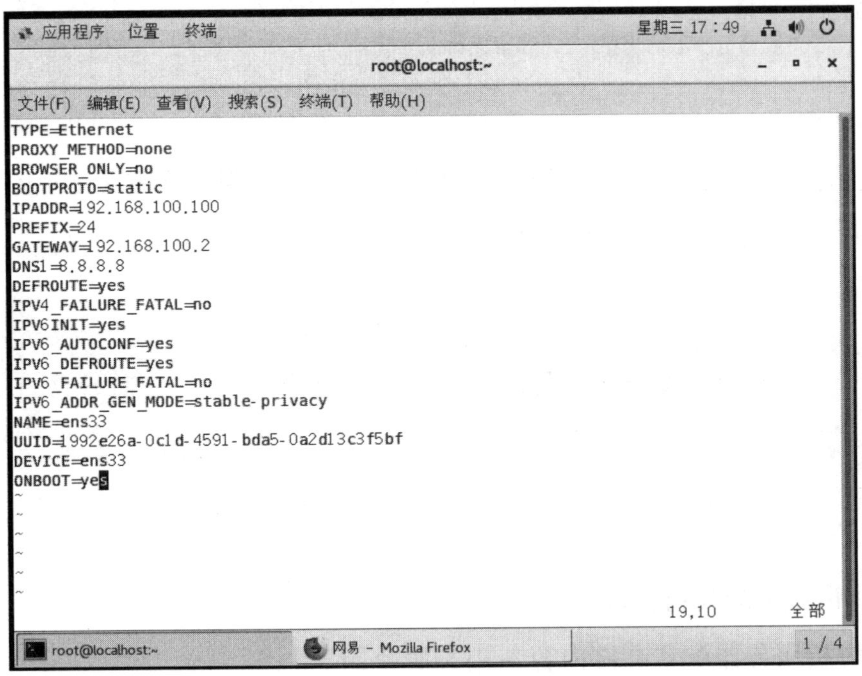

图 5.3　修改网卡配置文件的内容

（4）使用 ifconfig 命令查看网卡 IP 地址配置结果，如图 5.4 所示。

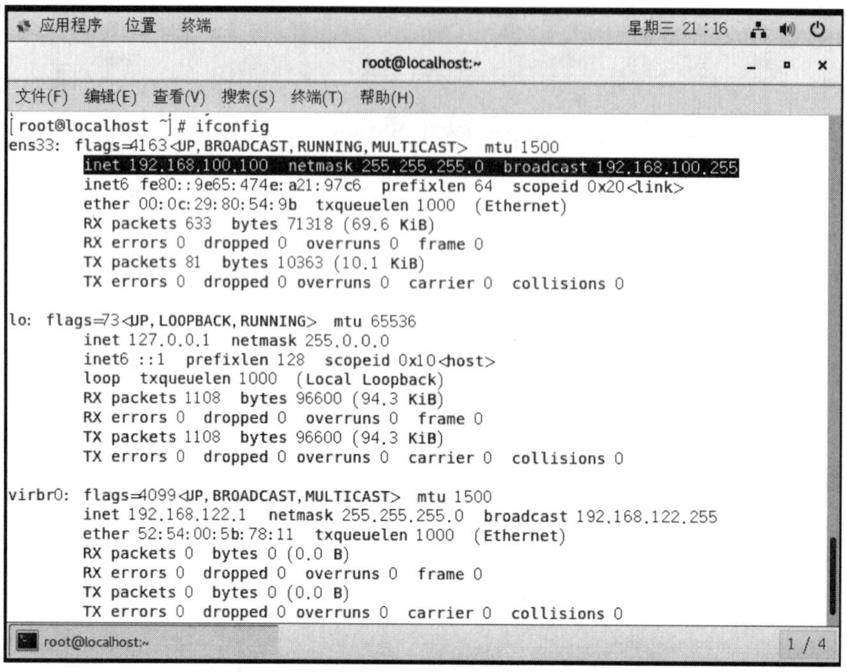

图 5.4 查看网卡 IP 地址配置结果

2. 主机名配置文件与主机名解析配置文件

查看主机名配置文件与主机名解析配置文件内容，相关命令如下。

```
[root@localhost ~]# cat  /etc/hostname
localhost.localdomain
[root@localhost ~]# cat  /etc/hosts
127.0.0.1   localhost localhost.localdomain localhost4 localhost4.localdomain4
::1         localhost localhost.localdomain localhost6 localhost6.localdomain6
[root@localhost ~]#
```

/etc/hostname 文件只有一行，记录了本机的主机名，即用户在安装 CentOS 7.6 时指定的主机名，用户可以直接对其进行修改。

> **注 意**
>
> 直接修改 /etc/hostname 文件中的主机名时，应同时修改 /etc/hosts 文件中对应的内容。

3. 域名解析服务器配置文件

查看域名解析服务器配置文件内容，相关命令如下。

```
[root@localhost ~]# cat  /etc/resolv.conf
# Generated by NetworkManager
search csg.com                              //定义域名的搜索列表
```

```
nameserver 8.8.8.8                          //定义DNS 服务器的IP地址
[root@localhost ~]#
```

域名解析服务器配置文件的主要作用是定义 DNS 服务器，可根据网络的具体情况进行设置。它的格式很简单，每一行以一个关键字开关，后接配置参数，可以设置多个 DNS 服务器。该文件的相关关键字及说明如下。

（1）nameserver：定义 DNS 服务器的 IP 地址。

（2）domain：定义本地域名。

（3）search：定义域名的搜索列表。

（4）sortlist：对返回的域名进行排序。

5.1.2 网络常用管理命令

1. ifconfig——管理网卡接口

微课

V5-2 网络常用管理命令

ifconfig 命令是一个可以用来查看、配置、启用或禁用网卡接口的命令。ifconfig 命令可以用于临时性地配置网卡的 IP 地址、子网掩码、网关等，使用 ifconfig 命令配置的网络相关信息，在主机重启后失效，若需要使其永久有效，则可以将其保存在 /etc/sysconfig/network-scripts/ifcfg-ens33 文件中。其命令格式如下。

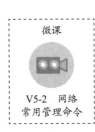

```
ifconfig [网络设备] [选项]
```

ifconfig 命令各选项及其功能说明如表 5.2 所示。

表 5.2 ifconfig 命令各选项及其功能说明

选项	功能说明
up	启动指定网络设备 / 网卡
down	关闭指定网络设备 / 网卡
-arp	设置指定网卡是否支持地址解析协议（Address Resolution Protocol，ARP）
-promisc	设置是否支持网卡的 promiscuous 模式，如果选择支持，则网卡将接收网络中发送给它的所有数据包
-allmulti	设置是否支持多播模式，如果选择支持，则网卡将接收网络中所有的多播数据包
-a	显示全部接口信息
-s	显示摘要信息
add	为指定网卡配置 IPv6 地址
del	删除为指定网卡配置的 IPv6 地址

续表

选项	功能说明
network< 子网掩码 >	设置网卡的子网掩码
tunnel< 地址 >	建立 IPv4 与 IPv6 之间的隧道通信地址
-broadcast< 地址 >	为指定网卡设置广播协议
-pointtopoint< 地址 >	为网卡设置点对点通信协议

【实例 5.2】使用 ifconfig 命令配置网卡相关信息，执行操作如下。

（1）显示 ens33 的网卡信息，执行相关命令，如图 5.5 所示。

```
[root@localhost ~]# ifconfig ens33
ens33: flags=4163<UP,BROADCAST,RUNNING,MULTICAST>  mtu 1500
        inet 192.168.100.100  netmask 255.255.255.0  broadcast 192.168.100.255
        inet6 fe80::dcf2:8616:9181:f592  prefixlen 64  scopeid 0x20<link>
        ether 00:0c:29:3e:06:06  txqueuelen 1000  (Ethernet)
        RX packets 370  bytes 32078 (31.3 KiB)
        RX errors 0  dropped 0  overruns 0  frame 0
        TX packets 253  bytes 30517 (29.8 KiB)
        TX errors 0  dropped 0 overruns 0  carrier 0  collisions 0
```

图 5.5　显示 ens33 的网卡信息

（2）关闭和启动网卡，执行命令如下。

```
[root@localhost ~]# ifconfig ens33 down
[root@localhost ~]# ifconfig ens33 up
```

（3）配置网卡接口相关信息，添加 IPv6 地址，进行相关测试，执行命令如下。

```
[root@localhost ~]# ifconfig ens33 add  2000::1/64          //添加 IPv6 地址
[root@localhost ~]# ping -6 2000::1                          //测试网络连通性
PING 2000::1(2000::1) 56 data bytes
64 bytes from 2000::1: icmp_seq=1 ttl=64 time=0.085 ms
64 bytes from 2000::1: icmp_seq=2 ttl=64 time=0.103 ms
64 bytes from 2000::1: icmp_seq=3 ttl=64 time=0.109 ms
^C
--- 2000::1 ping statistics ---
7 packets transmitted, 7 received, 0% packet loss, time 6013ms
rtt min/avg/max/mdev = 0.085/0.103/0.109/0.014 ms
[root@localhost ~]# reboot                                   //重启操作系统
Last login: Sun Aug 30 19:00:20 2023 from 192.168.100.1
[root@localhost ~]# ping -6 2000::1                          //测试网络连通性
connect: 网络不可达                                          //网络不可达
[root@localhost ~]#
```

（4）配置网卡接口相关信息，添加 IPv4 地址，测试启动与关闭 ARP 功能，执行命令如下。

```
[root@localhost ~]# ifconfig ens33 192.168.100.100 netmask 255.255.255.0 broadcast
192.168.100.255                                     //添加 IPv4 地址、子网掩码和广播地址
[root@localhost ~]# ifconfig ens33 arp              //启动 ARP 功能
[root@localhost ~]# ifconfig ens33 -arp             //关闭 ARP 功能
```

2. hostnamectl——设置并查看主机名

使用 hostnamectl 命令可以设置并查看主机名。其命令格式如下。

```
hostnamectl  [选项]  [主机名]
```

hostnamectl 命令各选项及其功能说明如表 5.3 所示。

表 5.3　hostnamectl 命令各选项及其功能说明

选项	功能说明
-h、--help	显示帮助信息
-version	显示安装包的版本信息
--static	修改静态主机名，静态主机名也称为内核主机名，是系统在启动时从 /etc/hostname 中自动初始化的主机名
--transient	修改瞬态主机名，瞬态主机名是在系统运行时临时分配的主机名，由内核管理，例如，通过 DHCP 或 DNS 服务器分配的 localhost 就是瞬态主机名
--pretty	修改灵活主机名，灵活主机名是允许使用特殊字符的主机名，即使用 UTF-8 格式、展示给终端用户的自由主机名
-P、--privileged	在执行之前获得特权
--no-ask-password	输入的密码不提示
-H, --host=[USER@]HOST	操作远程主机
status	显示当前主机名状态
set-hostname NAME	设置当前主机名
set-icon-name NAME	设置系统主机名
set-chassis NAME	为主机设置图标名

【实例 5.3】使用 hostnamectl 命令查看并设置主机名，执行操作如下。

（1）查看当前主机名，执行相关命令，如图 5.6 所示。

（2）设置主机名并查看相关信息，执行相关命令，如图 5.7 所示。

```
[root@localhost ~]# hostnamectl status
   Static hostname: localhost.localdomain
         Icon name: computer-vm
           Chassis: vm
        Machine ID: 60561763fdde420a9ff2e80a9a9704ba
           Boot ID: 881236bdaa1c49b8bacf18be3b3cd269
    Virtualization: vmware
  Operating System: CentOS Linux 7 (Core)
       CPE OS Name: cpe:/o:centos:centos:7
            Kernel: Linux 3.10.0-957.el7.x86_64
      Architecture: x86-64
```

图 5.6　查看当前主机名

```
[root@localhost ~]# hostnamectl  set-hostname lncc.csg.com
[root@localhost ~]# cat /etc/hostname
lncc.csg.com
[root@localhost ~]# bash
[root@lncc ~]# hostnamectl status
   Static hostname: lncc.csg.com
         Icon name: computer-vm
           Chassis: vm
        Machine ID: 60561763fdde420a9ff2e80a9a9704ba
           Boot ID: be2c500f65bd483bbb12ce0fb77c5675
    Virtualization: vmware
  Operating System: CentOS Linux 7 (Core)
       CPE OS Name: cpe:/o:centos:centos:7
            Kernel: Linux 3.10.0-957.el7.x86_64
      Architecture: x86-64
```

图 5.7　设置主机名并查看相关信息

3. route——管理路由

route 命令用来显示并设置 Linux 内核中的网络路由表，主要用于设置静态路由。要实现两个不同子网间的通信，需要一台连接两个网络的路由器或者同时位于两个网络中的网关。需要注意的是，直接在命令模式下使用 route 命令添加的路由信息不会永久有效，主机重启之后该路由信息就会失效，若需要使其永久有效，则可以在 /etc/rc.local 文件中添加 route 命令。其命令格式如下。

```
route [选项]
```

route 命令各选项及其功能说明如表 5.4 所示。

表 5.4　route 命令各选项及其功能说明

选项	功能说明
-v	显示详细信息
-A	采用指定的地址类型
-n	以数字形式代替主机名形式来显示地址
-net	设置路由目标为网络
-host	设置路由目标为主机
-C	显示内核的路由缓存
add	添加一条路由
del	删除一条路由
target	指定目标网络或主机，可以是点分十进制的 IP 地址或主机 / 网络名
netmask	为添加的路由指定网络掩码
gw	为发往目标网络 / 主机的任何分组指定网关

【实例 5.4】使用 route 命令管理路由，执行操作如下。

（1）显示当前路由信息，执行相关命令，如图 5.8 所示。

```
[root@localhost ~]# route
Kernel IP routing table
Destination     Gateway         Genmask         Flags Metric Ref    Use Iface
default         gateway         0.0.0.0         UG    100    0        0 ens33
192.168.100.0   0.0.0.0         255.255.255.0   U     100    0        0 ens33
192.168.122.0   0.0.0.0         255.255.255.0   U     0      0        0 virbr0
```

图 5.8　显示当前路由信息

（2）添加一条路由，执行相关命令，如图 5.9 所示。

```
[root@localhost ~]# route add -net 192.168.200.0 netmask 255.255.255.0 dev ens33
[root@localhost ~]# route
Kernel IP routing table
Destination     Gateway         Genmask         Flags Metric Ref    Use Iface
default         gateway         0.0.0.0         UG    100    0        0 ens33
192.168.100.0   0.0.0.0         255.255.255.0   U     100    0        0 ens33
192.168.122.0   0.0.0.0         255.255.255.0   U     0      0        0 virbr0
192.168.200.0   0.0.0.0         255.255.255.0   U     0      0        0 ens33
```

图 5.9　增加一条路由

（3）当用户希望阻止特定的数据包通过该路由进行转发，或者在路由表中暂时隐藏某路由时，需要添加一条屏蔽路由，执行相关命令，如图 5.10 所示。

```
[root@localhost ~]# route add -net 192.168.200.0 netmask 255.255.255.0 reject
[root@localhost ~]# route
Kernel IP routing table
Destination     Gateway         Genmask         Flags Metric Ref    Use Iface
default         gateway         0.0.0.0         UG    100    0        0 ens33
192.168.100.0   0.0.0.0         255.255.255.0   U     100    0        0 ens33
192.168.122.0   0.0.0.0         255.255.255.0   U     0      0        0 virbr0
192.168.200.0   -               255.255.255.0   !     0      -        0 -
192.168.200.0   0.0.0.0         255.255.255.0   U     0      0        0 ens33
```

图 5.10 屏蔽一条路由

（4）删除一条屏蔽路由，执行相关命令，如图 5.11 所示。

```
[root@localhost ~]# route del  -net 192.168.200.0 netmask 255.255.255.0 reject
[root@localhost ~]# route
Kernel IP routing table
Destination     Gateway         Genmask         Flags Metric Ref    Use Iface
default         gateway         0.0.0.0         UG    100    0        0 ens33
192.168.100.0   0.0.0.0         255.255.255.0   U     100    0        0 ens33
192.168.122.0   0.0.0.0         255.255.255.0   U     0      0        0 virbr0
192.168.200.0   0.0.0.0         255.255.255.0   U     0      0        0 ens33
```

图 5.11 删除一条屏蔽路由

4. ping——检测网络连通性

ping 命令是 Linux 操作系统中使用非常频繁的命令，它可以用来测试主机之间网络的连通性。ping 命令使用的是互联网控制报文协议（Internet Control Message Protocol，ICMP），它发送 ICMP 回送请求消息给目标主机。ICMP 规定，目标主机必须返回 ICMP 回送应答消息给源主机，如果源主机在一定时间内收到 ICMP 回送应答消息，则认为主机可达，否则则认为主机不可达。其命令格式如下。

```
ping [选项] [目标网络]
```

ping 命令各选项及其功能说明如表 5.5 所示。

表 5.5 ping 命令各选项及其功能说明

选项	功能说明
-c< 完成次数 >	设置要求回应的次数
-f	极限检测
-i< 时间间隔秒数 >	指定收发消息的时间间隔秒数
-I< 网络界面 >	使用指定的网络界面发送数据包
-n	设置只输出数值
-p< 范本样式 >	设置填满数据包的范本样式
-q	不显示命令执行过程，但开关和结尾的相关信息除外
-r	忽略普通的路由表，直接将数据包发送到远端主机上
-R	记录路由过程
-s< 数据包大小 >	设置数据包的大小
-t< 存活数值 >	设置存活数值的大小
-v	显示命令的详细执行过程

【实例 5.5】使用 ping 命令检测网络连通性，执行操作如下。

（1）在 Linux 操作系统中使用不带选项的 ping 命令，系统会不断地发送检测包，直到用户按“Ctrl+C”组合键终止，如图 5.12 所示。

```
[root@localhost ~]# ping  www.163.com
PING z163ipv6.v.lnyd.cdnyuan.cn (117.161.120.41) 56(84) bytes of data.
64 bytes from 117.161.120.41 (117.161.120.41): icmp_seq=1 ttl=128 time=29.7 ms
64 bytes from 117.161.120.41 (117.161.120.41): icmp_seq=2 ttl=128 time=30.0 ms
64 bytes from 117.161.120.41 (117.161.120.41): icmp_seq=3 ttl=128 time=29.9 ms
64 bytes from 117.161.120.41 (117.161.120.41): icmp_seq=4 ttl=128 time=30.1 ms
64 bytes from 117.161.120.41 (117.161.120.41): icmp_seq=5 ttl=128 time=29.9 ms
64 bytes from 117.161.120.41 (117.161.120.41): icmp_seq=6 ttl=128 time=30.0 ms
^C
--- z163ipv6.v.lnyd.cdnyuan.cn ping statistics ---
6 packets transmitted, 6 received, 0% packet loss, time 5059ms
rtt min/avg/max/mdev = 29.739/29.976/30.116/0.152 ms
```

图 5.12　使用不带选项的 ping 命令

（2）指定完成次数和时间间隔秒数，设置完成次数为 4 次，时间间隔秒数为 1s，执行相关命令，如图 5.13 所示。

```
[root@localhost ~]# ping -c 4 -i 1  www.163.com
PING z163ipv6.v.lnyd.cdnyuan.cn (117.161.120.40) 56(84) bytes of data.
64 bytes from 117.161.120.40 (117.161.120.40): icmp_seq=1 ttl=128 time=45.5 ms
64 bytes from 117.161.120.40 (117.161.120.40): icmp_seq=2 ttl=128 time=47.6 ms
64 bytes from 117.161.120.40 (117.161.120.40): icmp_seq=3 ttl=128 time=50.1 ms
64 bytes from 117.161.120.40 (117.161.120.40): icmp_seq=4 ttl=128 time=36.7 ms

--- z163ipv6.v.lnyd.cdnyuan.cn ping statistics ---
4 packets transmitted, 4 received, 0% packet loss, time 3026ms
rtt min/avg/max/mdev = 36.731/44.997/50.125/5.044 ms
```

图 5.13　指定完成次数和时间间隔秒数

5. netstat——查看网络状态

netstat 命令是一个综合的网络状态查看命令，可用于获取 Linux 操作系统的网络信息，包括网络连接、路由表、接口状态、网络链路和组播成员等信息。其命令格式如下。

```
netstat [选项]
```

netstat 命令各选项及其功能说明如表 5.6 所示。

表 5.6　netstat 命令各选项及其功能说明

选项	功能说明
-a、--all	显示所有连接中的端口套接字（Socket）信息
-A< 网络类型 >、--< 网络类型 >	列出该网络类型连接中的相关地址
-c、--continuous	持续列出网络状态
-C、--cache	显示路由器配置的缓存信息
-e、--extend	显示网络其他相关信息
-g、--groups	显示组播成员名单
-h、--help	在线帮助
-i、--interfaces	显示网络接口界面信息
-l、--listening	显示监控中的服务器的 Socket

续表

选项	功能说明
-M、--masquerade	显示伪装的网络连接
-n、--numeric	直接使用 IP 地址，而不通过域名服务器
-N、--netlink、--sysmbolic	显示网络硬件外围设备的符号连接名称
-o、--times	显示计时器
-p、--programs	显示正在使用的 Socket 的程序识别码和程序名称
-r、--route	显示路由表
-s、--statistics	显示网络工作信息统计表
-t、--tcp	显示传输控制协议（Transmission Control Protocol，TCP）端口的连接状况
-u、--udp	显示用户数据报协议（User Datagram Protocol，UDP）端口的连接状况
-v、--verbose	显示命令执行过程
-V、--version	显示版本信息

【实例 5.6】使用 netstat 命令查看网络状态相关信息，执行操作如下。

（1）显示网络接口界面信息，执行相关命令，如图 5.14 所示。

```
[root@localhost ~]# netstat -i
Kernel Interface table
Iface             MTU    RX-OK RX-ERR RX-DRP RX-OVR    TX-OK TX-ERR TX-DRP TX-OVR Flg
ens33            1500      357      0      0 0           177      0      0      0 BMRU
lo              65536        0      0      0 0             0      0      0      0 LRU
virbr0           1500        0      0      0 0             0      0      0      0 BMU
```

图 5.14　显示网络接口界面信息

（2）查看网络所有连接端口的信息，执行相关命令，如图 5.15 所示。

```
[root@localhost ~]# netstat -an | more
Active Internet connections (servers and established)
Proto Recv-Q Send-Q Local Address           Foreign Address         State
tcp        0      0 0.0.0.0:111             0.0.0.0:*               LISTEN
tcp        0      0 0.0.0.0:6000            0.0.0.0:*               LISTEN
tcp        0      0 192.168.122.1:53        0.0.0.0:*               LISTEN
tcp        0      0 0.0.0.0:22              0.0.0.0:*               LISTEN
tcp        0      0 127.0.0.1:631           0.0.0.0:*               LISTEN
tcp        0      0 127.0.0.1:25            0.0.0.0:*               LISTEN
tcp        0     52 192.168.100.100:22      192.168.100.1:54202     ESTABLISHED
tcp6       0      0 :::111                  :::*                    LISTEN
tcp6       0      0 :::6000                 :::*                    LISTEN
tcp6       0      0 :::22                   :::*                    LISTEN
tcp6       0      0 ::1:631                 :::*                    LISTEN
tcp6       0      0 ::1:25                  :::*                    LISTEN
udp        0      0 0.0.0.0:5353            0.0.0.0:*
udp        0      0 192.168.122.1:53        0.0.0.0:*
udp        0      0 0.0.0.0:67              0.0.0.0:*
udp        0      0 0.0.0.0:111             0.0.0.0:*
udp        0      0 0.0.0.0:53376           0.0.0.0:*
udp        0      0 127.0.0.1:323           0.0.0.0:*
udp        0      0 0.0.0.0:799             0.0.0.0:*
udp6       0      0 :::111                  :::*
udp6       0      0 ::1:323                 :::*
udp6       0      0 :::799                  :::*
raw6       0      0 :::58                   :::*                    7
Active UNIX domain sockets (servers and established)
Proto RefCnt Flags       Type       State         I-Node   Path
unix  2      [ ACC ]     STREAM     LISTENING     55143    @/tmp/dbus-sSJVjReE
unix  2      [ ACC ]     STREAM     LISTENING     25858    /run/lvm/lvmetad.socket
unix  2      [ ACC ]     STREAM     LISTENING     55834    @/tmp/dbus-TU4CVOZYwO
unix  2      [ ACC ]     STREAM     LISTENING     45842    /run/gssproxy.sock
unix  2      [ ACC ]     STREAM     LISTENING     54422    @/tmp/.X11-unix/X0
unix  2      [ ACC ]     STREAM     LISTENING     56086    @/tmp/.ICE-unix/10260
unix  2      [ ACC ]     STREAM     LISTENING     53813    /var/run/libvirt/libvirt-sock
unix  2      [ ACC ]     STREAM     LISTENING     53815    /var/run/libvirt/libvirt-sock-ro
unix  2      [ ACC ]     STREAM     LISTENING     53817    /var/run/libvirt/libvirt-admin-sock
--More--
```

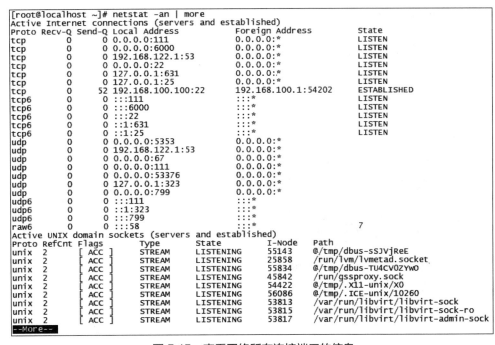

图 5.15　查看网络所有连接端口的信息

（3）查看网络所有 TCP 端口的连接信息，执行相关命令，如图 5.16 所示。

```
[root@localhost ~]# netstat -at
Active Internet connections (servers and established)
Proto Recv-Q Send-Q Local Address           Foreign Address         State
tcp        0      0 0.0.0.0:sunrpc          0.0.0.0:*               LISTEN
tcp        0      0 0.0.0.0:x11             0.0.0.0:*               LISTEN
tcp        0      0 localhost.locald:domain 0.0.0.0:*               LISTEN
tcp        0      0 0.0.0.0:ssh             0.0.0.0:*               LISTEN
tcp        0      0 localhost:ipp           0.0.0.0:*               LISTEN
tcp        0      0 localhost:smtp          0.0.0.0:*               LISTEN
tcp        0     52 localhost.localdoma:ssh 192.168.100.1:57345     ESTABLISHED
tcp6       0      0 [::]:sunrpc             [::]:*                  LISTEN
tcp6       0      0 [::]:x11                [::]:*                  LISTEN
tcp6       0      0 [::]:ssh                [::]:*                  LISTEN
tcp6       0      0 localhost:ipp           [::]:*                  LISTEN
tcp6       0      0 localhost:smtp          [::]:*                  LISTEN
```

图 5.16　查看网络所有 TCP 端口的连接信息

（4）查看网络组播成员名单，执行相关命令，如图 5.17 所示。

```
[root@localhost ~]# netstat -g
IPv6/IPv4 Group Memberships
Interface       RefCnt Group
--------------- ------ ---------------------
lo              1      all-systems.mcast.net
ens33           1      224.0.0.251
ens33           1      all-systems.mcast.net
virbr0          1      224.0.0.251
virbr0          1      all-systems.mcast.net
lo              1      ff02::1
lo              1      ff01::1
ens33           1      ff02::1:ff81:f592
ens33           1      ff02::1
ens33           1      ff01::1
virbr0          1      ff02::1
virbr0          1      ff01::1
virbr0-nic      1      ff02::1
virbr0-nic      1      ff01::1
```

图 5.17　查看网络组播成员名单

6. nslookup——查询域名

nslookup 命令是常用的域名查询命令，用于查询 DNS 信息，其有两种工作模式，即交互模式和非交互模式。在交互模式下，用户可以向 DNS 服务器查询各类主机、域名信息，或者输出域名中的主机列表；在非交互模式下，用户可以针对一个主机或域名获取特定的名称或所需信息。其命令格式如下。

```
nslookup 域名
```

【实例 5.7】使用 nslookup 命令进行域名查询，执行操作如下。

（1）在交互模式下，使用 nslookup 命令查询域名相关信息，直到用户按“Ctrl+C”组合键退出交互模式，如图 5.18 所示。

```
[root@localhost ~]# nslookup
> www.lncc.edu.cn
Server:         8.8.8.8
Address:        8.8.8.8#53

Non-authoritative answer:
Name:   www.lncc.edu.cn
Address: 202.199.187.105
> www.163.com
Server:         8.8.8.8
Address:        8.8.8.8#53

Non-authoritative answer:
www.163.com     canonical name = www.163.com.163jiasu.com.
www.163.com.163jiasu.com        canonical name = www.163.com.bsgslb.cn.
www.163.com.bsgslb.cn   canonical name = z163ipv6.v.bsgslb.cn.
z163ipv6.v.bsgslb.cn    canonical name = z163ipv6.v.lnyd.cdnyuan.cn.
Name:   z163ipv6.v.lnyd.cdnyuan.cn
Address: 117.161.120.40
Name:   z163ipv6.v.lnyd.cdnyuan.cn
Address: 117.161.120.37
Name:   z163ipv6.v.lnyd.cdnyuan.cn
Address: 117.161.120.38
Name:   z163ipv6.v.lnyd.cdnyuan.cn
Address: 117.161.120.41
Name:   z163ipv6.v.lnyd.cdnyuan.cn
Address: 117.161.120.35
Name:   z163ipv6.v.lnyd.cdnyuan.cn
Address: 117.161.120.36
Name:   z163ipv6.v.lnyd.cdnyuan.cn
Address: 117.161.120.39
Name:   z163ipv6.v.lnyd.cdnyuan.cn
Address: 117.161.120.34
>
```

图 5.18　在交互模式下查询域名相关信息

（2）在非交互模式下，使用 nslookup 命令查询域名相关信息，如图 5.19 所示。

```
[root@localhost ~]# nslookup www.163.com
Server:         8.8.8.8
Address:        8.8.8.8#53

Non-authoritative answer:
www.163.com     canonical name = www.163.com.163jiasu.com.
www.163.com.163jiasu.com        canonical name = www.163.com.bsgslb.cn.
www.163.com.bsgslb.cn   canonical name = z163ipv6.v.bsgslb.cn.
z163ipv6.v.bsgslb.cn    canonical name = z163ipv6.v.lnyd.cdnyuan.cn.
Name:   z163ipv6.v.lnyd.cdnyuan.cn
Address: 117.161.120.36
Name:   z163ipv6.v.lnyd.cdnyuan.cn
Address: 117.161.120.38
Name:   z163ipv6.v.lnyd.cdnyuan.cn
Address: 117.161.120.35
Name:   z163ipv6.v.lnyd.cdnyuan.cn
Address: 117.161.120.40
Name:   z163ipv6.v.lnyd.cdnyuan.cn
Address: 117.161.120.41
Name:   z163ipv6.v.lnyd.cdnyuan.cn
Address: 117.161.120.37
Name:   z163ipv6.v.lnyd.cdnyuan.cn
Address: 117.161.120.39
Name:   z163ipv6.v.lnyd.cdnyuan.cn
Address: 117.161.120.34
```

图 5.19　在非交互模式下查询域名相关信息

7. traceroute——追踪路由

traceroute 命令用于追踪网络数据包的路由途径，通过 traceroute 命令可以知道源主机到达目标主机的路径。其命令格式如下。

```
traceroute  [选项]  [目标主机或 IP 地址]
```

traceroute 命令各选项及其功能说明如表 5.7 所示。

表 5.7　traceroute 命令各选项及其功能说明

选项	功能说明
-d	使用 Socket 层级的排错功能
-f< 存活数值 >	设置第一个检测数据包的存活数值的大小
-g< 网关 >	设置来源路由网关，最多可设置 8 个
-i< 网络界面 >	使用指定的网络界面发送数据包
-I	使用 ICMP 回应取代 UDP 资料信息
-m< 存活数值 >	设置检测数据包的最大路由跳数
-n	直接使用 IP 地址而非主机名称
-p< 通信端口 >	设置 UDP 的通信端口
-q	发送数据包检测次数
-r	忽略普通的路由表，直接将数据包发送到目标主机上
-s< 来源地址 >	设置源主机发送数据包的 IP 地址
-t< 服务类型 >	设置检测数据包的 TOS 数值
-v	显示命令的详细执行过程

【实例 5.8】使用 traceroute 命令追踪网络数据包的路由途径，执行操作如下。

（1）查看本地到网易（www.163.com）的路由访问情况，直到按“Ctrl+C”组合键终止，执行相关命令，如图 5.20 所示。

说 明

路由记录按序号从 1 开始，每个记录就是一跳，一跳表示一个网关，从图 5.20 中可以看到每行有 4 个时间，单位都是 ms，这些其实就是向每个网关发送 4 个探测数据包，网关响应后返回的时间。有时会看到一些行是以“*”表示的，这可能是因为防火墙拦截了 ICMP 的返回信息，所以得不到相关的数据包返回数据。

```
[root@localhost ~]# traceroute -q 4  www.163.com
traceroute to www.163.com (117.161.120.38), 30 hops max, 60 byte packets
 1  gateway (192.168.100.2)  0.165 ms  0.139 ms  0.156 ms  0.116 ms
 2  * * * *
 3  * * * *
 4  * * * *
 5  * * * *
 6  * * * *
 7  * * * *
 8  * * * *
 9  * * * *^C
```

图 5.20　查看本地到网易的路由访问情况

（2）将跳数设置为 5 后，查看本地到网易的路由访问情况，执行相关命令，如图 5.21 所示。

```
[root@localhost ~]# traceroute -m 5  www.163.com
traceroute to www.163.com (117.161.120.37), 5 hops max, 60 byte packets
 1  gateway (192.168.100.2)  0.131 ms  0.151 ms  0.129 ms
 2  * * *
 3  * * *
 4  * * *
 5  * * *
[root@localhost ~]#
```

图 5.21　设置跳数后的路由访问情况

（3）查看路由访问情况，显示 IP 地址，不查看主机名，执行相关命令，如图 5.22 所示。

```
[root@localhost ~]# traceroute -n  www.163.com
traceroute to www.163.com (117.161.120.34), 30 hops max, 60 byte packets
 1  192.168.100.2  0.208 ms  0.147 ms  0.146 ms
 2  * * *
 3  * * *
 4  * * *
 5  * * *
 6  * * *
 7  *^C
[root@localhost ~]#
```

图 5.22　查看路由访问情况

8. ip——配置网络

ip 命令是 iproute2 软件包中的一个强大的网络配置命令，可以用来显示或操作路由、网络设备和隧道等信息，它能够替代一些传统的网络管理命令，如 ifconfig、route 等。其命令格式如下。

```
ip [选项] [操作对象] [命令] [参数]
```

ip 命令各选项及其功能说明如表 5.8 所示。

表 5.8 ip 命令各选项及其功能说明

选项	功能说明
-V、-Version	输出 IP 的版本信息并退出
-s、-stats、-statistics	输出更为详尽的信息，如果这个选项出现两次或者多次，则输出的信息会更加详尽
-f、-family	后接协议种类，包括 inet、inet6 或 link，用于强调使用的协议种类
-4	-family inet 的简写
-6	-family inet6 的简写
-o、oneline	对每行记录都使用单行输出，换行用字符代替，如果需要使用 wc、grep 等命令处理 IP 地址的输出，则会用到这个选项
-r、-resolve	查询域名解析系统，用获得的主机名代替主机 IP 地址

ip 命令各操作对象及其功能说明如表 5.9 所示。

表 5.9 ip 命令各操作对象及其功能说明

操作对象	功能说明
link	链路配置
address	一个设备的协议地址（IPv4 或者 IPv6）
neighbor（简写为 neigh）	ARP 或 NDISC（邻居发现协议的一部分）缓冲区条目
route	路由表条目
rule	路由策略数据库中的规则
maddress	多播地址
mroute	多播路由缓冲区条目
tunnel	IP 中的通道

iproute2 是 Linux 操作系统中用于管理、控制 TCP/IP 网络和流量的新一代工具包，旨在替代工具链（net-tools），即常用的 ifconfig、arp、route、netstat 等命令。

【实例 5.9】使用 ip 命令配置网络信息，执行操作如下。

（1）使用 ip 命令查看网络地址配置情况，如图 5.23 所示。

```
[root@localhost ~]# ip address show
1: lo: <LOOPBACK,UP,LOWER_UP> mtu 65536 qdisc noqueue state UNKNOWN group default qlen 1000
    link/loopback 00:00:00:00:00:00 brd 00:00:00:00:00:00
    inet 127.0.0.1/8 scope host lo
       valid_lft forever preferred_lft forever
    inet6 ::1/128 scope host
       valid_lft forever preferred_lft forever
2: ens33: <BROADCAST,MULTICAST,UP,LOWER_UP> mtu 1500 qdisc pfifo_fast state UP group default qlen 1000
    link/ether 00:0c:29:3e:06:06 brd ff:ff:ff:ff:ff:ff
    inet 192.168.100.100/24 brd 192.168.100.255 scope global noprefixroute ens33
       valid_lft forever preferred_lft forever
    inet6 fe80::dcf2:8616:9181:f592/64 scope link noprefixroute
       valid_lft forever preferred_lft forever
3: virbr0: <NO-CARRIER,BROADCAST,MULTICAST,UP> mtu 1500 qdisc noqueue state DOWN group default qlen 1000
    link/ether 52:54:00:5b:78:11 brd ff:ff:ff:ff:ff:ff
    inet 192.168.122.1/24 brd 192.168.122.255 scope global virbr0
       valid_lft forever preferred_lft forever
4: virbr0-nic: <BROADCAST,MULTICAST> mtu 1500 qdisc pfifo_fast master virbr0 state DOWN group default qlen 1000
    link/ether 52:54:00:5b:78:11 brd ff:ff:ff:ff:ff:ff
```

图 5.23 使用 ip 命令查看网络地址配置情况

（2）使用 ip 命令查看链路配置情况，如图 5.24 所示。

```
[root@localhost ~]# ip link
1: lo: <LOOPBACK,UP,LOWER_UP> mtu 65536 qdisc noqueue state UNKNOWN mode DEFAULT group
default qlen 1000
    link/loopback 00:00:00:00:00:00 brd 00:00:00:00:00:00
2: ens33: <BROADCAST,MULTICAST,UP,LOWER_UP> mtu 1500 qdisc pfifo_fast state UP mode DEF
AULT group default qlen 1000
    link/ether 00:0c:29:a7:60:fd brd ff:ff:ff:ff:ff:ff
3: virbr0: <NO-CARRIER,BROADCAST,MULTICAST,UP> mtu 1500 qdisc noqueue state DOWN mode D
EFAULT group default qlen 1000
    link/ether 52:54:00:5b:78:11 brd ff:ff:ff:ff:ff:ff
4: virbr0-nic: <BROADCAST,MULTICAST> mtu 1500 qdisc pfifo_fast master virbr0 state DOWN
 mode DEFAULT group default qlen 1000
    link/ether 52:54:00:5b:78:11 brd ff:ff:ff:ff:ff:ff
[root@localhost ~]#
```

图 5.24　使用 ip 命令查看链路配置情况

（3）使用 ip 命令查看路由表信息，如图 5.25 所示。

```
[root@localhost ~]# ip route
default via 192.168.100.2 dev ens33 proto static metric 100
192.168.100.0/24 dev ens33 proto kernel scope link src 192.168.100.100 metric 100
192.168.122.0/24 dev virbr0 proto kernel scope link src 192.168.122.1
```

图 5.25　使用 ip 命令查看路由表信息

（4）使用 ip 命令查看链路信息，如图 5.26 所示。

```
[root@localhost ~]# ip link show ens33
2: ens33: <BROADCAST,MULTICAST,UP,LOWER_UP> mtu 1500 qdisc pfifo_fast state UP mode DEFAULT group default qlen 1000
    link/ether 00:0c:29:3e:06:06 brd ff:ff:ff:ff:ff:ff
```

图 5.26　使用 ip 命令查看链路信息

（5）使用 ip 命令查看接口统计信息，如图 5.27 所示。

```
[root@localhost ~]# ip -s link ls ens33
2: ens33: <BROADCAST,MULTICAST,UP,LOWER_UP> mtu 1500 qdisc pfifo_fast state UP mode DEFAULT group default qlen 1000
    link/ether 00:0c:29:3e:06:06 brd ff:ff:ff:ff:ff:ff
    RX: bytes  packets  errors  dropped overrun mcast
    188051     2167     0       0       0       0
    TX: bytes  packets  errors  dropped carrier collsns
    133336     1279     0       0       0       0
```

图 5.27　使用 ip 命令查看接口统计信息

（6）使用 ip 命令查看 ARP 表信息，如图 5.28 所示。

```
[root@localhost ~]# ip neigh show
192.168.100.2 dev ens33 lladdr 00:50:56:ff:1b:ec STALE
192.168.100.1 dev ens33 lladdr 00:50:56:c0:00:08 REACHABLE
```

图 5.28　使用 ip 命令查看 ARP 表信息

5.2 系统监控

系统监控是系统管理员的主要工作，Linux 操作系统提供了多种日志及性能监控工具，以帮助系统管理员完成系统监控工作，本节将对这些工具进行简单介绍。

5.2.1 磁盘监控

iostat 命令用于查看 CPU 利用率和磁盘性能等相关数据。有时候系统响应慢，传输数据也慢，这可能是由多方面原因导致的，如 CPU 利用率过高、网络环境差、系统平均负载过高，甚至磁盘损坏等。因此，在系统性能出现问题时，磁盘性能是一个值得分析的重要指标。iostat 命令格式如下。

```
iostat  [选项]
```

iostat 命令各选项及其功能说明如表 5.10 所示。

表 5.10　iostat 命令各选项及其功能说明

选项	功能说明
-c	只显示 CPU 利用率
-d	只显示磁盘利用率
-p	显示每个磁盘的每个分区的使用情况
-k	以 B/s 为单位显示磁盘利用率报告
-x	显示磁盘整体状态信息
-n	显示 NTFS 报告

【实例 5.10】使用 iostat 命令查看 CPU 和磁盘性能等相关数据，执行操作如下。

（1）使用 iostat 命令查看 CPU 和磁盘的利用率，如图 5.29 所示。

```
[root@localhost ~]# iostat -c
Linux 3.10.0-957.el7.x86_64 (localhost.localdomain)     2023年08月31日  _x86_64_        (1 CPU)

avg-cpu:  %user   %nice %system %iowait  %steal   %idle
           0.66    0.00    1.31    0.54    0.00   97.48

[root@localhost ~]# iostat -d
Linux 3.10.0-957.el7.x86_64 (localhost.localdomain)     2023年08月31日  _x86_64_        (1 CPU)

Device:            tps    kB_read/s    kB_wrtn/s    kB_read    kB_wrtn
sda               4.56       160.99         3.41     345057       7302
sdb               0.15         6.38         0.00      13666          0
scd0              0.02         0.96         0.00       2066          0
dm-0              3.55       145.90         2.45     312717       5254
dm-1              0.04         1.15         0.00       2460          0
```

图 5.29　查看 CPU 和磁盘的利用率

（2）使用 iostat 命令查看磁盘整体状态信息，如图 5.30 所示。

```
[root@localhost ~]# iostat -x
Linux 3.10.0-957.el7.x86_64 (localhost.localdomain)     2023年08月31日  _x86_64_        (1 CPU)

avg-cpu:  %user   %nice %system %iowait  %steal   %idle
           0.59    0.00    1.17    0.48    0.00   97.76

Device:         rrqm/s   wrqm/s     r/s     w/s    rkB/s    wkB/s avgrq-sz avgqu-sz   await r_await w_await  svctm  %util
sda               0.00     0.02    3.89    0.15   142.37     3.04    72.06     0.03    7.89    8.10    2.12   3.33   1.35
sdb               0.00     0.00    0.14    0.00     5.64     0.00    82.82     0.00    0.26    0.26    0.00   0.24   0.00
scd0              0.00     0.00    0.02    0.00     0.85     0.00   100.78     0.00    3.49    3.49    0.00   2.88   0.00
dm-0              0.00     0.00    2.99    0.16   129.02     2.19    83.41     0.03    9.83   10.25    1.94   4.18   1.32
dm-1              0.00     0.00    0.04    0.00     1.01     0.00    54.67     0.00    0.90    0.90    0.00   0.79   0.00
```

图 5.30　查看磁盘整体状态信息

5.2.2　内存监控

vmstat 命令可用于实时、动态地监控操作系统的虚拟内存、进程、磁盘、CPU 的活动等。其命令格式如下。

```
vmstat  [选项]
```

vmstat 命令各选项及其功能说明如表 5.11 所示。

表 5.11 vmstat 命令各选项及其功能说明

选项	功能说明
-a	显示活跃和非活跃内存
-f	显示从系统启动至今的 fork 数量，即显示自系统启动以来创建的进程数
-m	显示系统中各种内核分配器的内存使用情况
-n	只在开始时显示一次各字段的名称
-s	显示内存相关统计信息及各种系统活动数量
-d	显示磁盘相关统计信息
-p	显示指定磁盘分区统计信息
-S	使用指定单位显示，参数有 k、K、m、M，分别代表 1000B、1024B、1000000B、1048576B，默认单位为 K（1K = 1024B）
-V	显示版本信息

【实例 5.11】使用 vmstat 命令实时、动态地监控操作系统的虚拟内存、进程、磁盘、CPU 的活动等情况，执行操作如下。

（1）使用 vmstat 命令查看内存、磁盘的使用情况，如图 5.31 所示。

```
[root@localhost ~]# vmstat -a
procs -----------memory---------- ---swap-- -----io---- -system-- ------cpu-----
 r  b   swpd   free  inact active   si   so    bi    bo   in   cs us sy id wa st
 2  0      0 3036364 263748 327908    0    0    63     1   32   94  0  1 99  0  0
[root@localhost ~]# vmstat -d
disk- ------------reads------------ ------------writes----------- -----IO------
       total merged sectors      ms  total merged sectors      ms    cur    sec
sda     9430      1  690203   76409    525     49   16407     867      0     32
sdb      330      0   27332      86      0      0       0       0      0      0
sr0       41      0    4132     143      0      0       0       0      0      0
dm-0    7241      0  625523   74213    570      0   12311     884      0     31
dm-1      90      0    4920      81      0      0       0       0      0      0
```

图 5.31 查看内存、磁盘的使用情况

（2）使用 vmstat 命令，每 3s 显示一次系统内存统计信息，总共显示 5 次，如图 5.32 所示。

```
[root@localhost ~]# vmstat 3  5
procs -----------memory---------- ---swap-- -----io---- -system-- ------cpu-----
 r  b   swpd   free   buff  cache   si   so    bi    bo   in   cs us sy id wa st
 2  0      0 3037232   2132 411476    0    0    60     1   32   92  0  1 99  0  0
 0  0      0 3037232   2132 411476    0    0     0     0   43   71  0  0 100  0  0
 0  0      0 3037232   2132 411476    0    0     0     0   42   80  0  0 100  0  0
 0  0      0 3037232   2132 411476    0    0     0     0   39   75  0  0 100  0  0
 0  0      0 3037232   2132 411476    0    0     0     0   44   80  0  0 100  0  0
[root@localhost ~]#
```

图 5.32 每 3s 显示一次系统内存统计信息

vmstat 命令各字段输出选项及其功能说明如表 5.12 所示。

表 5.12 vmstat 命令各字段输出选项及其功能说明

字段输出选项（进程）	功能说明
r	运行队列中的进程数量
b	等待 I/O 的进程数量
字段输出选项（内存）	**功能说明**
swpd	已使用内存大小
free	可用内存大小
buff	用作缓存的内存大小
cache	用作高速缓存的内存大小
字段输出选项（交换分区）	**功能说明**
si	每秒从交换分区写入内存的大小
so	每秒写入交换分区的内存大小
字段输出选项（I/O）	**功能说明**
bi	每秒读取的块数
bo	每秒写入的块数
字段输出选项（系统）	**功能说明**
in	每秒中断数，包括时钟中断
cs	每秒上下文切换数
字段输出选项（CPU）	**功能说明**
us	用户进程执行时间
sy	系统进程执行时间
id	空闲时间（包括 I/O 等待时间）
wa	I/O 等待时间
st	显示虚拟机监控程序在为另一个虚拟处理器提供服务时，虚拟 CPU 或 CPU 非自愿等待的时间比例

5.2.3 CPU 监控

在 Linux 操作系统中监控 CPU 的性能时主要关注 3 个指标：运行队列、CPU 利用率、上下文切换。

1. 运行队列

每个 CPU 都维护着一个线程的运行队列，理论上，调试器应该不断地运行线程，线程未处于睡眠状态（阻塞和等待 I/O 状态）就表示处于可运行状态。如果 CPU 子系统处于高负载状态，则意味着内核调试将无法及时响应系统请求，这会导致处于可运行状态的线程阻塞在运行队列中，当运行队列越来越长的时候，线程将花费更多的时间来获得被运行的机会。

2. CPU 利用率

CPU 利用率即 CPU 使用的百分比，是评估系统性能最重要的一个指标。多数系统性能监控工具中关于 CPU 利用率的分类大概有以下几种。

（1）User Time（用户进程的时间）：用户空间中被执行进程的执行时间占 CPU 开销时间的百分比。

（2）System Time（内核线程及中断时间）：内核空间中线程和中断时间占 CPU 开销时间的百分比。

（3）Wait I/O Time（I/O 请求等待时间）：所有进程被阻塞时，等待完成一次 I/O 请求所需要的时间占 CPU 开销时间的百分比。

（4）Idle Time（空闲时间）：一个处于完全空闲状态的进程的空闲时间占 CPU 开销时间的百分比。

3. 上下文切换

现在的处理器大都能够运行一个进程（单一线程）或者线程，多路超线程处理器则有能力运行多个线程。在一个双核心处理器上，操作系统会将 Linux 内核显示为两个独立的处理器。

一个标准的 Linux 操作系统内核可以支持运行 50 ～ 50000 个线程，在只有一个 CPU 时，内核将调试并均衡每个线程。一个线程要么获得时间额度，要么抢先获得较高优先级（如硬件中断），其中优先级较高的线程将重新回到处理器的运行队列中，这种线程的转换关系就是上下文切换。

线程是操作系统调度的基本单位。在一个进程中，可以有多个线程并发执行。当 CPU 从执行一个线程切换到执行另一个线程时，会发生一次上下文切换。CPU 需要保存当前线程的寄存器（包括程序计数器、堆栈指针等）状态、内存映射、缓存状态等信息，以便后续能够恢复执行。根据调度算法，操作系统选择下一个要执行的线程。CPU 从内存中读取新线程的上下文信息，包括恢复其寄存器状态、内存映射、缓存状态等。随后，CPU 开始执行新线程。

mpstat 命令是 Linux 系统中用于实时监控多处理器系统 CPU 状态的一个常用工具，它可以显示每个 CPU 核心的活动情况，包括 CPU 利用率、中断次数、上下文切换次数等重要指标。通过观察 mpstat 命令输出结果中的上下文切换相关指标，可以了解系统中线程转换的活跃程度，以及是否存在上下文切换过于频繁的问题。

线程的转换关系（上下文切换）是操作系统调度过程中的关键环节，mpstat 命令则提供了监控和分析上下文切换情况的有效工具，帮助我们识别潜在的性能瓶颈并进行优化。mpstat 命令可以实时进行系统监控，报告与 CPU 相关的一些统计信息，这些信息存放在 /proc/stat 文件中。其命令格式如下。

```
mpstat  [选项]
```

mpstat 命令各选项及其功能说明如表 5.13 所示。

表 5.13　mpstat 命令各选项及其功能说明

选项	功能说明
-P{|ALL}	表示监控哪个 CPU，CPU 编号在 [0,CPU 个数 −1] 中取值
interval	相邻两次采样的时间间隔
count	采样的次数，count 只能和 delay 一起使用
delay	采样间隔

【实例 5.12】使用 mpstat 命令实时进行系统监控，查看具有多核 CPU 的计算机的当前运行状态信息，每 3s 更新一次，如图 5.33 所示。

```
[root@localhost ~]# mpstat -P ALL 3
Linux 3.10.0-957.el7.x86_64 (localhost.localdomain)     2020年08月31日  _x86_64_        (1 CPU)

18时01分03秒  CPU    %usr   %nice    %sys %iowait    %irq   %soft  %steal  %guest  %gnice   %idle
18时01分06秒  all    0.00    0.00    0.00    0.00    0.00    0.00    0.00    0.00    0.00  100.00
18时01分06秒    0    0.00    0.00    0.00    0.00    0.00    0.00    0.00    0.00    0.00  100.00

18时01分06秒  CPU    %usr   %nice    %sys %iowait    %irq   %soft  %steal  %guest  %gnice   %idle
18时01分09秒  all    0.00    0.00    0.33    0.00    0.00    0.00    0.00    0.00    0.00   99.67
18时01分09秒    0    0.00    0.00    0.33    0.00    0.00    0.00    0.00    0.00    0.00   99.67
^C

平均时间:  CPU    %usr   %nice    %sys %iowait    %irq   %soft  %steal  %guest  %gnice   %idle
平均时间:  all    0.00    0.00    0.17    0.00    0.00    0.00    0.00    0.00    0.00   99.83
平均时间:    0    0.00    0.00    0.17    0.00    0.00    0.00    0.00    0.00    0.00   99.83
```

图 5.33　查看具有多核 CPU 的计算机的当前运行状态信息

mpstat 命令各字段输出选项及其功能说明如表 5.14 所示。

表 5.14　mpstat 命令各字段输出选项及其功能说明

字段输出选项	功能说明
%user	表示处理用户进程所使用 CPU 的百分比。用户进程是用于应用程序的非内核进程
%nice	表示使用 nice 命令对进程进行降级时使用 CPU 的百分比
%sys	表示内核进程使用的 CPU 百分比
%iowait	表示等待进行 I/O 时所使用的 CPU 百分比
%irq	表示用于处理系统中断的 CPU 百分比

续表

字段输出选项	功能说明
%soft	表示用于软件中断的 CPU 百分比
%steal	显示虚拟机管理器在服务另一个虚拟处理器时，虚拟 CPU 处于非自愿等待状态下花费时间的百分比
%guest	显示运行虚拟处理器时 CPU 花费时间的百分比
%gnice	显示以较低优先级运行的用户进程在 CPU 总时间中所占的百分比
%idle	显示 CPU 的空闲时间

项目实训

本实训的主要任务是修改常用网络配置文件，熟练掌握常用网络管理命令，能够对磁盘、内存、CPU 等进行相关系统监控操作。

实训目的

（1）掌握修改常用网络配置文件的方法。

（2）熟练掌握常用网络管理命令。

（3）掌握相关系统监控操作的方法。

实训内容

（1）修改常用网络配置文件，设置 IP 地址、网关、DNS 等，使 Linux 操作系统可以访问互联网。

（2）练习常用网络管理命令的使用方法，如 ifconfig 命令、hostnamectl 命令、route 命令、ping 命令、netstat 命令、nslookup 命令、ip 命令等。

（3）对磁盘、内存、CPU 等进行相关系统监控操作，进行性能分析。

练习题

1. 选择题

（1）在 Linux 操作系统中，查看本地主机的 IP 地址时使用的命令是（　　）。

A. hostname　　B. ifconfig　　C. host　　D. ping

（2）对于网卡配置文件 /etc/sysconfig/network-scripts/ifcfg-ens33，（　　）可用于激活网卡。

A. BOOTPROTO　　B. IPADDR　　C. ONBOOT　　D. PREFIX

（3）使用 ping 命令检测网络连通性时，用于设置 ICMP 回送应答消息返回次数的选项是（　　）。

A. -c　　B. -f　　C. -i　　D. -n

（4）可以使用（　　）命令来追踪网络数据包的路由途径。

A. nslookup　　B. ip　　C. netstat　　D. traceroute

（5）测试本地主机和其他主机能否正常通信时，可以使用（　　）命令。

A. host　　B. ping　　C. ifconfig　　D. nslookup

2. 简答题

（1）简述配置本地的 IP 地址与修改本地主机的主机名的操作步骤。

（2）简述使用 ip 命令来查看本地的 IP 地址、路由等信息的方法。

项目6

软件包管理

06

项目目标

知识目标

◎ 了解 RPM 软件包的命令格式。
◎ 了解 RPM 的优点、缺点。
◎ 了解 rpm 和 yum 命令的格式和功能。

技能目标

◎ 熟练掌握使用 rpm 命令进行软件的安装、升级、卸载和查询的方法。
◎ 熟练掌握使用 yum 命令进行软件的安装、卸载、升级、查询和配置的方法。

素质目标

◎ 培养工匠精神，以及做事严谨、精益求精、着眼细节、爱岗敬业的品质。
◎ 树立团队互助、合作进取的意识。
◎ 培养交流沟通、独立思考以及逻辑思维能力。

项目陈述

Linux 中的很多软件是通过源代码包的方式发布的，相对于二进制软件包，虽然源代码包的配置和编译烦琐一些，但是它的可移植性强。针对不同的体系结构，软件开发者往往仅需发布同一份源代码包，不同的最终用户对它们进行编译即可正确运行软件。因此，Linux 操作系统管理员必须学会软件的安装、升级、卸载和查询的方法，以实现对系统的管理与使用。

项目知识

6.1 RPM 软件包安装

红帽包管理器（Red Hat Package Manager，RPM）是由红帽公司开发的软件包安装和管理程序，使用 RPM 的用户可以自行安装和管理 Linux 中的应用程序和系统工具。

6.1.1 RPM 简介

微课

V6-1 RPM 简介

RPM 是以数据库记录的方式将需要的软件安装到 Linux 操作系统中的一套管理机制。RPM 最大的特点是将要安装的软件编译好，打包成 RPM 机制的安装包，并通过软件默认的数据库记录软件安装时必须具备的依赖属性软件。在安装软件时，RPM 会先检查是否有安装的依赖属性软件，若有则安装，反之则拒绝安装。

RPM 软件包中包含可执行的二进制程序，这个程序和 Windows 的软件包中的 EXE 文件类似，是可执行的；RPM 软件包中还包含程序运行时所需要的文件，这也和 Windows 的软件包类似，Windows 程序的运行，除了需要 EXE 文件以外，还需要其他的文件。对于 RPM 软件包中的应用程序而言，除了需要自身所带的附加文件保证程序的正常运行以外，有时还需要其他特定版本的文件，这就是软件包之间的依赖关系。依赖关系并不是 Linux 软件特有的，Windows 软件之间也存在依赖关系。例如，在 Windows 操作系统中安装 3D 游戏软件时，系统可能会提示安装 Direct 9。Linux 和 Windows 的软件安装原理相似。所以，被打包的二进制程序除了包括二进制文件以外还包括库文件、配置文件（可以实现软件的一些设置）、帮助文件。RPM 保留一个数据库，这个数据库中包含所有软件包的资料，通过这个数据库，用户可以进行软件包的查询，卸载时也可以将软件安装在多处目录下的文件删除，因此初学者应尽可能使用 RPM 形式的软件包。

RPM 可以让用户直接以二进制方式安装软件包，并可帮助用户查询是否已经安装了相关的库文件。在使用 RPM 卸载软件时，它会询问用户是否要删除相关程序。如果使用 RPM 来升级安装的软件包，则 RPM 会保留原先的配置文件，这样用户无须重新配置软件。RPM 虽然是为 Linux 而设计的，但是已经移植到 Solaris、AIX 和 Irix 等其他 UNIX 操作系统中，RPM 遵循 GPL 协议，用户可以在符合 GPL 协议的条件下自由使用及传播 RPM。

1. RPM 的功能

RPM 的功能如下。

（1）方便的升级功能：使用 RPM 可对单个软件包进行升级，并保留用户原先的配置。

（2）强大的查询功能：使用 RPM 可以对整个软件包的数据或者某个特定的文件进行查询，并可以轻松地查询出某个文件属于哪个软件包。

（3）系统校验功能：如果不小心删除了某个重要文件，但不知道哪个软件包需要此文件，则可以使用 RPM 查询已经安装的软件包是否缺少某些文件，是否需要重新安装，并可以检验出安装的软件包是否已经被其他人修改过。

2. RPM 的优点

RPM 的优点如下。

（1）已经编译且打包好，安装方便。

（2）软件信息记录在 RPM 数据库中，方便查询、验证与卸载软件。

3. RPM 的缺点

RPM 的缺点如下。

（1）当前系统环境必须与原 RPM 软件包的编译环境一致。

（2）需要满足依赖属性要求。

（3）卸载时要注意，最底层的软件不可以先移除，否则可能会导致整个系统出现问题。

6.1.2 RPM 的命名格式

1. 典型的命名格式（常用）

RPM 典型的命名格式如下。

微课

V6-2 RPM 的命名格式

```
软件名-版本号-释出号.体系号.rpm
```

体系号指的是执行程序适用的处理器体系，一般而言有以下几个体系。

（1）i386 体系：适用于任何 Intel 80386 以上的 x86 架构的计算机。

（2）i686 体系：适用于任何 Intel 80686（奔腾 Pro 以上）的 x86 架构的计算机，i686 软件包的程序通常针对 CPU 进行了优化。

（3）x86_64 体系：适用于 64 位计算机。

（4）ppc 体系：适用于 PowerPC 或 Apple Power Macintosh。

（5）noarch 体系：没有架构要求，即这个软件包与硬件架构无关，可以通用。有些脚本（如 Shell 脚本）被打包到独立于架构的 RPM 中时会产生 noarch 包。

当体系号为 src 时，表明 PRM 软件包为源代码包，否则为执行程序包。例如，wxy-3.5.6-8.x86_64.rpm 为执行程序包，软件名为 wxy，主版本号为 3，次版本号为 5，修订版本号为 6，释出号为 8，适用体系为 x86_64，扩展名为 .rpm；而 wxy-3.5.6-8.src.rpm 则为源代码包。

在互联网中，用户经常会看到这样的目录：/RPMS 和 /SRPMS。/RPMS 目录下存放的是一般的 RPM 软件包，这些软件包由软件的源代码编译成的可执行文件包装而成；而 /SRPMS 目录下存放的都是以 .src.rpm 结尾的文件，这些文件由软件的源代码包装而成。

2. URL 方式的命名格式（较常用）

URL 方式的命名格式分为 FTP 方式的命名格式和 HTTP 方式的命名格式。

（1）FTP 方式的命名格式如下。

```
ftp://[用户名[:密码]@]主机[:端口号]/包文件
```

“[ ]”中的内容是可选的。“主机”可以是主机名，也可以是 IP 地址。“包文件”可以包含目录信息。如未指定用户名，则 RPM 采用匿名方式传输数据（用户名为 anonymous）；如未指定密码，则 RPM 会根据实际情况提示用户输入密码；如未指定端口号，则 RPM 会使用默认端口号（一般为 21）。

例如，ftp://ftp.aaa.com/bbb.rpm 表示使用匿名传输方式，主机为 ftp.aaa.com，包文件为 bbb.rpm。

又如，ftp://10.10.10.10:3300/web/bbb.rpm 表示使用匿名传输方式，主机 IP 地址为 10.10.10.10，使用端口号为 3300，包文件目录为 /web，包文件为 bbb.rpm。

当用户需要安装这类 RPM 软件包时，必须使用如下命令。

```
#rpm  -ivh  ftp://ftp.aaa.com/bbb.rpm
#rpm  -ivh  ftp://10.10.10.10:3300/web/bbb.rpm
```

（2）HTTP 方式的命名格式如下。

```
http://主机[:端口]/包文件
```

“[ ]”中的内容是可选的。“主机”可以是主机名，也可以是 IP 地址。“包文件”可以包含目录信息。如未指定端口号，则 RPM 默认使用 80 端口。

例如，http://xxx.yyy.com/www.rpm 表示使用 HTTP 方式获取 xxx.yyy.com 主机上的 www.rpm 文件。

又如，http://xxx.yyy.com:3000/web/www.rpm 表示使用 HTTP 方式获取 xxx.yyy.com 主机上的 /web 目录下的 www.rpm 文件，使用端口号 3000。

当用户需要安装这类 RPM 软件包时，必须使用如下命令。

```
#rpm  -ivh  http://xxx.yyy.com/www.rpm
#rpm  -ivh  http://xxx.yyy.com:3000/web/www.rpm
```

3. 其他命名格式（较少使用）

命名格式：任意。

例如，将 wxy-3.5.6-8.x86_64.rpm 改名为 wxy.txt，使用 RPM 安装也会成功，其根本原

因是 RPM 判定一个文件是否为 RPM 格式，不是看名称，而是看内容，即检查文件内容是否符合特定的格式。

6.1.3 RPM 的使用

1. 使用 RPM 安装软件包

从一般意义上说，软件包的安装其实就是文件的复制，即把软件所用到的各个文件复制到特定目录下，使用 RPM 安装软件包也如此，但 RPM 在安装前通常要执行以下操作。

（1）检查软件包的依赖。RPM 格式的软件包中可以包含对依赖关系的描述，如软件执行时需要什么动态链接库、需要哪些程序及版本号要求等。当 RPM 发现所依赖的动态链接库或程序等不存在或不符合要求时，默认的做法是中止软件包的安装。

微课

V6-3 使用RPM安装软件包

（2）检查软件包的冲突。有些软件不能共存，软件包的作者会将这种冲突记录到 RPM 软件包中。安装软件包时，若 RPM 发现有冲突存在，则会中止安装。

（3）执行安装前脚本程序。此类程序由软件包的作者开发，需要在安装前执行，通常用于检测操作环境、建立有关目录、清理多余文件等，为顺利安装做好准备。

（4）处理配置文件。RPM 会对配置文件进行特别的处理，因为用户常常需要根据实际情况，对软件的配置文件做相应的修改，如果安装时简单地覆盖此类文件，则用户需要重新手动设置，这样比较麻烦。在这种情况下，RPM 会将原配置文件重命名（在原文件名后加上 .rpmorig）并保存起来，用户可根据需要进行恢复，以避免重新设置。

（5）解压软件包并存放到相应位置。这是最重要的部分，也是软件包安装的关键。在这一操作中，RPM 会将软件包解压，将其中的文件依次存放到正确的位置，同时，正确设置文件的操作权限等属性。

（6）执行安装后脚本程序。此类程序为软件的正确执行设定相关资源。

（7）更新 RPM 数据库。安装完成后，RPM 将所安装的软件及相关信息记录到其数据库中，以便以后升级、查询、校验和卸载。

（8）执行安装时触发脚本程序。触发脚本程序指软件包满足某种条件时才触发执行的脚本程序，它用于软件包之间的交互控制。

注 意

“软件包名”和“软件名”是不同的，例如，wxy-3.5.6-8.x86_64.rpm 是软件包名，而 wxy 是软件名。

使用 rpm 命令安装软件时，其命令格式如下。

```
rpm  [选项] [软件包名]
```

rpm 安装软件命令各选项及其功能说明如表 6.1 所示。

表 6.1　rpm 安装软件命令各选项及其功能说明

选项	功能说明
-i、--install	安装软件包
-v	显示命令执行过程，显示附加信息
-h、--hash	软件包安装的时候列出哈希标记（和 -v 一起使用效果会更好）
--test	不真正安装，只是判断当前能否安装
--percent	安装软件包时输出安装百分比
--allfiles	安装全部文件，包含配置文件，否则配置文件会被跳过
--excludedocs	安装程序文档
--force	忽略软件包及文件的冲突
--ignorearch	不验证软件包架构
--ignoreos	不验证软件包操作系统
--ignoresize	在安装前不检查磁盘空间
--nodeps	不验证软件包依赖

【实例 6.1】使用 rpm 命令安装解压 RAR 文件的工具软件 unrar。

（1）使用 wget 命令下载工具软件 unrar，执行命令如下。

```
[root@localhost ~]# cd  /mnt
[root@localhost mnt]# wget  https://download1.rpmfusion.org/nonfree/el/updates/7/x86_64/u/
unrar-5.4.5-1.el7.x86_64.rpm
[root@localhost mnt]# wget  http://ayo. freshrpms.net/redhat/9/i386/RPMS.freshrpms/
unrar-3.2.1-fr1.i386.rpm
[root@localhost mnt]# ls -l
总用量 232
-rw-r--r-- 1 root root  84769 5月  15 2003 unrar-3.2.1-fr1.i386.rpm
-rw-r--r-- 1 root root 150648 1月  25 2017 unrar-5.4.5-1.el7.x86_64.rpm
[root@localhost mnt]#
```

（2）下载 unrar-5.4.5-1.el7.x86_64.rpm 文件，执行相关命令，如图 6.1 所示。

```
[root@localhost ~]# cd /mnt
[root@localhost mnt]# wget  https://download1.rpmfusion.org/nonfree/el/updates/7/x86_64/u/unrar-5.4.5-1.el7.x86_64.rpm
--2020-09-03 03:12:58--  https://download1.rpmfusion.org/nonfree/el/updates/7/x86_64/u/unrar-5.4.5-1.el7.x86_64.rpm
正在解析主机 download1.rpmfusion.org (download1.rpmfusion.org)... 193.28.235.60
正在连接 download1.rpmfusion.org (download1.rpmfusion.org)|193.28.235.60|:443... 已连接。
已发出 HTTP 请求，正在等待回应... 200 OK
长度：150648 (147K) [application/x-rpm]
正在保存至："unrar-5.4.5-1.el7.x86_64.rpm"

100%[==========================================================================================>] 150,648      179KB/s 用时 0.8s
```

图 6.1　下载 unrar-5.4.5-1.el7.x86_64.rpm 文件

（3）下载 unrar-3.2.1-fr1.i386.rpm 文件，执行相关命令，如图 6.2 所示。

```
[root@localhost mnt]# wget http://ayo.freshrpms.net/redhat/9/i386/RPMS.freshrpms/unrar-3.2.1-fr1.i386.rpm
--2020-09-03 03:14:46--  http://ayo.freshrpms.net/redhat/9/i386/RPMS.freshrpms/unrar-3.2.1-fr1.i386.rpm
正在解析主机 ayo.freshrpms.net (ayo.freshrpms.net)... 94.23.24.61, 2001:41d0:2:193d::1
正在连接 ayo.freshrpms.net (ayo.freshrpms.net)|94.23.24.61|:80... 已连接。
已发出 HTTP 请求，正在等待回应... 200 OK
长度：84769 (83K) [application/x-redhat-package-manager]
正在保存至："unrar-3.2.1-fr1.i386.rpm"

56% [=========================================================>                                   ] 48,008      3.26KB/s 剩余 12s
63% [=================================================================>                           ] 53,656      3.55KB/s
68% [=======================================================================>                     ] 57,892      3.75KB/s
100%[============================================================================================>] 84,769      5.14KB/s 用时 23s

2020-09-03 03:15:12 (3.63 KB/s) - 已保存 "unrar-3.2.1-fr1.i386.rpm" [84769/84769])
```

图 6.2　下载 unrar-3.2.1-fr1.i386.rpm 文件

（4）使用 rpm 命令安装 unrar，需要使用的选项有很多，一般而言，使用 rpm　-ivh name 命令即可，如图 6.3 和图 6.4 所示，尽量不要使用暴力安装方式（使用 --force 选项进行安装）。

```
[root@localhost mnt]# rpm -ivh unrar-3.2.1-fr1.i386.rpm
警告：unrar-3.2.1-fr1.i386.rpm: 头V3 DSA/SHA1 Signature, 密钥 ID e42d547b: NOKEY
错误：依赖检测失败：
        libc.so.6 被 unrar-3.2.1-fr1.i386 需要
        libc.so.6(GLIBC_2.0) 被 unrar-3.2.1-fr1.i386 需要
        libc.so.6(GLIBC_2.1) 被 unrar-3.2.1-fr1.i386 需要
        libc.so.6(GLIBC_2.1.3) 被 unrar-3.2.1-fr1.i386 需要
        libc.so.6(GLIBC_2.2) 被 unrar-3.2.1-fr1.i386 需要
        libgcc_s.so.1 被 unrar-3.2.1-fr1.i386 需要
        libgcc_s.so.1(GCC_3.0) 被 unrar-3.2.1-fr1.i386 需要
        libgcc_s.so.1(GLIBC_2.0) 被 unrar-3.2.1-fr1.i386 需要
        libm.so.6 被 unrar-3.2.1-fr1.i386 需要
        libstdc++.so.5 被 unrar-3.2.1-fr1.i386 需要
        libstdc++.so.5(CXXABI_1.2) 被 unrar-3.2.1-fr1.i386 需要
        libstdc++.so.5(GLIBCPP_3.2) 被 unrar-3.2.1-fr1.i386 需要
```

图 6.3　安装 unrar-3.2.1-fr1.i386.rpm 文件

```
[root@localhost mnt]# rpm -ivh unrar-5.4.5-1.el7.x86_64.rpm
警告：unrar-5.4.5-1.el7.x86_64.rpm: 头V4 RSA/SHA1 Signature, 密钥 ID a3108f6c: NOKEY
准备中...                          ################################# [100%]
        软件包 unrar-5.4.5-1.el7.x86_64 已经安装
```

图 6.4　安装 unrar-5.4.5-1.el7.x86_64.rpm 文件

从以上两张图中可以看出 unrar-3.2.1-fr1.i386.rpm 文件并没有安装成功，这是因为安装该文件需要满足依赖属性要求；而 unrar-5.4.5-1.el7.x86_64.rpm 文件已经安装成功。

2. 使用 RPM 删除软件

删除软件即卸载软件，需要注意的是，卸载软件一定是由最上层向最下层卸载，否则会产生结构上的问题。使用 rpm 命令删除软件时，其命令格式如下。

```
rpm ［选项］［软件名］
```

rpm 删除软件命令各选项及其功能说明如表 6.2 所示。

表 6.2　rpm 删除软件命令各选项及其功能说明

选项	功能说明
-e、--erase	删除（卸载）软件包
--nodeps	不验证软件包依赖
--noscripts	不执行软件包脚本

续表

选项	功能说明
--notriggers	不执行此软件包触发的任何脚本
--test	只执行删除的测试
--vv	显示调试信息

【实例 6.2】使用 rpm 命令删除刚安装的 unrar，执行命令如下。

```
[root@localhost ~]# rpm  -qa  |  grep  unrar        //查询 unrar 的安装情况
unrar-5.4.5-1.el7.x86_64
[root@localhost ~]# rpm  -e  unrar                  //删除 unrar
[root@localhost ~]# rpm  -qa  |  grep  unrar
[root@localhost ~]#                                 //已经无法查询到 unrar 的信息
```

注　意

这里使用了 rpm -e [软件名] 命令，其中，“软件名”可以包含版本号等信息，但是不可以包含扩展名 .rpm。例如，卸载软件包 unrar-5.4.5-1 时，可以使用如下命令。

```
rpm  -e  unrar-5.4.5-1
rpm  -e  unrar-5.4.5
rpm  -e  unrar-
rpm  -e  unrar
```

但不可以使用如下命令。

```
rpm  -e  unrar-5.4.5-1.el7.x86_64.rpm
rpm  -e  unrar-5.4.5-1.el7.x86_64
rpm  -e  unrar-5.4
rpm  -e  unrar-5
```

3. 使用 RPM 升级软件

使用 RPM 升级软件的操作十分简便，使用 rpm -Uvh [包文件名] 命令即可，其可以使用的参数和 install 是一样的。rpm 升级软件命令格式如下。

```
rpm  [选项]  [包文件名]
```

rpm 升级软件命令各选项及其功能说明如表 6.3 所示。

表 6.3　rpm 升级软件命令各选项及其功能说明

选项	功能说明
-U、--upgrade	升级软件包
-v	显示命令执行过程，显示附加信息
-h、--hash	软件包安装的时候列出哈希标记（和 -v 一起使用效果会更好）

续表

选项	功能说明
--test	不真正安装，只是判断当前能否安装
--percent	安装软件包时输出安装百分比
--allfiles	安装全部文件，包含配置文件，否则配置文件会被跳过
--excludedocs	安装程序文档
--force	忽略软件包及文件的冲突
--ignorearch	不验证软件包架构
--ignoreos	不验证软件包操作系统
--ignoresize	在安装前不检查磁盘空间
--nodeps	不验证软件包依赖
--vv	显示调试信息

【实例 6.3】使用 rpm 命令升级 unrar，如图 6.5 所示。

```
[root@localhost mnt]# rpm -Uvh unrar-5.4.5-1.el7.x86_64.rpm
警告：unrar-5.4.5-1.el7.x86_64.rpm: 头V4 RSA/SHA1 Signature, 密钥 ID a3108f6c: NOKEY
准备中...                          ################################# [100%]
        软件包 unrar-5.4.5-1.el7.x86_64 已经安装
```

图 6.5　使用 rpm 命令升级 unrar

4. 使用 RPM 查询软件

使用 RPM 查询软件的时候，其实查询的是 /var/lin/rpm 目录下的数据库文件，也可以查询未安装的 RPM 文件内容的信息。

使用 rpm 查询软件命令查询软件时，其命令格式如下。

```
rpm [选项] [文件名]
```

rpm 查询软件命令各选项及其功能说明如表 6.4 所示。

表 6.4　rpm 查询软件命令各选项及其功能说明

选项	功能说明
-q、--query	查询已经安装的软件包
-a	查询所有安装的软件包
-c、--configfiles	显示配置文件列表
-d	显示文档文件列表
-f	查询属于哪个软件包
-i	显示软件包的概要信息
-l	显示软件包中的文件列表
-s	显示软件包中的文件列表并显示每个文件的状态
-v	显示附加信息
--vv	显示调试信息

【实例 6.4】使用 rpm 命令查询软件，执行操作如下。

（1）查询系统中是否安装了 unrar 软件，执行命令如下。

```
[root@localhost mnt]# rpm  -q  unrar
unrar-5.4.5-1.el7.x86_64                              // 说明已经安装了 unrar
[root@localhost mnt]#
```

（2）查询 unrar 软件提供的所有目录和软件，执行命令如下。

```
[root@localhost mnt]# rpm  -ql  unrar
/usr/bin/unrar
/usr/bin/unrar-nonfree
/usr/share/doc/unrar-5.4.5
……
[root@localhost mnt]# which  unrar                    // 搜索文件所在路径及别名
/usr/local/bin/unrar
[root@localhost mnt]# ls  -l  /usr/local/bin/unrar
lrwxrwxrwx. 1 root root 20 9月   3 04:54 /usr/local/bin/unrar -> /usr/local/rar/unrar
```

（3）查询 unrar 软件的配置文件列表与文档文件列表，执行命令如下。

```
[root@localhost ~]# rpm  -qc  unrar
// 查询配置文件列表
[root@localhost ~]# rpm  -qd  unrar
// 查询文档文件列表
/usr/share/doc/unrar-5.4.5/readme.txt
/usr/share/man/man1/unrar-nonfree.1.gz
[root@localhost ~]#
```

（4）查询 unrar 软件的相关概要信息，执行相关命令，如图 6.6 所示。

```
[root@localhost mnt]# rpm -qi  unrar
Name        : unrar
Version     : 5.4.5
Release     : 1.el7
Architecture: x86_64
Install Date: 2020年09月03日 星期四 05时47分52秒
Group       : Applications/Archiving
Size        : 310256
License     : Freeware with further limitations
Signature   : RSA/SHA1, 2017年01月25日 星期三 23时00分49秒, Key ID c8f76df1a3108f6c
Source RPM  : unrar-5.4.5-1.el7.src.rpm
Build Date  : 2016年08月24日 星期三 04时10分45秒
Build Host  : buildvm-02.online.rpmfusion.net
Relocations : (not relocatable)
Packager    : RPM Fusion
Vendor      : RPM Fusion
URL         : http://www.rarlab.com/rar_add.htm
Summary     : Utility for extracting, testing and viewing RAR archives
Description :
The unrar utility is a freeware program for extracting, testing and
viewing the contents of archives created with the RAR archiver version
1.50 and above.
```

图 6.6　查询 unrar 软件的相关概要信息

6.2 YUM 安装软件包

YUM（Yellow dog Updater，Modified）是 Fedora、Red Hat 和 SUSE 中的 Shell 前端软

件包管理器。基于 RPM 软件包管理，YUM 能够从指定的服务器自动下载并安装 RPM 软件包，它可以处理依赖关系，并可以一次安装所有依赖的软件包，无须逐个下载、安装软件包。rpm 命令只能安装已经下载到本地的 RPM 格式的软件包，但是不能处理软件包之间的依赖关系，当软件由多个 RPM 软件包组成时，可以使用 yum 命令安装它。

6.2.1 YUM 简介

YUM 能够更加方便地添加、删除、更新 RPM 软件包，自动处理软件包之间的依赖关系，方便系统更新及软件管理。YUM 通过软件仓库进行软件的下载、安装等，软件仓库可以是一个 HTTP 或 FTP 站点，也可以是一个本地软件池，软件仓库可以有多个，可以在 /etc/yum.conf 文件中进行相关配置。在 YUM 的软件仓库中包括 RPM 的头文件，头文件中包含软件的功能描述、依赖关系描述等信息。通过分析这些信息，YUM 可计算出依赖关系并进行相关的升级、安装、删除等操作。

微课

V6-4 YUM简介

6.2.2 认识 YUM 配置文件

YUM 的配置文件分为主体配置文件和 YUM 仓库源文件两部分。

（1）主体配置文件。该文件中定义了全局配置选项。该文件只有一个，通常为 /etc/yum.conf。

（2）YUM 仓库源文件。该文件中定义了源服务器的具体配置，可以有一个或多个，通常为 /etc/yum.repos.d/ *.repo，可以通过命令查看 YUM 仓库源文件的配置信息。

1. 认识主体配置文件（/etc/yum.conf）

（1）使用 cat /etc/yum.conf 命令查看默认主体配置文件，如图 6.7 所示。

```
[root@localhost ~]# cat /etc/yum.conf
[main]
cachedir=/var/cache/yum/$basearch/$releasever
keepcache=0
debuglevel=2
logfile=/var/log/yum.log
exactarch=1
obsoletes=1
gpgcheck=1
plugins=1
installonly_limit=5
bugtracker_url=http://bugs.centos.org/set_project.php?project_id=23&ref=http://bugs.centos.org/bug_report_pa
ge.php?category=yum
distroverpkg=centos-release


#  This is the default, if you make this bigger yum won't see if the metadata
# is newer on the remote and so you'll "gain" the bandwidth of not having to
# download the new metadata and "pay" for it by yum not having correct
# information.
#  It is esp. important, to have correct metadata, for distributions like
# Fedora which don't keep old packages around. If you don't like this checking
# interupting your command line usage, it's much better to have something
# manually check the metadata once an hour (yum-updatesd will do this).
# metadata_expire=90m

# PUT YOUR REPOS HERE OR IN separate files named file.repo
# in /etc/yum.repos.d
[root@localhost ~]#
```

图 6.7　查看默认主体配置文件

（2）主体配置文件的全局性配置参数及其功能说明如表 6.5 所示。

表 6.5 主体配置文件的全局性配置参数及其功能说明

参数	功能说明
cachedir	YUM 的缓存目录，YUM 将下载的 RPM 软件包存放在 cachedir 指定的目录下
keepcache	安装完成后是否保留软件包，0 表示不保留（默认为 0），1 表示保留
debuglevel	Debug 信息输出等级，值为 0 ～ 10，默认为 2
logfile	YUM 日志文件位置，用户通过该文件查询做过的更新
exactarch	是否只安装和系统架构匹配的软件包。可选项为 1、0，默认为 1。设置为 1 时表示不会将 i686 的软件包安装在适合 i386 的系统中
obsoletes	是否允许更新陈旧的 RPM 软件包
gpgcheck	是否进行 GNU 隐私卫士（GNU Private Guard，GPG）校验，以确定 RPM 软件包的来源有效、安全。当这个选项设置在 [main] 部分时，表示对每个仓库源文件都有效
plugins	是否允许启用插件，默认为 1，即表示允许，0 表示不允许
installonly_limit	可同时安装程序包的数量
bugtracker_url	漏洞追踪路径
distroverpkg	当前发行版版本号

2. 认识 YUM 仓库源文件（/etc/yum.repos.d/*.repo）

（1）使用 ls -l /etc/yum.repos.d/ 命令查看当前目录下的 YUM 仓库源文件信息，执行命令如下。

```
[root@localhost ~]# ls  -l  /etc/yum.repos.d/
总用量 36
-rw-r--r--. 1 root root 1664 11月 23 2018 CentOS-Base.repo
-rw-r--r--. 1 root root 1309 11月 23 2018 CentOS-CR.repo
-rw-r--r--. 1 root root  649 11月 23 2018 CentOS-Debuginfo.repo
-rw-r--r--. 1 root root  314 11月 23 2018 CentOS-fasttrack.repo
-rw-r--r--. 1 root root  630 11月 23 2018 CentOS-Media.repo
-rw-r--r--. 1 root root 1331 11月 23 2018 CentOS-Sources.repo
-rw-r--r--. 1 root root 5701 11月 23 2018 CentOS-Vault.repo
-rw-r--r--. 1 root root  664 12月 25 2018 epel-7.repo
[root@localhost ~]#
```

（2）以当前显示的 CentOS-Base.repo 文件为例，查看 YUM 仓库源文件信息，执行相关命令，如图 6.8 所示。

（3）YUM 仓库源文件的参数及其功能说明如表 6.6 所示。

```
[root@localhost ~]# cat /etc/yum.repos.d/CentOS-Base.repo
# CentOS-Base.repo
#
# The mirror system uses the connecting IP address of the client and the
# update status of each mirror to pick mirrors that are updated to and
# geographically close to the client.  You should use this for CentOS updates
# unless you are manually picking other mirrors.
#
# If the mirrorlist= does not work for you, as a fall back you can try the
# remarked out baseurl= line instead.
#
#


[base]
name=CentOS-$releasever - Base
mirrorlist=http://mirrorlist.centos.org/?release=$releasever&arch=$basearch&repo=os&infra=$infra
#baseurl=http://mirror.centos.org/centos/$releasever/os/$basearch/
gpgcheck=1
gpgkey=file:///etc/pki/rpm-gpg/RPM-GPG-KEY-CentOS-7

#released updates
[updates]
name=CentOS-$releasever - Updates
mirrorlist=http://mirrorlist.centos.org/?release=$releasever&arch=$basearch&repo=updates&infra=$infra
#baseurl=http://mirror.centos.org/centos/$releasever/updates/$basearch/
gpgcheck=1
gpgkey=file:///etc/pki/rpm-gpg/RPM-GPG-KEY-CentOS-7

#additional packages that may be useful
[extras]
name=CentOS-$releasever - Extras
mirrorlist=http://mirrorlist.centos.org/?release=$releasever&arch=$basearch&repo=extras&infra=$infra
#baseurl=http://mirror.centos.org/centos/$releasever/extras/$basearch/
gpgcheck=1
gpgkey=file:///etc/pki/rpm-gpg/RPM-GPG-KEY-CentOS-7

#additional packages that extend functionality of existing packages
[centosplus]
name=CentOS-$releasever - Plus
mirrorlist=http://mirrorlist.centos.org/?release=$releasever&arch=$basearch&repo=centosplus&infra=$infra
#baseurl=http://mirror.centos.org/centos/$releasever/centosplus/$basearch/
gpgcheck=1
enabled=0
gpgkey=file:///etc/pki/rpm-gpg/RPM-GPG-KEY-CentOS-7
```

图 6.8　查看 YUM 仓库源文件信息

表 6.6　YUM 仓库源文件的参数及其功能说明

参数	功能说明
<名称>	用于区分不同的 YUM 仓库源文件，该名称必须是唯一的
name	对 YUM 仓库源文件的描述
baseurl	指向 YUM 仓库源文件的父目录（即 /repodata 目录），这是服务器设置中最重要的部分，只有设置正确才能获取软件包，URL 支持 http://、ftp:// 和 file:// 这 3 种协议格式
enabled	为 0 时表示禁止使用这个仓库源文件；为 1 时表示允许使用这个仓库源文件。如果没有使用 enabled 选项，则默认 enabled=1
gpgcheck	为 0 时表示安装前不对 RPM 软件包进行检测；为 1 时表示安装前对 RPM 软件包进行检测
gpgkey	密钥文件的位置

6.2.3　YUM 的使用

YUM 的基本操作包括软件的安装（本地、网络）、升级（本地、网络）、删除、查询等。

1. 使用 YUM 查询软件

当使用 yum 命令查询软件时，其命令格式如下。

```
yum [选项] [查询工作项目]
```

yum 查询命令各选项及其功能说明如表 6.7 所示。

表 6.7 yum 查询命令各选项及其功能说明

选项	功能说明
search<keyword>	查找匹配特定字符的 RPM 软件包
list	列出资源库中所有可以安装或更新的 RPM 软件包
list updates	列出资源库中所有可以更新的 RPM 软件包
list installed	列出所有已经安装的 RPM 软件包
list extras	列出所有已安装但不在资源库中的软件包
list <package_name>	列出所指定的软件包
deplist< 软件名 >	查看程序对包的依赖情况
groupinfo< 组名 >	显示程序组信息
info	列出资源库中所有可以安装或更新的 RPM 软件包
info< package_name >	使用 YUM 获取软件包信息
info updates	列出资源库中所有可以更新的 RPM 软件包的详细信息
info installed	列出所有已经安装的 RPM 软件包的详细信息
info extras	列出所有已安装但不在资源库中的软件包的详细信息
provides< package_name >	查找指定的文件或命令属于哪个软件包

【实例 6.5】使用 yum 命令查询软件，执行操作如下。

（1）使用 yum 命令查询 Firefox 相关软件，如图 6.9 所示。

```
[root@localhost ~]# yum search firefox
已加载插件：fastestmirror, langpacks
Loading mirror speeds from cached hostfile
 * base: mirrors.neusoft.edu.cn
 * extras: mirrors.neusoft.edu.cn
 * updates: mirrors.neusoft.edu.cn
======================================== N/S matched: firefox ========================================
firefox.x86_64 : Mozilla Firefox Web browser
firefox.i686 : Mozilla Firefox Web browser
firefox-noscript.noarch : JavaScript white list extension for Mozilla Firefox
firefox-pkcs11-loader.x86_64 : Helper script for Firefox that sets up the browser for authentication with
                             : Estonian ID-card
mozilla-adblockplus.noarch : Adblocking extension for Mozilla Firefox, Thunderbird, and SeaMonkey
mozilla-https-everywhere.noarch : HTTPS enforcement extension for Mozilla Firefox
mozilla-noscript.noarch : JavaScript white list extension for Mozilla Firefox
mozilla-requestpolicy.noarch : Firefox and Seamonkey extension that gives you control over cross-site
                             : requests
mozilla-ublock-origin.noarch : An efficient blocker for Firefox
webextension-token-signing.x86_64 : Chrome and Firefox extension for signing with your eID on the web

  名称和简介匹配 only，使用"search all"试试。
```

图 6.9 使用 yum 命令查询 Firefox 相关软件

（2）列出提供 passwd 文件的软件，执行相关命令，如图 6.10 所示。

```
[root@localhost ~]# yum  provides  passwd
已加载插件：fastestmirror, langpacks
Loading mirror speeds from cached hostfile
 * base: mirrors.neusoft.edu.cn
 * extras: mirrors.neusoft.edu.cn
 * updates: mirrors.neusoft.edu.cn
passwd-0.79-6.el7.x86_64 : An utility for setting or changing passwords using PAM
源    : base



passwd-0.79-4.el7.x86_64 : An utility for setting or changing passwords using PAM
源    : @anaconda
```

图 6.10　列出提供 passwd 文件的软件

2. 使用 YUM 安装、删除、升级软件

当使用 yum 命令安装、删除、升级软件时，其命令格式如下。

```
yum  install/remove/update  [选项]
```

yum 安装、删除、升级命令各选项及其功能说明如表 6.8 所示。

表 6.8　yum 安装、删除、升级命令各选项及其功能说明

选项	功能说明
install<package_name>	安装指定的软件时，会查询仓库源文件，如果其中有相应软件包，则检查其依赖冲突关系。如果没有依赖冲突，则进行下载及安装操作；如果有依赖冲突，则会给出提示，询问是否要同时安装依赖，或删除冲突的包
localinstall< 软件名 >	安装一个已经下载到本地的软件包
groupinstall< 组名 >	如果仓库为软件包分了组，则可以通过安装此组来安装其中的所有软件包
[-y] install<package_name>	安装指定的软件
[-y] remove<package_name>	删除指定的软件，同安装一样，YUM 会查询仓库源文件，给出解决依赖关系问题的提示
[-y] rease<package_name>	删除指定的软件
groupremove< 组名 >	删除组中所包含的软件
check-update	检查可升级的 RPM 软件包
update	升级所有可以升级的 RPM 软件包
update kernel kernel-source	升级指定的 RPM 软件包，如升级 Kernel 和 Kernel Source
-y update	升级所有的可升级的软件包，-y 表示同意所有请求，而不用一次次确认升级请求
update<package_name>	仅升级指定的软件
upgrade	大规模的版本升级，与 update 不同的是，其会连旧的、淘汰的包也一起升级
groupupdate< 组名 >	升级组中的软件包

【实例 6.6】使用 yum 命令安装、删除、升级软件，执行操作如下。

（1）使用 yum -y install passwd-0.79-6.el7.x86_64 命令安装软件，YUM 会自动解决依赖关系问题、安装好依赖并将其显示出来，如图 6.11 所示。如果不加 -y 选项，则系统会弹出提示以确认操作。

```
[root@localhost ~]# yum -y install passwd-0.79-6.el7.x86_64
已加载插件：fastestmirror, langpacks
Loading mirror speeds from cached hostfile
 * base: mirrors.neusoft.edu.cn
 * extras: mirrors.neusoft.edu.cn
 * updates: mirrors.neusoft.edu.cn
正在解决依赖关系
--> 正在检查事务
---> 软件包 passwd.x86_64.0.0.79-4.el7 将被 升级
---> 软件包 passwd.x86_64.0.0.79-6.el7 将被 更新
--> 解决依赖关系完成

依赖关系解决

================================================================================
 Package              架构              版本                源              大小
================================================================================
正在更新:
 passwd               x86_64            0.79-6.el7          base           106 k

事务概要
================================================================================
升级  1 软件包

总计：106 k
Downloading packages:
警告：/var/cache/yum/x86_64/7/base/packages/passwd-0.79-6.el7.x86_64.rpm: 头V3 RSA/SHA256 Signature, 密钥 ID f4a80eb5: NOKEY
从 file:///etc/pki/rpm-gpg/RPM-GPG-KEY-CentOS-7 检索密钥
导入 GPG key 0xF4A80EB5:
 用户ID     : "CentOS-7 Key (CentOS 7 Official Signing Key) <security@centos.org>"
 指纹       : 6341 ab27 53d7 8a78 a7c2 7bb1 24c6 a8a7 f4a8 0eb5
 软件包     : centos-release-7-6.1810.2.el7.centos.x86_64 (@anaconda)
 来自       : /etc/pki/rpm-gpg/RPM-GPG-KEY-CentOS-7
Running transaction check
Running transaction test
Transaction test succeeded
Running transaction
  正在更新    : passwd-0.79-6.el7.x86_64                                    1/2
  清理        : passwd-0.79-4.el7.x86_64                                    2/2
  验证中      : passwd-0.79-6.el7.x86_64                                    1/2
  验证中      : passwd-0.79-4.el7.x86_64                                    2/2

更新完毕:
  passwd.x86_64 0:0.79-6.el7

完毕!
```

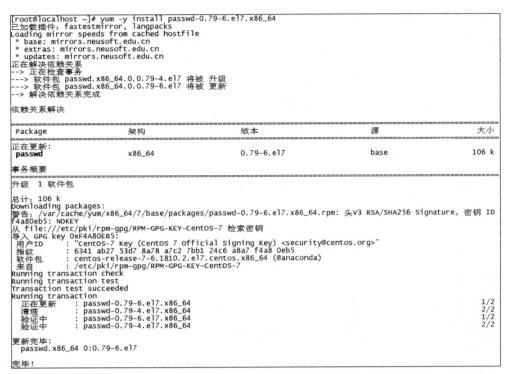

图 6.11　使用 yum 命令安装软件

（2）使用 yum remove unrar 命令删除软件，如图 6.12 所示。

```
[root@localhost ~]# yum  remove unrar
已加载插件：fastestmirror, langpacks
正在解决依赖关系
--> 正在检查事务
---> 软件包 unrar.x86_64.0.5.4.5-1.el7 将被 删除
--> 解决依赖关系完成

依赖关系解决

================================================================================
 Package              架构              版本                源              大小
================================================================================
正在删除:
 unrar                x86_64            5.4.5-1.el7         installed      303 k

事务概要
================================================================================
移除  1 软件包

安装大小：303 k
是否继续？[y/N]：y
Downloading packages:
Running transaction check
Running transaction test
Transaction test succeeded
Running transaction
警告：RPM 数据库已被非 yum 程序修改。
  正在删除    : unrar-5.4.5-1.el7.x86_64                                    1/1
  验证中      : unrar-5.4.5-1.el7.x86_64                                    1/1

删除:
  unrar.x86_64 0:5.4.5-1.el7

完毕!
```

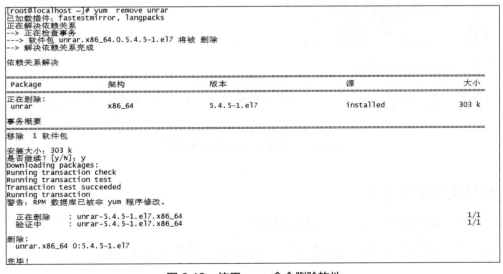

图 6.12　使用 yum 命令删除软件

（3）使用 yum -y update firefox 命令升级软件，如图 6.13 所示。

```
[root@localhost ~]# yum  -y  update  firefox
已加载插件：fastestmirror, langpacks
Loading mirror speeds from cached hostfile
 * base: mirrors.neusoft.edu.cn
 * extras: mirrors.neusoft.edu.cn
 * updates: mirrors.neusoft.edu.cn
正在解决依赖关系
--> 正在检查事务
---> 软件包 firefox.x86_64.0.60.2.2-1.el7.centos 将被 升级
---> 软件包 firefox.x86_64.0.68.12.0-1.el7.centos 将被 更新
--> 正在处理依赖关系 nss >= 3.44，它被软件包 firefox-68.12.0-1.el7.centos.x86_64 需要
--> 正在处理依赖关系 nspr >= 4.21，它被软件包 firefox-68.12.0-1.el7.centos.x86_64 需要
--> 正在检查事务
---> 软件包 nspr.x86_64.0.4.19.0-1.el7_5 将被 升级
---> 软件包 nspr.x86_64.0.4.21.0-1.el7 将被 更新
---> 软件包 nss.x86_64.0.3.36.0-7.el7_5 将被 升级
--> 正在处理依赖关系 nss = 3.36.0-7.el7_5，它被软件包 nss-sysinit-3.36.0-7.el7_5.x86_64 需要
--> 正在处理依赖关系 nss(x86-64) = 3.36.0-7.el7_5，它被软件包 nss-tools-3.36.0-7.el7_5.x86_64 需要
---> 软件包 nss.x86_64.0.3.44.0-7.el7_7 将被 更新
--> 正在处理依赖关系 nss-util >= 3.44.0-3，它被软件包 nss-3.44.0-7.el7_7.x86_64 需要
--> 正在处理依赖关系 nss-softokn(x86-64) >= 3.44.0-1，它被软件包 nss-3.44.0-7.el7_7.x86_64 需要
--> 正在处理依赖关系 libnssutil3.so(NSSUTIL_3.39)(64bit)，它被软件包 nss-3.44.0-7.el7_7.x86_64 需要
--> 正在处理依赖关系 libnssutil3.so(NSSUTIL_3.38)(64bit)，它被软件包 nss-3.44.0-7.el7_7.x86_64 需要
--> 正在检查事务
---> 软件包 nss-softokn.x86_64.0.3.36.0-5.el7_5 将被 升级
---> 软件包 nss-softokn.x86_64.0.3.44.0-8.el7_7 将被 更新
--> 正在处理依赖关系 nss-softokn-freebl(x86-64) >= 3.44.0-8.el7_7，它被软件包 nss-softokn-3.44.0-8.el7_7.x86_64 需要
---> 软件包 nss-sysinit.x86_64.0.3.36.0-7.el7_5 将被 升级
---> 软件包 nss-sysinit.x86_64.0.3.44.0-7.el7_7 将被 更新
---> 软件包 nss-tools.x86_64.0.3.36.0-7.el7_5 将被 升级
---> 软件包 nss-tools.x86_64.0.3.44.0-7.el7_7 将被 更新
---> 软件包 nss-util.x86_64.0.3.36.0-1.el7_5 将被 升级
---> 软件包 nss-util.x86_64.0.3.44.0-4.el7_7 将被 更新
--> 正在检查事务
---> 软件包 nss-softokn-freebl.x86_64.0.3.36.0-5.el7_5 将被 升级
---> 软件包 nss-softokn-freebl.x86_64.0.3.44.0-8.el7_7 将被 更新
--> 解决依赖关系完成

依赖关系解决

================================================================================================
 Package                    架构            版本                          源              大小
================================================================================================
正在更新:
 firefox                    x86_64          68.12.0-1.el7.centos          updates         93 M
为依赖而更新:
 nspr                       x86_64          4.21.0-1.el7                  base           127 k
 nss                        x86_64          3.44.0-7.el7_7                base           854 k
 nss-softokn                x86_64          3.44.0-8.el7_7                base           330 k
 nss-softokn-freebl         x86_64          3.44.0-8.el7_7                base           224 k
 nss-sysinit                x86_64          3.44.0-7.el7_7                base            65 k
 nss-tools                  x86_64          3.44.0-7.el7_7                base           528 k
 nss-util                   x86_64          3.44.0-4.el7_7                base            79 k

事务概要
  验证中      : nss-softokn-3.44.0-8.el7_7.x86_64                                         1/16
  验证中      : nss-sysinit-3.44.0-7.el7_7.x86_64                                         2/16
  验证中      : firefox-68.12.0-1.el7.centos.x86_64                                       3/16
  验证中      : nss-tools-3.44.0-7.el7_7.x86_64                                           4/16
  验证中      : nss-3.44.0-7.el7_7.x86_64                                                 5/16
  验证中      : nss-util-3.44.0-4.el7_7.x86_64                                            6/16
  验证中      : nspr-4.21.0-1.el7.x86_64                                                  7/16
  验证中      : nss-softokn-freebl-3.44.0-8.el7_7.x86_64                                  8/16
  验证中      : nss-sysinit-3.36.0-7.el7_5.x86_64                                         9/16
  验证中      : nss-util-3.36.0-1.el7_5.x86_64                                           10/16
  验证中      : nss-softokn-freebl-3.36.0-5.el7_5.x86_64                                 11/16
  验证中      : nspr-4.19.0-1.el7_5.x86_64                                               12/16
  验证中      : nss-tools-3.36.0-7.el7_5.x86_64                                          13/16
  验证中      : firefox-60.2.2-1.el7.centos.x86_64                                       14/16
  验证中      : nss-3.36.0-7.el7_5.x86_64                                                15/16
  验证中      : nss-softokn-3.36.0-5.el7_5.x86_64                                        16/16

更新完毕:
  firefox.x86_64 0:68.12.0-1.el7.centos

作为依赖被升级:
  nspr.x86_64 0:4.21.0-1.el7                    nss.x86_64 0:3.44.0-7.el7_7             nss-softokn.x86_64 0:3.44.0-8.el7_7
  nss-softokn-freebl.x86_64 0:3.44.0-8.el7_7    nss-sysinit.x86_64 0:3.44.0-7.el7_7     nss-tools.x86_64 0:3.44.0-7.el7_7
  nss-util.x86_64 0:3.44.0-4.el7_7

完毕!
```

图 6.13　使用 yum 命令升级软件

3. 使用 YUM 清除缓存

YUM 会把下载的软件包和头文件存储在缓存中，而不会自动删除，如果用户认为它们占用了磁盘空间，则可以使用 yum 命令将它们清除。其命令格式如下。

```
yum  [ 选项 ]  [ 软件包 ]
```

yum 清除缓存命令各选项及其功能说明如表 6.9 所示。

表 6.9 yum 清除缓存命令各选项及其功能说明

选项	功能说明
clean packages	清除缓存目录（/var/cache/yum）下的 RPM 软件包
clean headers	清除缓存目录下的 RPM 头文件
clean oldheaders	清除缓存目录下的旧的 RPM 头文件
clean、clean all	清除缓存目录下的 RPM 软件包以及旧的 RPM 头文件

【实例 6.7】使用 yum clean all 命令清除缓存，以免使后面的软件因更新而发生异常。使用 yum repolist all 命令可以查看当前使用的所有容器，清除缓存只对启用的容器生效，如图 6.14 所示。

```
[root@localhost ~]# yum  clean  all
已加载插件：fastestmirror, langpacks
正在清理软件源：  base epel extras updates
Cleaning up list of fastest mirrors
[root@localhost ~]# yum repolist all
已加载插件：fastestmirror, langpacks
Determining fastest mirrors
Could not retrieve mirrorlist http://mirrorlist.centos.org/?release=7&arch=x86_64&repo=extras&infra=stock error was
12: Timeout on http://mirrorlist.centos.org/?release=7&arch=x86_64&repo=extras&infra=stock: (28, 'Operation too slow. Less than 1
000 bytes/sec transferred the last 30 seconds')
Loading mirror speeds from cached hostfile
Loading mirror speeds from cached hostfile
Loading mirror speeds from cached hostfile
Loading mirror speeds from cached hostfile
源标识                                  源名称                                                    状态
c7.0.1406-base/x86_64                   CentOS-7.0.1406 - Base                                    禁用
c7.0.1406-centosplus/x86_64             CentOS-7.0.1406 - CentOSPlus                              禁用
c7.0.1406-extras/x86_64                 CentOS-7.0.1406 - Extras                                  禁用
c7.0.1406-fasttrack/x86_64              CentOS-7.0.1406 - Fasttrack                               禁用
c7.0.1406-updates/x86_64                CentOS-7.0.1406 - Updates                                 禁用
c7.1.1503-base/x86_64                   CentOS-7.1.1503 - Base                                    禁用
c7.1.1503-centosplus/x86_64             CentOS-7.1.1503 - CentOSPlus                              禁用
c7.1.1503-extras/x86_64                 CentOS-7.1.1503 - Extras                                  禁用
c7.1.1503-fasttrack/x86_64              CentOS-7.1.1503 - Fasttrack                               禁用
c7.1.1503-updates/x86_64                CentOS-7.1.1503 - Updates                                 禁用
c7.2.1511-base/x86_64                   CentOS-7.2.1511 - Base                                    禁用
c7.2.1511-centosplus/x86_64             CentOS-7.2.1511 - CentOSPlus                              禁用
c7.2.1511-extras/x86_64                 CentOS-7.2.1511 - Extras                                  禁用
c7.2.1511-fasttrack/x86_64              CentOS-7.2.1511 - Fasttrack                               禁用
c7.2.1511-updates/x86_64                CentOS-7.2.1511 - Updates                                 禁用
c7.3.1611-base/x86_64                   CentOS-7.3.1611 - Base                                    禁用
c7.3.1611-centosplus/x86_64             CentOS-7.3.1611 - CentOSPlus                              禁用
c7.3.1611-extras/x86_64                 CentOS-7.3.1611 - Extras                                  禁用
c7.3.1611-fasttrack/x86_64              CentOS-7.3.1611 - Fasttrack                               禁用
c7.3.1611-updates/x86_64                CentOS-7.3.1611 - Updates                                 禁用
c7.4.1708-base/x86_64                   CentOS-7.4.1708 - Base                                    禁用
c7.4.1708-centosplus/x86_64             CentOS-7.4.1708 - CentOSPlus                              禁用
c7.4.1708-extras/x86_64                 CentOS-7.4.1708 - Extras                                  禁用
c7.4.1708-fasttrack/x86_64              CentOS-7.4.1708 - Fasttrack                               禁用
c7.4.1708-updates/x86_64                CentOS-7.4.1708 - Updates                                 禁用
c7.5.1804-base/x86_64                   CentOS-7.5.1804 - Base                                    禁用
c7.5.1804-centosplus/x86_64             CentOS-7.5.1804 - CentOSPlus                              禁用
c7.5.1804-extras/x86_64                 CentOS-7.5.1804 - Extras                                  禁用
c7.5.1804-fasttrack/x86_64              CentOS-7.5.1804 - Fasttrack                               禁用
c7.5.1804-updates/x86_64                CentOS-7.5.1804 - Updates                                 禁用
base/7/x86_64                           CentOS-7 - Base                                           启用: 0
base-debuginfo/x86_64                   CentOS-7 - Debuginfo                                      禁用
base-source/7                           CentOS-7 - Base Sources                                   禁用
c7-media                                CentOS-7 - Media                                          禁用
centosplus/7/x86_64                     CentOS-7 - Plus                                           禁用
centosplus-source/7                     CentOS-7 - Plus Sources                                   禁用
cr/7/x86_64                             CentOS-7 - cr                                             禁用
epel/x86_64                             Extra Packages for Enterprise Linux 7 - x86_64            启用: 0
epel-debuginfo/x86_64                   Extra Packages for Enterprise Linux 7 - x86_64 - Debug    禁用
epel-source                             Extra Packages for Enterprise Linux 7 - x86_64 - Source   禁用
extras/7/x86_64                         CentOS-7 - Extras                                         启用: 0
extras-source/7                         CentOS-7 - Extras Sources                                 禁用
fasttrack/7/x86_64                      CentOS-7 - fasttrack                                      禁用
updates/7/x86_64                        CentOS-7 - Updates                                        启用: 0
updates-source/7                        CentOS-7 - Updates Sources                                禁用
repolist: 0
[root@localhost ~]#
```

图 6.14 清除缓存并查看当前使用的所有容器（1）

6.3 YUM 操作实例配置

使用 yum 命令进行软件的删除、安装、配置、查询等相关操作。

【实例 6.8】使用 yum 命令安装软件包，创建仓库源文件，以安装 Firefox 浏览器为例，执行操作如下。

微课

V6-5 YUM 操作实例配置

（1）Firefox 浏览器在安装 CentOS 7.6 时已经自动安装了，所以需要先将其删除，执行命令如下。

```
[root@localhost ~]# rpm  -qa  firefox
firefox-60.2.2-1.el7.CentOS.x86_64
[root@localhost ~]# yum  -y  remove  firefox
```

使用 yum -y remove firefox 命令后，YUM 会自动解决依赖关系、删除依赖并将其显示出来，如图 6.15 所示。

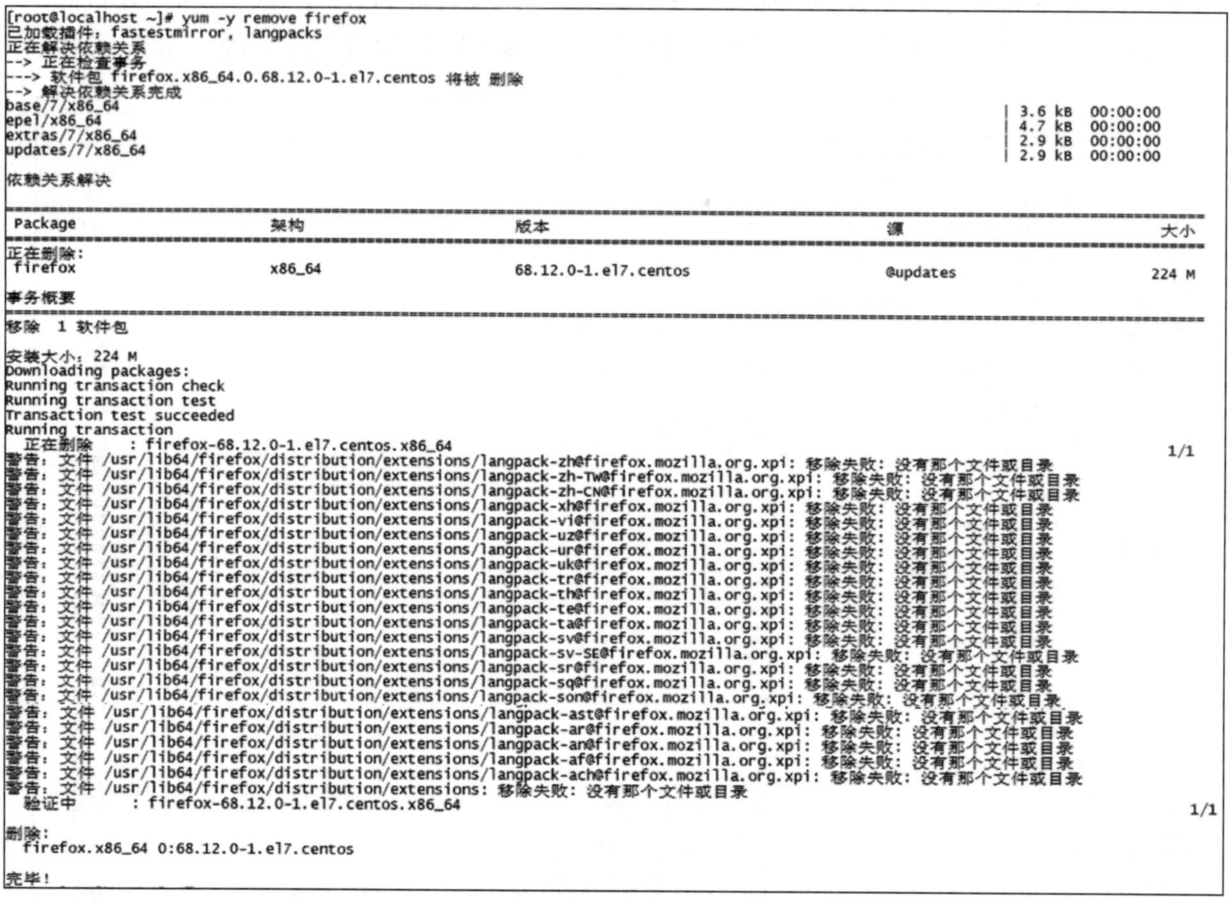

图 6.15　删除 Firefox

（2）备份本地 YUM 仓库源文件，执行相关命令，如图 6.16 所示。

（3）配置本地 YUM 仓库源文件（/etc/yum.repos.d/firefox.repo），执行命令如下。

```
[root@localhost ~]# vim  /etc/yum.repos.d/firefox.repo      //配置本地 YUM 仓库源文件
# /etc/yum.repos.d/firefox.repo
[firefox]
name=CentOS 7.6-Base-firefox.repo
baseurl=file:///mnt/cdrom
enabled=1
priority=1
gpgcheck=0
~
"/etc/yum.repos.d/firefox.repo" [新] 6L, 102C 已写入
[root@localhost ~]#
```

```
[root@localhost ~]# ls  -l  /etc/yum.repos.d/
总用量 36
-rw-r--r--. 1 root root 1664 11月 23 2018 CentOS-Base.repo
-rw-r--r--. 1 root root 1309 11月 23 2018 CentOS-CR.repo
-rw-r--r--. 1 root root  649 11月 23 2018 CentOS-Debuginfo.repo
-rw-r--r--. 1 root root  314 11月 23 2018 CentOS-fasttrack.repo
-rw-r--r--. 1 root root  630 11月 23 2018 CentOS-Media.repo
-rw-r--r--. 1 root root 1331 11月 23 2018 CentOS-Sources.repo
-rw-r--r--. 1 root root 5701 11月 23 2018 CentOS-Vault.repo
-rw-r--r--. 1 root root  664 12月 25 2018 epel-7.repo
[root@localhost ~]# mv  /etc/yum.repos.d/*  /mnt/data01
[root@localhost ~]# ls  -l  /etc/yum.repos.d/
总用量 0
[root@localhost ~]# ls  -l   /mnt/data01/
总用量 356
-rw-r--r--. 1 root root   1664 11月 23 2018 CentOS-Base.repo
-rw-r--r--. 1 root root   1309 11月 23 2018 CentOS-CR.repo
-rw-r--r--. 1 root root    649 11月 23 2018 CentOS-Debuginfo.repo
-rw-r--r--. 1 root root    314 11月 23 2018 CentOS-fasttrack.repo
-rw-r--r--. 1 root root    630 11月 23 2018 CentOS-Media.repo
-rw-r--r--. 1 root root   1331 11月 23 2018 CentOS-Sources.repo
-rw-r--r--. 1 root root   5701 11月 23 2018 CentOS-Vault.repo
-rw-r--r--. 1 root root    664 12月 25 2018 epel-7.repo
-rw-r--r--. 1 root root  84769 9月   3 03:48 unrar-3.2.1-fr1.i386.rpm
-rw-r--r--. 1 root root  89043 9月   3 03:48 unrar-3.7.7-centos.gz
-rw-r--r--. 1 root root 150648 9月   3 03:48 unrar-5.4.5-1.el7.x86_64.rpm
[root@localhost ~]#
```

图 6.16　备份本地 YUM 仓库源文件

（4）查询删除 Firefox 软件后的相关信息，清除缓存并查看当前使用的所有容器，执行命令如下，执行结果如图 6.17 所示。

```
[root@localhost ~]# rpm  -qa  firefox
[root@localhost ~]# yum  clean  all
[root@localhost ~]# yum  repolist  all
```

```
[root@localhost ~]# yum clean all
已加载插件：fastestmirror, langpacks
正在清理软件源：  firefox
Cleaning up list of fastest mirrors
Other repos take up 1.1 G of disk space (use --verbose for details)
[root@localhost ~]# yum repolist all
已加载插件：fastestmirror, langpacks
Determining fastest mirrors
file:///mnt/cdrom/repodata/repomd.xml: [Errno 14] curl#37 - "Couldn't open file /mnt/cdrom/repodata/repomd.xml"
正在尝试其他镜像。
file:///mnt/cdrom/repodata/repomd.xml: [Errno 14] curl#37 - "Couldn't open file /mnt/cdrom/repodata/repomd.xml"
正在尝试其他镜像。
源标识                    源名称                              状态
firefox                   centos 7.6-Base-firefox.repo        启用: 0
repolist: 0
```

图 6.17　清除缓存并查看当前使用的所有容器（2）

（5）挂载光盘镜像文件，并查看磁盘挂载情况，执行命令如下。

```
[root@localhost ~]# mkdir  /mnt/cdrom
[root@localhost ~]# mount   /dev/sr0  /mnt/cdrom
mount: /dev/sr0 写保护，将以只读方式挂载
[root@localhost ~]# df  -hT
文件系统                 类型      容量   已用   可用   已用% 挂载点
/dev/mapper/CentOS-root xfs       36G    5.1G   31G    15%   /
devtmpfs                devtmpfs  1.9G   0      1.9G   0%    /dev
tmpfs                   tmpfs     1.9G   0      1.9G   0%    /dev/shm
tmpfs                   tmpfs     1.9G   13M    1.9G   1%    /run
tmpfs                   tmpfs     1.9G   0      1.9G   0%    /sys/fs/cgroup
/dev/sda1               xfs       1014M  179M   836M   18%   /boot
tmpfs                   tmpfs     378M   12K    378M   1%    /run/user/42
tmpfs                   tmpfs     378M   0      378M   0%    /run/user/0
/dev/sr0                iso9660   4.3G   4.3G   0      100%  /mnt/cdrom
```

（6）执行 yum -y install firefox 命令后，YUM 会安装 Firefox 软件，自动解决依赖关系、安装好依赖并将其显示出来，可查看当前软件安装、容器使用情况，如图 6.18 所示。

```
[root@localhost ~]# yum -y install firefox
已加载插件：fastestmirror, langpacks
Loading mirror speeds from cached hostfile
正在解决依赖关系
--> 正在检查事务
---> 软件包 firefox.x86_64.0.60.2.2-1.el7.centos 将被 安装
--> 解决依赖关系完成

依赖关系解决

================================================================================
 Package          架构              版本                        源            大小
================================================================================
正在安装:
 firefox          x86_64            60.2.2-1.el7.centos         firefox       91 M

事务概要
================================================================================
安装  1 软件包

总下载量：91 M
安装大小：206 M
Downloading packages:
Running transaction check
Running transaction test
Transaction test succeeded
Running transaction
  正在安装    : firefox-60.2.2-1.el7.centos.x86_64                            1/1
  验证中      : firefox-60.2.2-1.el7.centos.x86_64                            1/1

已安装:
  firefox.x86_64 0:60.2.2-1.el7.centos

完毕!
[root@localhost ~]# rpm  -qa  firefox
firefox-60.2.2-1.el7.centos.x86_64
[root@localhost ~]# yum repolist all
已加载插件：fastestmirror, langpacks
Loading mirror speeds from cached hostfile
源标识                      源名称                                  状态
firefox                     centos 7.6-Base-firefox.repo            启用: 4,021
repolist: 4,021
[root@localhost ~]#
```

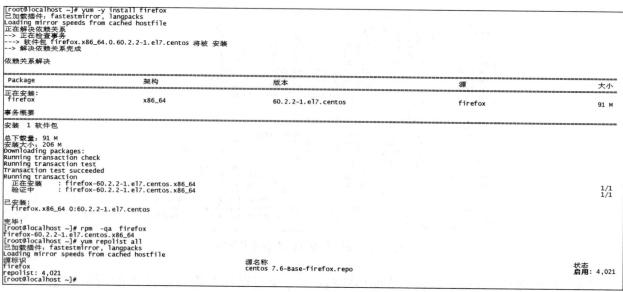

图 6.18　安装 Firefox 软件并查看当前软件安装、容器使用情况

项目实训

本实训的主要任务是熟练掌握使用 rpm 命令进行软件的安装、升级、删除和查询的方法，以及熟练掌握使用 yum 命令进行软件的安装、升级、删除、查询和配置的方法。

实训目的

（1）掌握使用 rpm 命令进行软件的安装、升级、删除和查询的方法。

（2）掌握使用 yum 命令进行软件的安装、升级、删除、查询和配置的方法。

（3）掌握 YUM 仓库源文件的配置方法。

实训内容

（1）使用 rpm 命令安装、升级、查询 unrar 软件。

（2）使用 rpm 命令删除 unrar 软件。

（3）使用 yum 命令安装、升级、查询 Firefox 软件。

（4）使用 yum 命令删除 Firefox 软件。

（5）练习配置 YUM 仓库源文件。

练习题

1. 选择题

（1）对于给定的 RPM 软件包 xyz-4.5.6-7.x86_64.rpm，其软件名为（　　）。

A. xyz　　B. xyz-4.5.6　　C. xyz-4.5.6-7　　D. x86_64

（2）对于给定的 RPM 软件包 xyz-4.5.6-7.x86_64.rpm，其体系号为（　　）。

A. xyz　　B. xyz-4.5.6　　C. xyz-4.5.6-7　　D. x86_64

（3）对于给定的 RPM 软件包 xyz-4.5.6-7.x86_64.rpm，其主版本号为（　　）。

A. 4　　B. 5　　C. 6　　D. 7

（4）对于给定的 RPM 软件包 xyz-4.5.6-7.x86_64.rpm，其修订版本号为（　　）。

A. 4　　B. 5　　C. 6　　D. 7

（5）对于给定的 RPM 软件包 xyz-4.5.6-7.x86_64.rpm，其释出号为（　　）。

A. 4　　B. 5　　C. 6　　D. 7

（6）使用 yum 命令进行软件包安装的命令为（　　）。

A. remove　　B. install　　C. update　　D. clean

（7）使用 yum 命令进行软件包升级的命令为（　　）。

A. remove　　B. install　　C. update　　D. clean

（8）使用 yum 命令进行软件包删除的命令为（　　）。

A. remove　　B. install　　C. update　　D. clean

2. 简答题

（1）简述 RPM 软件包的优缺点。

（2）简述 RPM 软件包的命名格式。

（3）简述 rpm 和 yum 命令的区别。

（4）简述 YUM 软件包的安装过程。

（5）简述配置本地 YUM 仓库源文件的操作步骤。

项目7
Shell编程基础

07

项目目标

知识目标

◎ 理解 Shell Script 的建立、执行以及编写原则。
◎ 理解 Shell 变量的种类和作用。
◎ 掌握 Shell 的运算符关系。

技能目标

◎ 掌握 Shell Script 的运行方式。
◎ 掌握程序设计的流程控制语句，如 if 条件语句、case 语句、for 循环语句、while 循环语句、until 循环语句。

素质目标

◎ 培养实践动手能力、解决实际工作问题的能力，培养爱岗敬业精神。
◎ 树立团队互助、合作进取的意识。
◎ 培养交流沟通、独立思考以及逻辑思维能力。

项目陈述

在 Linux 操作系统环境中，Shell 不仅是常用的命令解释程序，还是高级编程语言。用户可以通过编写 Shell 程序来完成大量自动化的任务。Shell 可以用来交互解释和执行用户输入的命令，也可以用来进行程序设计，它提供了定义变量和参数的方法以及丰富的程序控制结构。用户可以通过 Shell Script 来简化日常的管理工作，以大大提高编程的效率。

项目知识

7.1 认识 Shell Script

什么是 Shell Script 呢？Shell Script 就是针对 Shell 所写的“脚本”。其实，Shell Script 是利用 Shell 写的程序，这个程序为纯文本文件，它将 Shell 的语法与命令和正则表达式、管道命令及数据流重定向等功能搭配起来，以达到想要的处理目的。

7.1.1 Shell Script 简介

简单地说，Shell Script 就像早期的 DOS 中的批处理命令，其最简单的功能之一就是将许多命令汇总起来，让用户能够轻松地完成复杂的操作。用户只要运行 Shell Script，就能够一次运行多个命令。Shell Script 提供数组循环、条件与逻辑判断等重要功能，使得用户可以直接以 Shell 来编写程序，而不必使用类似 C 语言等传统程序语言的语法。

微课
V7-1 Shell Script 简介

Shell Script 可以被简单地看作批处理文件，也可以被看作一种程序语言，这种程序语言是由 Shell 与相关工具命令组成的，不需要编译就可以运行。另外，Shell Script 具有排错功能，可以帮助系统管理员快速地管理主机系统。

7.1.2 Shell Script 的建立和执行

1. Shell Script 的编写注意事项

微课
V7-2 Shell Script 的建立和执行

Shell Script 编写时需要注意以下 6 点。

（1）命令的执行是从上至下、从左至右进行的。

（2）命令、参数与选项间的多个空格都会被忽略。

（3）空白行会被忽略，按“Tab”键所生成的空白行被视为“Space”键。

（4）如果读取到“Enter”键，则尝试运行相应命令。

（5）如果一行的内容太多，则可以使用“\[Enter]”来延伸至下一行。

（6）“#”可用于添加注释，任何加在“#”后面的数据将全部被视为注释文字。

2. 运行 Shell Script

现在假设程序文件是 /home/script/shell01.sh，那么如何运行这个文件呢？执行 Shell Script 脚本可以采用以下 3 种方式。

（1）输入脚本的绝对路径或相对路径，执行命令如下。

```
[root@localhost ~]# mkdir  /home/script
[root@localhost ~]# cd  /home/script/
[root@localhost script]# vim  shell01.sh                          //编写shell01.sh文件
#!/bin/bash
echo  hello everyone welcome to here !
~
"shell01.sh" 1L, 41C 已写入
[root@localhost script]# chmod a+x  shell01.sh                    //修改用户执行权限
[root@localhost script]# /home/script/shell01.sh                  //以绝对路径方式执行
hello everyone welcome to here !
[root@localhost script]# .  /home/script/shell01.sh               //“.”后面需要有空格
hello everyone welcome to here !
[root@localhost script]#
```

（2）执行 bash 或 sh 命令。

```
[root@localhost script]# bash /home/script/shell01.sh
hello everyone welcome to here !
[root@localhost script]# sh /home/script/shell01.sh
hello everyone welcome to here !
[root@localhost script]#
```

（3）在脚本路径前加“.”或 source，执行命令如下。

```
[root@localhost script]#  .  shell01.sh
hello everyone welcome to here !
[root@localhost script]# source  shell01.sh
hello everyone welcome to here !
[root@localhost script]# source /home/script/shell01.sh
hello everyone welcome to here !
[root@localhost script]#
```

3. 编写 Shell Script

Shell Script 通常包括如下几部分。

微课

V7-3 编写 Shell Script

（1）首行：首行表示脚本将要调用的 Shell 解释器。例如 #! /bin/bash，其中，“#!”能够被内核识别为一个脚本的开始，必须位于脚本的首行；“/bin/bash”是 bash 程序的绝对路径，表示后续的内容通过 bash 程序解释执行。

（2）注释：注释符号“#”放在注释内容的前面，最好备注 Shell Script 的功能以防日后忘记。

（3）可执行内容：可执行内容是经常使用的 Linux 命令或程序语言。

【实例 7.1】编写 Shell Script，实现 Firefox 软件包的自动安装，自行运行脚本程序。

```
#! /bin/bash
#Firefox 软件包安装
#version 1.1
# 制作人：csg
```

```
# 版权声明：free
rpm  -qa  firefox
yum  -y  remove  firefox
mkdir /mnt/backup-repo
mv  /etc/yum.repos.d/*   /mnt/backup-repo
umount  /dev/sr0
mkdir  /mnt/cdrom
mount  /dev/sr0  /mnt/cdrom
touch  /etc/yum.repos.d/local.repo
echo  -e "[firefox]\nname=CentOS 7.6-Base-firefox.repo\nbaseurl=file:///mnt/cdrom" >
/etc/yum.repos.d/local.repo
#-e 启用反斜杠的转义功能；\n 用于换行
echo  -e "enabled=1\npriority=1\ngpgcheck=0" >>  /etc/yum.repos.d/local.repo
yum  clean  all
yum  repolist  all
yum -y  install firefox
rpm  -qa  firefox
```

4. 养成编写 Shell Script 的良好习惯

微课

V7-4 养成编写 Shell Script的良好习惯

养成编写 Shell Script 的良好习惯是很重要的，但初学者在刚开始编写程序的时候，最容易忽略良好编写习惯的培养，认为写出的程序能够运行即可。其实，程序的注释越清楚，系统管理员日后维护程序越方便。

建议在每个 Shell Script 的文件头处添加如下内容。

（1）Shell Script 的功能。

（2）Shell Script 的版本信息。

（3）Shell Script 的作者与联系方式。

（4）Shell Script 的版权声明方式。

（5）Shell Script 的历史记录。

（6）Shell Script 内较特殊的命令，该命令使用绝对路径来进行操作。

（7）预先声明与设置 Shell Script 运行时需要的环境变量。

除了以上内容之外，在较为特殊的程序部分，建议加上注释说明。此外，程序的编写建议使用嵌套方式，最好能以“Tab”键进行缩进，这样程序会显得更加整齐、有条理，便于阅读与调试。编写 Shell Script 的工具最好使用 Vim，Vim 有额外的语法检测机制，能够在编译阶段编写时发现语法方面的错误。

7.2 Shell Script 编写

在 Linux 操作系统中，使用 Shell Script 编写程序时，要掌握 Shell 变量、Shell 运算符、Shell 流程控制语句等相关知识。

7.2.1 Shell 变量

Shell 变量是 Shell 传递数据的一种方式，用来代表每个取值的符号名。当 Shell Script 需要保存一些信息，如文件名或数字时，会将其存放在变量中。

Shell 变量的设置规则如下。

（1）变量名可以由字母、数字和下画线组成，但是不能以数字开头，环境变量名建议采用大写字母，以便于区分。

（2）在 bash 中，变量的默认类型为字符串型，如果要进行数值运算，则必须指定变量类型为数值型。

（3）用等号连接变量和值，等号两侧不能有空格。

（4）如果变量的值中有空格，则需要使用单引号或者双引号将其引起来。

Shell 中的变量分为环境变量、位置参数变量、预定义变量和用户自定义变量，可以通过 set 命令查看系统中的所有变量，其具体介绍如下。

（1）环境变量用于保存与系统操作环境相关的数据，HOME、PWD、SHELL、USER 等都是环境变量。

（2）位置参数变量主要用于向脚本传递参数或数据，其变量名不能自定义，变量的作用固定。

（3）预定义变量是 bash 中已经定义好的变量，其变量名不能自定义，变量的作用也是固定的。

（4）用户自定义变量以字母或下画线开头，由字母、数字或下画线组成，大小写字母的含义不同，变量名长度没有限制。

1. 变量使用

推荐使用大写字母来命名变量，变量名以字母或下画线开头，不能使用数字开头。在使用变量时，要在变量名前面加上前缀“$”。

（1）变量赋值，执行命令如下。

```
[root@localhost ~]# A=5 ; B=10                    //等号两侧不能有空格
[root@localhost ~]# echo $A  $B
5 10
[root@localhost ~]# STR="hello everyone"          //使用字符串赋值
[root@localhost ~]# echo $STR
hello everyone
[root@localhost ~]#
```

（2）分别使用双引号和单引号赋值，并观察二者的区别，执行命令如下。

```
[root@localhost ~]# NUM=8
[root@localhost ~]# SUM="$NUM hello"
[root@localhost ~]# echo $SUM
```

```
8 hello
[root@localhost ~]# SUM2='$NUM hello '
[root@localhost ~]# echo $SUM2
$NUM hello
[root@localhost ~]#
```

可以发现，单引号中的内容会原样输出，单引号中的变量是无效的；双引号中的内容会有所变化，双引号中允许变量替换，可以出现转义字符。

（3）列出所有变量，执行命令如下。

```
[root@localhost ~]# set
```

（4）删除变量，执行命令如下。

```
[root@localhost ~]# unset  A            //删除变量A
[root@localhost ~]# echo  $A

[root@localhost ~]#
```

需要注意的是，若声明的是静态变量，则不能使用 unset 命令进行删除操作。

```
[root@localhost ~]# readonly B
[root@localhost ~]# unset B     //无法删除操作
[root@localhost ~]# echo $B
10
[root@localhost ~]#
```

2. 环境变量

用户自定义变量只在当前的 Shell 中生效，而环境变量会在当前 Shell 及其所有子 Shell 中生效。如果将环境变量写入相应的配置文件，则环境变量会在所有的 Shell 中生效。

3. 位置参数变量

位置参数变量及其说明如下。

（1）$n：$0 代表命令本身，$1 ～ $9 代表接收的第 1 ～ 9 个参数，第 9 个以后的参数需要用“{}”括起来，例如，${10} 代表接收的第 10 个参数。

（2）$*：代表接收所有参数，将所有参数看作一个整体。

（3）$@：代表接收所有参数，分别处理每个参数。

（4）$#：代表接收的参数个数。

4. 预定义变量

预定义变量是在 Shell 中已经定义的变量，和默认环境变量有一些类似。不同的是，预定义变量不能重新定义，用户只能根据 Shell 的定义来使用这些变量。预定义变量及其功能说明如表 7.1 所示。

表 7.1 预定义变量及其功能说明

预定义变量	功能说明
$?	最后一次执行的命令的返回状态。如果这个变量的值为 0，则证明上一条命令执行正确；如果这个变量的值为非 0（具体是什么数字由命令自己来决定），则证明上一条命令执行错误
$$	当前进程的进程号
$!	后台运行的最后一个进程的进程号

严格来说，位置参数变量也是预定义变量的一种，只是位置参数变量的作用比较统一，所以这里将位置参数变量单独划分为一类变量。

5. read 命令

read 命令用于从标准输入（通常为键盘输入）读取用户输入，并将输入的内容赋给一个或多个变量。

read 命令的格式如下。

```
    read [-ers] [-a 数组] [-d 分隔符] [-i 缓冲区文字] [-n 读取字符数] [-N 读取字符数] [-p 提示符] [-t 超时] [-u 文件描述符] [名称 ...]
```

使用 read 命令执行相关操作。

```
[root@localhost ~]# read -p "请输入你的名字：" NAME
请输入你的名字：csg
[root@localhost ~]# echo $NAME
csg
[root@localhost ~]# read -n 1 -p "请输入你的性别（m/f:）" SEX
请输入你的性别（m/f:）f[root@localhost ~]#
[root@localhost ~]# echo $SEX
f
[root@localhost ~]# read -n 1 -p "按任意键退出："
按任意键退出：
[root@localhost ~]#
```

7.2.2 Shell 运算符

Shell 支持多种运算符，包括算术运算符、关系运算符、布尔运算符、字符串运算符、逻辑运算符和文件测试运算符等。

1. 算术运算符

原生的 bash 并不支持简单的数学运算，但可以通过其他命令来完成，如 awk 和 expr，其中 expr 更为常用。expr 是一个表达式计算命令，使用它能完成表达式的求值操作。

例如，求两个数之和，编写 add.sh 文件，相关命令如下。

```
[root@localhost script]# vim add.sh
[root@localhost script]# cat add.sh
#!/bin/bash
# 文件名：add.sh
# 版本：v1.1
# 功能：求和
VAR=`expr 3 + 6`
echo "两个数相加为" $VAR
[root@localhost script]# chmod a+x add.sh
[root@localhost script]# . add.sh
两个数相加为 9
[root@localhost script]#
```

表达式和运算符之间要有空格，例如，“3+6”是不对的，必须写成“3 + 6”，这与大多数编程语言不一样。此外，完整的表达式要被反引号“` `”包含。

注　意

反引号在键盘左上角“Esc”键的下方、“Tab”键的上方、数字键“1”的左侧，输入反引号时要在英文半角模式下。

算术运算符有以下几类。

（1）+（加法）：如 `expr　$X　+　$Y`。

（2）-（减法）：如 `expr　$X　-　$Y`。

（3）*（乘法）：如 `expr　$X　\*　$Y`。

（4）/（除法）：如 `expr　$X　/　$Y`。

（5）%（取余）：如 `expr　$X　%　$Y`。

（6）=（赋值）：如 X=$Y 表示将把变量 Y 的值赋给 X。

（7）==（相等）：用于比较两个数字，相等则返回 true。

（8）!=（不相等）：用于比较两个数字，不相等则返回 true。

【实例 7.2】运用算术运算符进行综合运算，相关命令如下。

```
[root@localhost script]# vim zhys.sh
[root@localhost script]# cat  zhys.sh
#!/bin/bash
# 文件名：zhys.sh
# 版本：v1.1
# 功能：运用算术运算符进行综合运算
X=100
Y=5
VAR=`expr $X  +  $Y`
echo "X+Y=$VAR"
VAR=`expr $X  -  $Y`
echo "X-Y=$VAR"
VAR=`expr $X  \*   $Y`
```

```
echo "X*Y=$VAR"
VAR=`expr $X  /  $Y`
echo "X/Y=$VAR"
VAR=`expr $X  +  $Y`
if [ $X == $Y ]; then
        echo "X 等于 Y"
fi
if [ $X != $Y ]; then
        echo "X 不等于 Y"
fi
[root@localhost script]#  .  zhys.sh
X+Y=105
X-Y=95
X*Y=500
X/Y=20
X 不等于 Y
[root@localhost script]#
```

注　意

乘号“*”前必须加反斜杠“\”才能实现乘法运算，条件表达式必须放在“[ ]”中，并且运算符两侧必须要有空格。

2. 关系运算符

关系运算符只支持数字，不支持字符串，除非字符串的值是数字。

表 7.2 列出了常用关系运算符的功能说明及举例，假定变量 X 为 10，变量 Y 为 20。

表 7.2　常用关系运算符的功能说明及举例

运算符	功能说明	举例
-eq	检测两个数是否相等，相等则返回 true，否则返回 false	[$X -eq $Y] 返回 false
-ne	检测两个数是否不相等，不相等则返回 true，否则返回 false	[$X -ne $Y] 返回 true
-gt	检测运算符左边的数是否大于运算符右边的数，如果是，则返回 true，否则返回 false	[$X -gt $Y] 返回 false
-lt	检测运算符左边的数是否小于运算符右边的数，如果是，则返回 true，否则返回 false	[$X -lt $Y] 返回 true
-ge	检测运算符左边的数是否大于等于运算符右边的数，如果是，则返回 true，否则返回 false	[$X -ge $Y] 返回 false
-le	检测运算符左边的数是否小于等于运算符右边的数，如果是，则返回 true，否则返回 false	[$X -le $Y] 返回 true

【实例 7.3】运用关系运算符进行综合运算，相关命令如下。

```
[root@localhost script]# vim  gxys.sh
[root@localhost script]# cat  gxys.sh
```

```
#!/bin/bash
# 文件名：gxys.sh
# 版本：v1.1
# 功能：运用关系运算符进行综合运算

X=10
Y=20
if [ $X -eq $Y ]
then
   echo "$X -eq $Y : X 等于 Y"
else
   echo "$X -eq $Y: X 不等于 Y"
fi
if [ $X -ne $Y ]
then
   echo "$X -ne $Y: X 不等于 Y"
else
   echo "$X -ne $Y : X 等于 Y"
fi
if [ $X -gt $Y ]
then
   echo "$X -gt $Y: X 大于 Y"
else
   echo "$X -gt $Y: X 不大于 Y"
fi
if [ $X -lt $Y ]
then
   echo "$X -lt $Y: X 小于 Y"
else
   echo "$X -lt $Y: X 不小于 Y"
fi
if [ $X -ge $Y ]
then
   echo "$X -ge $Y: X 大于或等于 Y"
else
   echo "$X -ge $Y: X 小于 Y"
fi
if [ $X -le $Y ]
then
   echo "$X -le $Y: X 小于或等于 Y"
else
   echo "$X -le $Y: X 大于 Y"
fi
[root@localhost script]# . gxys.sh           //执行脚本
10 -eq 20: X 不等于 Y
10 -ne 20: X 不等于 Y
10 -gt 20: X 不大于 Y
10 -lt 20: X 小于 Y
10 -ge 20: X 小于 Y
10 -le 20: X 小于或等于 Y
[root@localhost script]#
```

3. 布尔运算符

常用布尔运算符的功能说明及举例如表 7.3 所示。

表 7.3 常用布尔运算符的功能说明及举例

运算符	功能说明	举例
-a	与运算，两个表达式都为 true 时才返回 true，否则返回 false	[$X -lt 20 -a $Y -gt 10] 返回 true
-o	或运算，有一个表达式为 true 时，返回 true，否则返回 false	[$X -lt 20 -o $Y -gt 10] 返回 true
!	非运算，表达式为 true 时返回 false，否则返回 true，否则返回 false	[! false] 返回 true

4. 字符串运算符

常用字符串运算符的功能说明及举例如表 7.4 所示。

表 7.4 常用字符串运算符的功能说明及举例

运算符	功能说明	举例
=	检测两个字符串是否相等，相等则返回 true，否则返回 false	[$X = $Y] 返回 false
!=	检测两个字符串是否不相等，不相等则返回 true，否则返回 false	[$X != $Y] 返回 true
-z	检测字符串长度是否为 0，为 0 则返回 true，否则返回 false	[-z $X] 返回 false
-n	检测字符串长度是否不为 0，不为 0 则返回 true，否则返回 false	[-n "$X"] 返回 true
$	检测字符串是否为空，不为空则返回 true，否则返回 false	[$X] 返回 true

5. 逻辑运算符

常用逻辑运算符的功能说明及举例如表 7.5 所示。

表 7.5 常用逻辑运算符的功能说明及举例

运算符	功能说明	举例
&&	逻辑与，两个表达式都为 true 时才返回 true，否则返回 false	[$X -lt 100 && $Y -gt 100] 返回 false
||	逻辑或，两个表达式中有一个表达式为 true 时，返回 true，否则返回 false	[$X -lt 100 || $Y -gt 100] 返回 true

6. 文件测试运算符

常用文件测试运算符的功能说明及举例如表 7.6 所示。

表 7.6 常用文件测试运算符的功能说明及举例

运算符	功能说明	举例
-b file	检测文件是否为块设备文件，如果是，则返回 true，否则返回 false	[-b $file] 返回 false
-c file	检测文件是否为字符设备文件，如果是，则返回 true，否则返回 false	[-c $file] 返回 false
-d file	检测文件是否为目录文件，如果是，则返回 true，否则返回 false	[-d $file] 返回 false

续表

运算符	功能说明	举例
-f file	检测文件是否为普通文件（既不是目录文件，又不是设备文件），如果是，则返回 true，否则返回 false	[-f $file] 返回 true
-g file	检测文件是否设置了 SGID 位，如果是，则返回 true，否则返回 false	[-g $file] 返回 false
-k file	检测文件是否设置了黏着位（Sticky Bit），如果是，则返回 true，否则返回 false	[-k $file] 返回 false
-p file	检测文件是否为有名管道，如果是，则返回 true，否则返回 false	[-p $file] 返回 false
-u file	检测文件是否设置了 SUID 位，如果是，则返回 true，否则返回 false	[-u $file] 返回 false
-r file	检测文件是否可读，如果是，则返回 true，否则返回 false	[-r $file] 返回 true
-w file	检测文件是否可写，如果是，则返回 true，否则返回 false	[-w $file] 返回 true
-x file	检测文件是否可执行，如果是，则返回 true，否则返回 false	[-x $file] 返回 true
-s file	检测文件是否为空（文件大小是否大于 0），如果不为空，则返回 true，否则返回 false	[-s $file] 返回 true
-e file	检测文件（包括目录）是否存在，如果是，则返回 true，否则返回 false	[-e $file] 返回 true

7. $( ) 和 ``

在 Shell 中，$( ) 和 `` 都可用于命令替换。例如，执行以下命令。

```
[root@localhost script]# version=$(uname -r)
[root@localhost script]# echo $version
3.10.0-957.el7.x86_64
[root@localhost script]# version=`uname -r`
[root@localhost script]# echo $version
3.10.0-957.el7.x86_64
[root@localhost script]#
```

这两种方式都可以使 version 得到 Linux 内核的版本号。

`` 和 $( ) 的优缺点如下。

（1）`` 的优缺点

优点：`` 基本上可在全部的 Linux Shell 中使用，若写成 Shell Script，则可移植性比较强。

缺点：很容易输入错误或看错。

（2）$( ) 的优缺点

优点：直观，不容易输入错误或看错。

缺点：并不是所有的 Shell 都支持 $( )。

8. ${ }

${} 用于变量替换，一般情况下，$VAR 与 ${VAR} 的作用相同，但是 ${} 能比较精确地界定变量名称的范围。例如，执行以下命令。

```
[root@localhost script]# X=Y
[root@localhost script]# echo $XY

[root@localhost script]#
```

这里原本打算先将 $X 的结果替换出来，再补字母 Y 于其后，但在命令行中实际上替换了变量名为 XY 的值。

使用 ${} 后就不会出现以上问题了。例如，执行以下命令。

```
[root@localhost script]# echo ${X}Y
YY
[root@localhost script]#
```

9. $[ ] 和 $(( ))

$[ ] 和 $(( )) 的作用是一样的，都用于数学运算，支持 +、−、*、/、%（加、减、乘、除、取模）运算。但要注意，bash 只能做整数运算，会将浮点数当作字符串处理。例如，执行以下命令。

```
[root@localhost script]# X=10;Y=20;Z=30
[root@localhost script]# echo $(( X+Y*Z  ))
610
[root@localhost script]# echo $(( ( X+Y )/Z ))
1
[root@localhost script]# echo $(( ( X+Y )%Z ))
0
[root@localhost script]#
```

10. [ ]

[ ] 为 test 命令的另一种形式，使用时要注意以下几点。

（1）必须在 [的右侧和] 的左侧各加一个空格，否则会报错。

（2）test 命令使用标准的数学比较符号来进行字符串的比较，而 [ ] 使用字符串符号来进行数值的比较。

（3）大于符号或小于符号必须进行转义，否则会被理解成重定向操作。

11. (( )) 和 [[ ]]

(( )) 和 [[ ]] 分别是 [ ] 针对数学比较表达式和字符串表达式的加强版。

[[ ]] 增加了模式匹配功能。(( )) 中不需要再将表达式中的大于符号或小于符号转义，除了可以使用标准的算术运算符外，还可以使用以下符号：a++（后增）、a--（后减）、++a（先增）、--a（先减）、！（逻辑求反）、~（位求反）、**（幂运算）、<<（左位移）、>>（右位移）、&（位布尔与）、|（位布尔或）、&&（逻辑与）、||（逻辑或）。

7.2.3　Shell 流程控制语句

Shell 流程控制语句能够改变 Shell 程序运行顺序，可以实现程序控制流在不同位置之间的转移，也可以根据特定条件在多个备选代码段之间做出选择，仅执行其中一个。Shell 流程控制语句一般可以分为以下几种。

（1）无条件语句：继续运行位于不同位置的一段指令。

（2）条件语句：特定条件成立时，运行一段指令，如单分支 if 条件语句、多分支 if 条件语句、case 语句。

（3）循环语句：运行一段指令若干次，直到特定条件成立为止，如 for 循环语句、while 循环语句、until 循环语句。

（4）跳转语句：运行位于不同位置的一段指令，但完成后仍会继续运行原来要运行的指令。

（5）停止程序语句：不运行任何指令（无条件终止）。

1. 单分支 if 条件语句

其语法格式如下。

```
if  [ 条件判断 ] ; then
      程序
fi
```

或者，

```
if  [ 条件判断 ]
 then
      程序
fi
```

注　意

（1）if 条件语句使用 fi 结尾，和一般程序设计语言使用大括号结尾不同。

（2）[条件判断] 就是使用 test 命令进行判断，所以中括号和条件判断之间必须有空格，否则会报错。

（3）then 后跟符合条件之后要执行的程序，then 可以放在 [条件判断] 之后，用“;”分隔，也可以换行写入，此时不再需要“;”。

2. 多分支 if 条件语句

其语法格式如下。

```
if  [ 条件判断 1 ]
      then
          当条件判断 1 成立时，执行程序 1
elif  [ 条件判断 2 ]
      then
```

```
            当条件判断 2 成立时，执行程序 2
        省略更多条件
else
            当所有条件都不成立时，最后执行的程序
fi
```

【实例 7.4】运用多分支 if 条件语句，编写一段脚本，输入测验成绩，根据下面的标准，输出成绩的等级（A ～ E）。

A（优秀）：90 ～ 100。

B（良好）：80 ～ 89。

C（中等）：70 ～ 79。

D（合格）：60 ～ 69。

E（不合格）：0 ～ 59。

```
[root@localhost script]# vim if-select.sh
[root@localhost script]# cat if-select.sh
#!/bin/bash
# 文件名：if-select.sh
# 版本：v1.1
# 功能：多分支 if 条件语句测试
read -p "请输入您的成绩：" x
if [ "$x" == "" ];then
        echo "您没有输入成绩……"
        exit 5
fi
if [[ "$x" -ge "90" && "$x" -le "100" ]];then
        echo "您的成绩为 A（优秀）"
elif [[ "$x" -ge "80" && "$x" -le "89" ]];then
        echo "您的成绩为 B（良好）"
elif [[ "$x" -ge "70" && "$x" -le "79" ]];then
        echo "您的成绩为 C（中等）"
elif [[ "$x" -ge "60" && "$x" -le "69" ]];then
        echo "您的成绩为 D（合格）"
elif [[ "$x" -lt "60" ]];then
        echo "您的成绩为 E（不合格）"
else
        echo "输入错误"
fi
[root@localhost script]# chmod a+x if-select.sh
[root@localhost script]#  . if-select.sh
请输入您的成绩：88
您的成绩为 B（良好）
[root@localhost script]#
```

3. case 语句

case 语句相当于多分支 if 条件语句，case 变量的值用来匹配 value1、value2、value3、value4 等，匹配之后执行其后的命令，直到遇到双分号“;;”为止。case 命令以 esac 作为终止符。

其语法格式如下。

```
case 值 in
   value1)
   command1
   command2
command3
……
commandN
;;
……
   valueN)
   command1
   command2
command3
……
commandN
;;
esac
```

【实例 7.5】运用 case 语句，编写一段脚本，根据提示信息，输入数值 1 ～ 5，输出相应等级（A ～ E）。

```
[root@localhost script]# vim case.sh
[root@localhost script]# cat  case.sh
#!/bin/bash
# 文件名：case.sh
# 版本：v1.1
# 功能：case 语句测试
read -p "【1：优秀，2：良好，3：中等，4：合格，5：不合格】请输入数字（1 ～ 5）:" x
case $x  in
         1)  echo "您的成绩为 A（优秀）"
          ;;
         2)   echo "您的成绩为 B（良好）"
          ;;
         3)     echo "您的成绩为 C（中等）"
          ;;
         4)     echo "您的成绩为 D（合格）"
          ;;
         5)      echo "您的成绩为 E（不合格）"
          ;;
esac
[root@localhost script]# .  case.sh
【1：优秀，2：良好，3：中等，4：合格，5：不合格】请输入数字（1 ～ 5）:3
您的成绩为 C（中等）
[root@localhost script]#
```

4. for 循环语句

for 循环语句用来在一个列表中执行有限次的命令。for 后跟一个自定义变量、一个关键字 in 和一个字符串列表（可以包含变量）。第一次执行 for 循环语句时，字符串列表中的第一个字符会赋给自定义变量，并执行循环体，直到遇到 done 语句；第二次执行 for 循环语句时，会将字符串列表中的第二个字符赋给自定义变量，以此类推，直到字符串列表遍历完毕。

其语法格式如下。

```
for  NAME [in WORDS…] ；do COMMANDS; done
for((exp1;exp2;exp3 ));do COMMANDS; done
NAME 变量
[in WORDS …]     执行列表
do COMMANDS      执行操作
done 结束符
```

【实例 7.6】运用 for 循环语句，编写一段脚本，从键盘上输入一个数字 *N*，计算 1+2+⋯+*N* 的值，并输出结果。

```
[root@localhost script]# vim for.sh
[root@localhost script]# cat for.sh
#!/bin/bash
# 文件名：for.sh
# 版本：v1.1
# 功能：运用 for 循环语句计算 1+2+…+N 之和
read -p "请输入数字，将要计算 1+2+…+N 之和：" N
sum=0
for ((  i=1; i<=$N; i=i+1 ))
do
    sum=$(( $sum + $i ))
done
echo  "结果为'1+2+…+$N'==>$sum"
[root@localhost script]# chmod a+x for.sh
[root@localhost script]# .  for.sh                    // 执行脚本
请输入数字，将要计算 1+2+…+N 之和：100                  // 计算 1 到 100 间的整数之和
结果为'1+2+…+100'==>5050
[root@localhost script]#
```

5. while 循环语句

while 循环语句用于重复执行同一组命令。其语法格式如下。

```
while EXPRESSION; do COMMANDS; done
while ((exp1;exp2;exp3 ));do COMMANDS; done
```

【实例 7.7】运用 while 循环语句，编写一段脚本，从键盘上输入一个数字 *N*，计算 1+2+⋯+*N* 的值，并输出结果。

```
[root@localhost script]# vim while.sh
[root@localhost script]# cat while.sh
#!/bin/bash
```

```
# 文件名：while.sh
# 版本：v1.1
# 功能：运用 while 循环语句计算 1+2+…+N 之和
read -p "请输入数字，将要计算 1+2+…+N 之和：" N
sum=0
i=0
while ((  $i  !=$N  ))
 do
       i=$(( $i + 1))                        //或执行 let  i++ 命令
       sum=$(( $sum + $i ))
done
echo  "结果为'1+2+…+$N'==>$sum"
[root@localhost script]# chmod a+x while.sh
[root@localhost script]# . while.sh          //执行脚本
请输入数字，将要计算 1+2+…+N 之和：100          //计算 1 到 100 间的整数之和
结果为'1+2+…+100'==>5050
[root@localhost script]#
```

6. until 循环语句

until 循环语句和 while 循环语句类似，区别是 until 循环语句在条件为真时退出循环，在条件为假时继续执行循环；而 while 循环语句在条件为假时退出循环，在条件为真时继续执行循环。其语法格式如下。

```
until EXPRESSION; do COMMANDS; done
until  ((exp1;exp2;exp3 ));do COMMANDS; done
```

【实例 7.8】运用 until 循环语句，编写一段脚本，从键盘上输入一个数字 N，计算 $1+2+\cdots+N$ 的值，并输出结果。

```
[root@localhost script]# vim until.sh
[root@localhost script]# cat until.sh
#!/bin/bash
# 文件名：until.sh
# 版本：v1.1
# 功能：运用 until 循环语句计算 1+2+…+N 之和
read -p "请输入数字，将要计算 1+2+…+N 之和：" N
sum=0
i=0
until (( $i ==$N  ))
do
       i=$(( $i + 1))                        //或执行 let  i++ 命令
       sum=$(( $sum + $i ))
done
 echo  "结果为'1+2+…+$N'==>$sum"
[root@localhost script]# chmod a+x  until.sh   //添加执行权限
[root@localhost script]# . until.sh           //执行脚本
请输入数字，将要计算 1+2+…+N 之和：100          //计算 1 到 100 间的整数之和
结果为'1+2+…+100'==>5050
```

项目实训

本实训的主要任务是掌握Shell编程语句的语法结构，掌握Shell流程控制语句，如单分支if条件语句、多分支if条件语句、case语句、for循环语句、while循环语句及until循环语句的使用方法。

实训目的

（1）掌握Shell变量的使用方法。

（2）掌握Shell运算符的使用方法。

（3）掌握Shell流程控制语句的使用方法。

实训内容

使用如下语句编写执行脚本。

（1）单分支if条件语句。

（2）多分支if条件语句。

（3）case语句。

（4）for循环语句。

（5）while循环语句。

（6）until循环语句。

练习题

1. 选择题

（1）在定义Shell变量时，习惯上用大写字母来命名变量，变量名以字母或下画线开头，不能使用数字，在使用变量时，要在变量名前面加上前缀（　　）。

A. !　　B. #　　C. $　　D. @

（2）可以使用（　　）命令对Shell变量进行算术运算。

A. read　　B. expr　　C. export　　D. echo

（3）在read命令中，可以作为选项的是（　　）。

A. -n　　B. -a　　C. -t　　D. -p

（4）Shell Script通常使用（　　）添加注释。

A. #　　B. //　　C. @　　D. #!

（5）Shell Script通常使用（　　）作为脚本的开始。

A. #　　B. //　　C. @　　D. #!

（6）在关系运算符中，（　　）运算符用于检测运算符左边的数是否大于等于运算符右边的数。

A. -gt　　B. -eq　　C. -ge　　D. -le

（7）在关系运算符中，（　　）运算符用于检测运算符左边的数是否小于等于运算符右边的数。

A. -gt　　B. - eq　　C. -ge　　D. -le

（8）在关系运算符中，（　　）运算符用于检测两个数是否相等。

A. -gt　　B. - eq　　C. -ge　　D. -le

（9）在 Shell 中，用来读取用户在命令模式下输入内容的命令的是（　　）。

A. tar　　B. join　　C. fold　　D. read

（10）（　　）不是 Shell 的循环语句。

A. for　　B. while　　C. switch　　D. until

（11）对于 Linux 的 Shell，说法错误的是（　　）。

A. 其为编译型的程序设计语言　　B. 其能执行外部命令

C. 其能执行内部命令　　D. 其为命令语言解释器

（12）Shell 变量的赋值有 4 种方法，其中采用 X=10 的方法称为（　　）。

A. 使用 read 命令　　B. 直接赋值

C. 使用命令的输出　　D. 使用命令行参数

2. 简答题

（1）简述 Shell Script 编写中的注意事项。

（2）简述运行 Shell Script 的方法。

（3）简述 Shell Script 的组成部分。

（4）简述 Shell 变量的设置规则。

项目8 常用服务器配置与管理

08

项目目标

知识目标

◎ 了解 Samba 服务器的功能、特点以及作用。
◎ 了解 FTP 服务器的应用以及工作原理。

技能目标

◎ 掌握 Samba 服务器的安装、配置与管理。
◎ 掌握 FTP 服务器的安装、配置与管理。

素质目标

◎ 培养自我学习的能力和习惯。
◎ 培养工匠精神，以及做事严谨、精益求精、着眼细节、爱岗敬业的品质。
◎ 培养系统分析与解决问题的能力。

项目陈述

Linux 操作系统中的 Samba、FTP 服务器的安装、管理、配置及使用是网络管理员必须具备的能力。网络文件共享、网络文件传输是网络中常用的服务器配置与管理操作，只有熟练掌握其工作原理才能更好地管理其服务配置。

项目知识

8.1 配置与管理 Samba 服务器

对于刚刚接触 Linux 操作系统的用户来说，使用最多的可能就是 Samba 服务器，为什么是 Samba 呢？原因是 Samba 最先在 Linux 和 Windows 两个平台之间架起了一座“桥梁”。Samba 服务器可实现不同类型的计算机之间的文件和打印机的共享，使得用户可以在 Linux 操作系统和 Windows 操作系统之间进行相互通信。Samba 服务器甚至可以完全取代 Windows Server 2016、Windows Server 2019 等域控制器，使域管理工作变得非常方便。

8.1.1 Samba 简介

微课

V8-1　Samba 简介

服务器信息块（Server Messages Block，SMB）协议是一种在局域网中共享文件和打印机的通信协议，它为局域网内不同操作系统的计算机之间提供了文件及打印机等资源的共享服务。SMB 协议是 C/S 协议，客户机通过该协议可以访问服务器中的共享文件系统、打印机及其他资源。

Samba 是一组能够使 Linux 支持 SMB 协议的软件包，基于通用公共许可证（General Public License，GPL）原则发行，源代码完全公开，可以将其安装到 Linux 操作系统中，作为服务器运行，以实现 Linux 操作系统和 Windows 操作系统之间的相互通信。Samba 服务器的网络环境如图 8.1 所示。

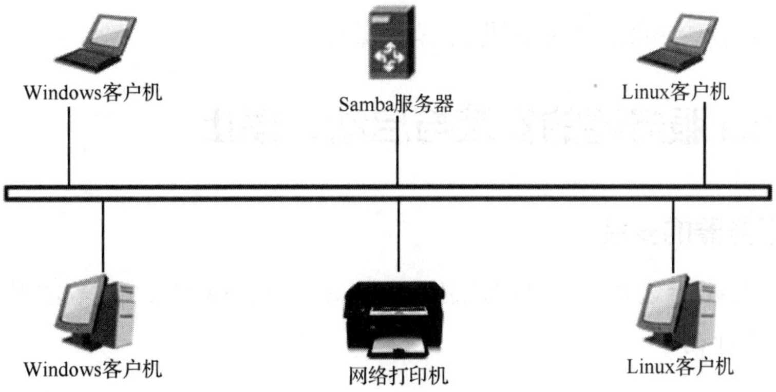

图 8.1　Samba 服务器的网络环境

随着互联网的流行，微软公司希望将 SMB 协议扩展到互联网中，使之成为互联网中计算机之间相互共享数据的一种标准。因此，微软公司对原有的几乎没有多少技术文档的 SMB 协议进行了整理，将其重新命名为通用互联网文件系统（Common Internet File System，CIFS），CIFS 使程序可以访问远程互联网计算机上的文件并要求此计算机提供服务。其客户机程序可请求服务器程序为它提供服务，服务器获得请求并返回响应结果。CIFS 是公共的、开放的 SMB 协议版本。

1. Samba 的功能

Samba 的功能强大，这与其通信基于 SMB 协议有关，SMB 协议不仅提供目录和打印机共享功能，还提供认证、权限设置功能。早期的 SMB 协议运行于 NBT（NetBIOS over TCP/IP）协议上，使用 UDP 的 137、138 及 TCP 的 139 端口。后期的 SMB 协议经过开发后，可以直接运行于 TCP/IP 上，没有额外的 NBT 层，使用 TCP 的 445 端口。

Samba 服务器作为网络中的服务器，其主要功能体现在资源共享上，文件共享和打印机共享是 Samba 服务器最主要的功能之一，Samba 服务器为了方便文件共享和打印机共享，还提供了相关控制和管理功能。具体来说，Samba 服务器提供的功能有以下几种。

（1）可以共享目录：在局域网中共享某些目录，使同一个网络中的 Windows 用户可以在“网上邻居”窗口中访问该目录。

（2）可以设置目录权限：决定一个目录可以由哪些用户访问，具有哪些访问权限，可以设置一个目录由一个用户、某些用户或组和所有用户访问。

（3）可以共享打印机：在局域网中共享打印机，使局域网和其他用户可以使用 Linux 操作系统的打印机。

（4）可以设置打印机的使用权限：决定哪些用户可以使用打印机。

（5）能够提供 SMB 客户功能：允许用户在 Linux 中使用类似 FTP 的方式访问 Windows 计算机资源（包括使用 Windows 中的文件及打印机）。

2. Samba 的特点及作用

特点：Samba 可以实现跨平台文件传输，并支持在线修改文件。

作用：Samba 提供共享文档与打印机服务，可以提供用户登录 Samba 主机时的身份认证功能，可以进行 Windows 网络中的主机名解析操作。

8.1.2 Samba 服务器的安装与启动、停止

1. Samba 服务器的安装

在安装 Samba 服务器之前，建议使用 rpm -qa | grep samba 命令检测系统中是否安装了 Samba 服务器相关软件包。

```
[root@localhost ~]# rpm -qa | grep samba
```

如果系统中还没有安装 Samba 服务器相关软件包，则可以使用 yum 命令安装所需要的软件包。具体操作如下。

（1）挂载 ISO 安装镜像，执行命令如下。

```
[root@localhost ~]# mkdir  /mnt/cdrom
[root@localhost ~]# mount  /dev/sr0  /mnt/cdrom
```

```
mount: /dev/sr0 写保护，将以只读方式挂载
[root@localhost ~]# df  -hT
```

（2）创建用于安装的 YUM 仓库源文件（详见 6.3 节相关内容）samba.repo，该文件的内容如下。

```
[root@localhost yum.repos.d]# vim  samba.repo
# /etc/yum.repos.d/samba.repo
[samba]
name=CentOS 7.6-Base-samba.repo
baseurl=file:///mnt/cdrom
enabled=1
priority=1
gpgcheck=0
~
"samba.repo" 8L, 129C 已写入
[root@localhost yum.repos.d]#
```

（3）使用 yum 命令查看 Samba 服务器相关软件包的信息，如图 8.2 所示。

```
[root@localhost ~]# yum info samba
已加载插件：fastestmirror, langpacks
Loading mirror speeds from cached hostfile
已安装的软件包
名称    : samba
架构    : x86_64
版本    : 4.8.3
发布    : 4.el7
大小    : 1.9 M
源     : installed
来自源：samba
简介    :  Server and Client software to interoperate with Windows machines
网址    : http://www.samba.org/
协议    :  GPLv3+ and LGPLv3+
描述    :  Samba is the standard Windows interoperability suite of programs for Linux and
        : UNIX.
```

图 8.2　使用 yum 命令查看 Samba 服务器相关软件包的信息

（4）使用 yum 命令安装 Samba 服务，如图 8.3 所示。

```
[root@localhost ~]# yum clean all
已加载插件：fastestmirror, langpacks
正在清理软件源：  samba
Cleaning up list of fastest mirrors
Other repos take up 1.1 G of disk space (use --verbose for details)
[root@localhost ~]# yum repolist all
已加载插件：fastestmirror, langpacks
Determining fastest mirrors
samba
(1/2): samba/group_gz
(2/2): samba/primary_db
源标识                                                    源名称
samba                                                     centos 7.6-Base-samba.repo
repolist: 4,021
[root@localhost ~]# yum install samba -y
已加载插件：fastestmirror, langpacks
Loading mirror speeds from cached hostfile
正在解决依赖关系
--> 正在检查事务
---> 软件包 samba.x86_64.0.4.8.3-4.el7 将被 安装
--> 解决依赖关系完成

依赖关系解决

================================================================================
 Package              架构                   版本                         源
================================================================================
正在安装:
 samba                x86_64                 4.8.3-4.el7                  samba

事务概要
================================================================================
安装  1 软件包

总下载量：680 k
安装大小：1.9 M
Downloading packages:
Running transaction check
Running transaction test
Transaction test succeeded
Running transaction
  正在安装    : samba-4.8.3-4.el7.x86_64
  验证中      : samba-4.8.3-4.el7.x86_64

已安装:
  samba.x86_64 0:4.8.3-4.el7

完毕！
```

图 8.3　使用 yum 命令安装 Samba 服务

（5）所有软件包安装完毕后，可以使用 rpm 命令进行查询，执行命令如下。

```
[root@localhost ~]# rpm -qa | grep samba
samba-client-libs-4.8.3-4.el7.x86_64
samba-common-libs-4.8.3-4.el7.x86_64
samba-libs-4.8.3-4.el7.x86_64
samba-client-4.8.3-4.el7.x86_64
samba-common-4.8.3-4.el7.noarch
```

查看 Samba 服务器相关软件包安装的具体目录，执行命令如下。

```
[root@localhost ~]# locate  samba | grep rpm
/var/cache/yum/x86_64/7/updates/packages/samba-client-4.10.4-11.el7_8.x86_64.rpm
/var/cache/yum/x86_64/7/updates/packages/samba-client-libs-4.10.4-11.el7_8.x86_64.rpm
/var/cache/yum/x86_64/7/updates/packages/samba-common-4.10.4-11.el7_8.noarch.rpm
/var/cache/yum/x86_64/7/updates/packages/samba-common-libs-4.10.4-11.el7_8.x86_64.rpm
/var/cache/yum/x86_64/7/updates/packages/samba-libs-4.10.4-11.el7_8.x86_64.rpm
```

也可以执行如下命令。

```
[root@localhost ~]# find  /  -name  "samba*.rpm"
```

2. Samba 服务器的启动、停止

启动、停止 Samba 服务器的相关命令如下。

```
[root@localhost ~]# systemctl start smb
[root@localhost ~]# systemctl enable smb
Created symlink from /etc/systemd/system/multi-user.target.wants/smb.service to
/usr/lib/systemd/system/smb.service.
[root@localhost ~]# systemctl restart smb
[root@localhost ~]# systemctl start smb
[root@localhost ~]# systemctl reload smb
```

注　意

在 Linux 的服务中，更改了配置文件后，一定要重启服务，使服务重新加载配置文件，这样新的配置才可以生效。

3. Samba 服务器的搭建流程和工作流程

当 Samba 服务器安装完毕后，并不能直接使用 Windows 或 Linux 的客户机访问 Samba 服务器，而必须对服务器进行设置，告诉 Samba 服务器哪些目录可以共享给客户机访问，并根据需要设置其他选项。例如，添加对共享目录内容的简单描述和访问权限等。

基本的 Samba 服务器的搭建流程主要分为以下 5 个步骤。

① 编辑主配置文件 smb.conf，指定需要共享的目录，并为共享目录设置共享权限。

② 在 smb.conf 文件中指定日志文件名称和存放目录。

③ 设置共享目录的本地系统权限。

④ 重新加载配置文件或重新启动 SMB 服务，使新配置生效。

⑤ 关闭防火墙，同时启用 SELinux。

Samba 服务器的工作流程如图 8.4 所示，主要分为以下 4 个步骤。

① 客户机请求访问 Samba 服务器中的共享目录。

② Samba 服务器接收到请求后，查询主配置文件 smb.conf，查看其是否共享了相应目录，如果共享了相应目录，则查看客户机是否有访问权限。

③ Samba 服务器会将本次访问的信息记录在日志文件之中，日志文件的名称和目录需要用户设置。

④ 如果客户机具有访问权限，则允许客户机对共享目录进行访问。

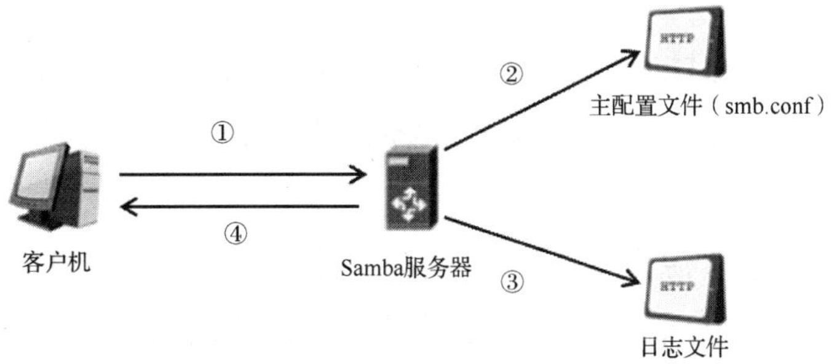

图 8.4　Samba 服务器的工作流程

4. 主配置文件

Samba 服务器的配置文件一般位于 /etc/samba 目录下，主配置文件名为 smb.conf。

（1）使用 ls -l /etc/samba 命令，查看 smb.conf 文件属性，如图 8.5 所示。

```
[root@localhost ~]# ls  -l /etc/samba
总用量 20
-rw-r--r--. 1 root root    20 10月  31 2018 lmhosts
-rw-r--r--. 1 root root   706 10月  31 2018 smb.conf
-rw-r--r--. 1 root root 11327 10月  31 2018 smb.conf.example
[root@localhost ~]#
```

图 8.5　查看 smb.conf 文件属性

使用 cat /etc/samba/smb.conf 命令，查看 smb.conf 文件内容，如图 8.6 所示。

```
[root@localhost ~]# cat /etc/samba/smb.conf
# See smb.conf.example for a more detailed config file or
# read the smb.conf manpage.
# Run 'testparm' to verify the config is correct after
# you modified it.

[global]
        workgroup = SAMBA
        security = user

        passdb backend = tdbsam

        printing = cups
        printcap name = cups
        load printers = yes
        cups options = raw

[homes]
        comment = Home Directories
        valid users = %S, %D%w%S
        browseable = No
        read only = No
        inherit acls = Yes

[printers]
        comment = All Printers
        path = /var/tmp
        printable = Yes
        create mask = 0600
        browseable = No

[print$]
        comment = Printer Drivers
        path = /var/lib/samba/drivers
        write list = @printadmin root
        force group = @printadmin
        create mask = 0664
        directory mask = 0775
[root@localhost ~]#
```

图 8.6　查看 smb.conf 文件内容

从图 8.6 中可以看出 CentOS 7.6 的主配置文件 smb.conf 已经简化，文件内容只有 30 行左右。为了更清楚地了解主配置文件 smb.conf，建议读者研读该文件。根据不同功能，Samba 开发组对 smb.conf 文件进行了分段，使其条理非常清晰。

为了方便配置，建议先备份 smb.conf 文件，一旦发现错误，可以随时从备份文件中进行恢复，执行命令如下。

```
[root@localhost ~]# cd  /etc/samba
[root@localhost samba]# ls
lmhosts  smb.conf  smb.conf.example
[root@localhost samba]# cp  smb.conf  smb.conf.bak
[root@localhost samba]# ls
lmhosts  smb.conf  smb.conf.bak  smb.conf.example
```

（2）在共享定义（Share Definitions）部分设置对象为共享目录和打印机，如果想发布共享资源，则需要对共享定义部分进行配置。共享定义部分的字段丰富，设置灵活。相关操作如下。

① 设置共享名。共享资源发布后，必须为每个共享目录或打印机设置不同的共享名，供网络用户访问时使用，且共享名可以与原目录名或打印机名不同。

共享名的设置格式如下。

```
[ 共享名 ]
```

② 设置共享资源描述。网络中存在各种共享资源，为了方便用户识别，可以为其添加备注信息。共享资源描述的设置格式如下。

```
comment= 备注信息
```

③ 设置共享路径。共享资源的原始完整路径可以使用 path 字段进行发布，一定要正确指定。共享路径的设置格式如下。

```
path= 绝对地址路径
```

④ 设置匿名访问。要设置能否对共享资源进行匿名访问，可以更改 public 字段。匿名访问的设置格式如下。

```
public=yes    // 允许匿名访问
public=no     // 禁止匿名访问
```

【实例 8.1】Samba 服务器中有一个目录为 /share，需要发布该目录为共享目录，定义其共享名为 public，要求允许浏览、允许只读、允许匿名访问，具体设置如下。

```
[public]
        comment=public
        path = /share
        browseable = yes
```

```
        read only = yes
        public = yes
```

⑤ 设置访问用户。如果共享资源中存在重要数据，则需要对访问用户进行审核，可以通过 valid users 字段进行设置。访问用户的设置格式如下。

```
valid users = 用户名
valid users = @ 组名
```

【实例 8.2】Samba 服务器的 /share/devel 目录下存放了公司研发部的数据，只允许研发部员工和经理访问，研发部组为 devel，经理账号为 manager，具体设置如下。

```
[devel]
    comment=devel
     path = /share/devel
     valid users =manager,@ devel
```

⑥ 设置目录为只读。如果要限制用户对共享目录的读写操作，则可以通过 read only 字段来实现。目录读写权限的设置格式如下。

```
read only = yes        // 只读
read only = no         // 读写
```

⑦ 设置过滤主机。注意网络地址的写法，相关示例如下。

```
hosts allow = 192.168.1.  server.xyz.com
```

上述命令表示允许来自 192.168.1.0 或 server.xyz.com 的访问者访问 Samba 服务器的资源。

```
hosts deny=192.168.2.
```

上述命令表示不允许来自 192.168.2.0 网络的主机访问当前 Samba 服务器的资源。

【实例 8.3】Samba 服务器公共目录 /share 下存放了大量的共享数据，为保证目录安全，仅允许来自 192.168.1.0 网络的主机访问，且只允许读取操作、禁止写入操作。具体操作如下。

```
[share]
         comment=share
         path = /share
         read only = yes
         public = yes
         hosts allow = 192.168.1.
```

⑧ 设置目录可写。

```
writable= yes       // 读写
writable = no        // 只读
```

write list 用于指定哪些用户或用户组群具有对资源进行写操作的权限，其设置格式如下。

```
write list = 用户名
write list = @组群名
```

注　意

[homes] 为特殊共享目录，表示用户主目录，[printer$] 表示共享打印机。

5. Samba 服务器的日志文件和密码文件

（1）Samba 服务器的日志文件

日志文件对于 Samba 服务器来说非常重要。它存储着客户机访问 Samba 服务器的信息，以及 Samba 服务器的错误提示信息等，可以通过分析日志文件来解决客户机访问和服务器维护等问题。

在 /etc/samba/smb.conf 文件中，logfile 为设置 Samba 日志文件的字段。Samba 服务器的日志文件默认存放在 /var/log/samba 下，其会为每个连接到 Samba 服务器的计算机分别建立日志文件。

（2）Samba 服务器的密码文件

Samba 服务器发布共享资源后，客户机访问 Samba 服务器时，需要提交用户名和密码进行身份验证，验证通过后才可以登录。Samba 服务为了实现客户身份验证功能，将用户名和密码信息存放在 /etc/samba/smbpasswd 中，在客户机访问时，将用户提交的资料与 smbpasswd 中存放的信息进行比对，如果相同，且 Samba 服务器的其他安全设置允许，则客户机与 Samba 服务器的连接才能建立成功。

如何建立 Samba 账号呢？ Samba 账号并不能直接建立，而需要先建立同名的 Linux 系统账号。例如，如果要建立一个名为 user01 的 Samba 账号，则 Linux 操作系统中必须存在一个同名的 user01 系统账号。

在 Samba 中添加账号的命令为 smbpasswd。其命令格式如下。

```
smbpasswd  -a 用户名
```

【实例 8.4】在 Samba 服务器中添加 Samba 账号 sam-user01。

（1）建立 Linux 操作系统账号 sam-user01。

```
[root@localhost ~]# useradd  -p  123456  sam-user01  //创建账号并设置密码
[root@localhost ~]# dir  /home
csg  sam-user01  script
```

（2）添加 sam-user01 用户的 Samba 账号。

```
[root@localhost ~]# smbpasswd  -a  sam-user01
New SMB password:
Retype new SMB password:
Added user sam-user01.
```

> **提 示**
>
> 在建立 Samba 账号之前，一定要先建立一个与 Samba 账号同名的 Linux 系统账号。

经过上面的设置，再次访问 Samba 共享文件时即可使用 sam-user01 账号。

8.1.3 Samba 服务器配置实例

在 CentOS 7.6 中，Samba 服务器程序默认使用用户密码认证模式，这种模式可以确保仅让有密码且受信任的用户访问共享资源，且认证过程十分简单。

【实例 8.5】某公司有多个部门，因工作需要，必须分门别类地建立相应部门的目录。现在要求将技术部的资料存放在 Samba 服务器的 /companydata/tech 目录下，进行集中管理，以便技术人员浏览，且该目录只允许技术部的员工访问。

1. 实例配置

（1）建立共享目录，并在其下建立测试文件。

```
[root@localhost ~]# mkdir /companydata
[root@localhost ~]# mkdir /companydata/tech
[root@localhost ~]# touch /companydata/tech/share.test
```

（2）添加技术部用户和组群，并添加相应的 Samba 账号。

① 添加系统账号。

```
[root@localhost ~]# groupadd group-tech
[root@localhost ~]# useradd -p 123456 -g group-tech sam-tech01
[root@localhost ~]# useradd -p 123456 -g group-tech sam-tech02
[root@localhost ~]# useradd -p 123456  sam-test01
```

② 添加 Samba 账号。

```
[root@localhost ~]# smbpasswd -a sam-tech01
New SMB password:
Retype new SMB password:
Added user sam-tech01.
[root@localhost ~]# smbpasswd -a sam-tech02
New SMB password:
Retype new SMB password:
Added user sam-tech02.
```

（3）修改 Samba 主配置文件（/etc/samba/smb.conf）。

```
[root@localhost ~]# vim /etc/samba/smb.conf
[global]
```

```
        workgroup = SAMBA
        security = user                    //默认使用 user 安全级别模式
        passdb backend = tdbsam
        printing = cups
        printcap name = cups
        load printers = yes
        cups options = raw
[tech]                                     //设置共享目录的名称为 tech
        comment=tech
        path = /companydata/tech           //设置共享目录的绝对路径
        writable = yes
        browseable = yes
        valid users = @group-tech          //设置可以访问的用户为 group-tech 组的用户
"/etc/samba/smb.conf" 43L, 814C 已写入
[root@localhost ~]#
```

（4）设置共享目录的本地系统权限。

```
[root@localhost ~]# chmod  777  /companydata/tech  -R       //-R 表示递归
[root@localhost ~]# chown  sam-tech01:group-tech  /companydata/tech  -R
[root@localhost ~]# chown  sam-tech02:group-tech  /companydata/tech  -R
```

（5）更改共享目录的 context 值，或者禁用 SELinux。

```
[root@localhost ~]# chcon  -t  samba_share_t  /companydata/tech  -R
```

或者执行如下命令。

```
[root@localhost ~]# getenforce
Enforcing
[root@localhost ~]# setenforce Permissive
```

（6）设置防火墙，允许 samba 服务器通过，这一步的设置很重要。

```
[root@localhost ~]# firewall-cmd --permanent --add-service=samba
success
[root@localhost ~]# firewall-cmd  --reload
success
[root@localhost ~]# firewall-cmd  --list-all
public (active)
  target: default
  icmp-block-inversion: no
  interfaces: ens33
  sources:
  services: ssh dhcpv6-client samba
……
```

（7）重新加载 Samba 服务器。

```
[root@localhost ~]# systemctl restart smb
```

或者执行如下命令。

```
[root@localhost ~]# systemctl reload smb
```

2. 结果测试

无论 Samba 服务器是部署在 Windows 操作系统中，还是部署在 Linux 操作系统中，通过 Windows 操作系统进行访问时，其步骤是一样的。下面假设 Samba 服务器部署在 Linux 操作系统中，并通过 Windows 操作系统来访问 Samba 服务。Samba 服务器和 Windows 客户机的主机名称、操作系统及 IP 地址如表 8.1 所示。

表 8.1 Samba 服务器和 Windows 客户机的主机名称、操作系统及 IP 地址

主机名称	操作系统	IP 地址
Samba 服务器：CentOS7.6-1	CentOS 7.6	192.168.100.100
Windows 客户机：Windows10-1	Windows 10	192.168.100.1

（1）进入 Windows 客户机桌面，按“Windows+R”组合键，弹出“运行”对话框，输入 Samba 服务器的 IP 地址，如图 8.7 所示。

（2）单击“确定”按钮，弹出“Windows 安全中心”对话框，输入用户名和密码，如图 8.8 所示。

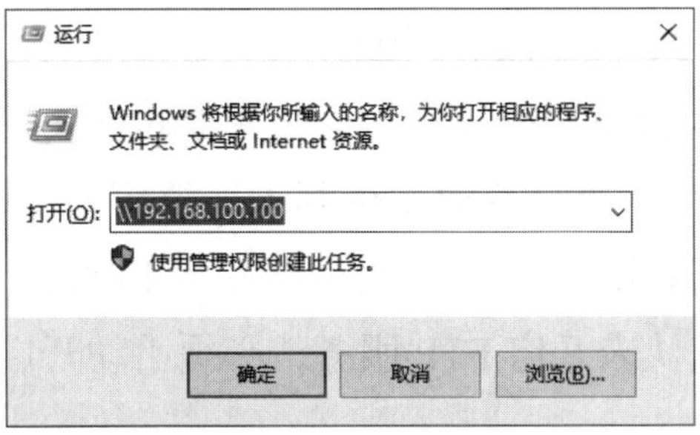

图 8.7 “运行”对话框

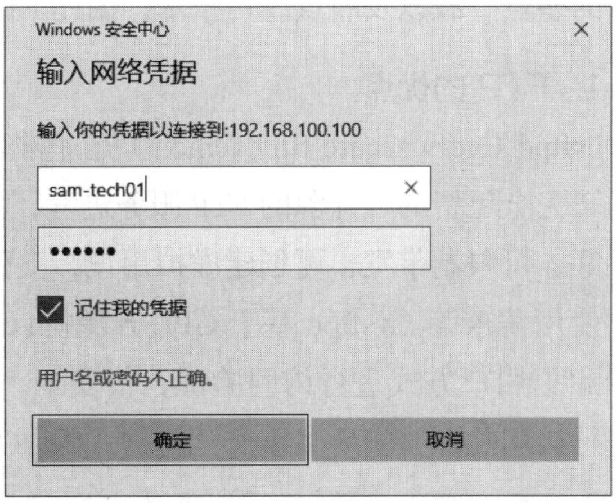

图 8.8 “Windows 安全中心”对话框

（3）单击“确定”按钮，打开 Samba 服务器共享目录窗口，选择目录即可进行相应操作，如图 8.9 所示。

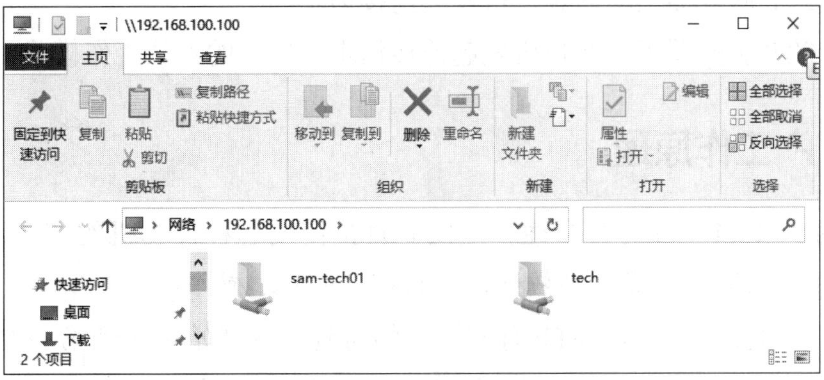

图 8.9 Samba 服务器共享目录窗口

8.2 配置与管理 FTP 服务器

一般来说，人们将计算机联网的首要目的就是获取资料，而文件传输是一种非常重要的获取资料的方式。今天的互联网是由海量个人计算机、工作站、服务器以及小型机、大型机、巨型机等不同型号、具有不同架构的物理设备共同组成的，即便是个人计算机，也可能装有 Windows、Linux、UNIX、macOS 等不同的操作系统。为了能够解决如此复杂多样的设备之间的文件传输问题，FTP 应运而生。

8.2.1 FTP 简介

FTP 是一种在互联网中进行文件传输的协议，基于 C/S 模式，默认使用端口 20、21，其中，端口 20（数据端口）用于进行数据传输，端口 21（命令端口）用于接收客户机发出的 FTP 相关命令与参数。FTP 服务器普遍部署于内网中，具有容易搭建、方便管理的特点。有些 FTP 客户机工具可以支持文件的多点下载以及断点续传技术，因此 FTP 服务受到了广大用户的青睐。

微课

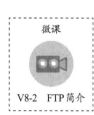

V8-2 FTP 简介

1. FTP 的优点

vsftpd（very secure ftp daemon）是非常安全的 FTP 服务进程，是各种 Linux 发行版中主流的、完全免费的、开源的 FTP 服务进程，其优点是小巧轻便、安全易用、稳定高效，可伸缩性好，可限制带宽，可创建虚拟用户，支持 IPv6，传输速率高，可满足企业跨部门、多用户的使用需求等。vsftpd 基于 GPL 开源协议发布，在中小型企业中得到了广泛应用。vsftpd 基于虚拟用户方式进行访问验证，很安全，可以快速上手；vsftpd 还可以基于 MySQL 数据库进行访问验证，实现多重安全防护。CentOS 7.6 默认未开启 FTP 服务，必须手动开启。

2. FTP 的工作模式

FTP 服务器是遵循 FTP 在互联网中提供文件存储和访问服务的主机；FTP 客户机则是向服务器发送连接请求，以建立数据传输链路的主机。FTP 有以下两种工作模式。

主动模式：FTP 服务器主动向客户机发起连接请求。

被动模式：FTP 服务器等待客户机发起连接请求（FTP 的默认工作模式）。

8.2.2 FTP 工作原理

FTP 的目标是增强文件的共享性，提供非直接使用远程计算机的方式，使存储介质为用户透明、可靠、高效地传输数据。FTP 能操作任何类型的文件而不需要进一步处理，但是，FTP 有着极高的时延，从开始请求到第一次接收需求数据所需要的时间非常长，且必须完成一些冗长的登录过程。

微课

V8-3 FTP 工作原理

FTP 是基于 C/S 模式设计的，其在客户机与 FTP 服务器之间建立两个连接。开发任何基于 FTP 的客户机软件都必须遵循 FTP 的工作原理。FTP 的独特优势是它在两台通信的主机之间使用两个 TCP 连接：一个是数据连接，用于传输数据；另一个是控制连接，用于传输控制信息（命令和响应）。这种将命令和数据分开传输的思想大大提高了 FTP 的效率，而其他客户服务器应用程序一般只有一个 TCP 连接。

FTP 大大减弱了文件传输的复杂性，它能使文件通过网络从一台主机传输到另外一台计算机上，而不受计算机和操作系统类型的限制。无论是个人计算机、服务器、大型机，还是 macOS、Linux、Windows 操作系统，只要双方都支持 FTP，就可以方便、可靠地进行文件的传输。

FTP 服务的具体工作流程如下。

（1）客户机向服务器发出连接请求，同时客户机动态地打开一个大于 1024 的端口（如 3012 端口）等待 FTP 服务器连接。

（2）若 FTP 服务器在其 21 端口侦听到该请求，则会在客户机的 3012 端口和 FTP 服务器的 21 端口之间建立一个 TCP 连接。

（3）当需要传输数据时，客户机动态地打开一个大于 1024 的端口（如 3013 端口）连接到 FTP 服务器的 20 端口，并在这两个端口之间进行数据的传输。当数据传输完毕后，这两个端口会自动关闭。

（4）当客户机断开与 FTP 服务器的连接时，客户机会自动释放分配的端口。

8.2.3 vsftpd 服务的安装与启动、停止

1. vsftpd 服务的安装

执行如下命令安装 vsftpd 服务。

```
[root@localhost ~]# rpm -qa vsftpd            //查询系统中是否安装了 vsftpd 服务
[root@localhost ~]# mkdir  /mnt/cdrom
[root@localhost ~]# mount  /dev/sr0  /mnt/cdrom
[root@localhost ~]# vim /etc/yum.repos.d/vsftpd.repo
# /etc/yum.repos.d/vsftpd.repo
[vsftpd]
name=CentOS 7.6-Base-vsftpd.repo
baseurl=file:///mnt/cdrom
enabled=1
priority=1
gpgcheck=0
```

查看当前 YUM 仓库源文件，安装 vsftpd、FTP 服务，执行相关命令，如图 8.10～图 8.12 所示。

```
[root@localhost ~]# yum  clean  all
已加载插件：fastestmirror, langpacks
正在清理软件源：  vsftpd
Cleaning up list of fastest mirrors
Other repos take up 1.1 G of disk space (use --verbose for details)
[root@localhost ~]# yum repolist all
已加载插件：fastestmirror, langpacks
Determining fastest mirrors
vsftpd                                                      | 3.6 kB  00:00:00
(1/2): vsftpd/group_gz                                      | 166 kB  00:00:00
(2/2): vsftpd/primary_db                                    | 3.1 MB  00:00:00
源标识                   源名称                                         状态
vsftpd                   centos 7.6-Base-vsftpd.repo                   启用: 4,021
repolist: 4,021
```

图 8.10　查看当前 YUM 仓库源文件

```
[root@localhost ~]# yum  install  vsftpd  -y
已加载插件：fastestmirror, langpacks
Loading mirror speeds from cached hostfile
正在解决依赖关系
--> 正在检查事务
---> 软件包 vsftpd.x86_64.0.3.0.2-25.el7 将被 安装
--> 解决依赖关系完成

依赖关系解决

================================================================================
 Package          架构              版本                    源              大小
================================================================================
正在安装：
 vsftpd           x86_64            3.0.2-25.el7            vsftpd         171 k

事务概要
================================================================================
安装  1 软件包

总下载量：171 k
安装大小：353 k
Downloading packages:
Running transaction check
Running transaction test
Transaction test succeeded
Running transaction
  正在安装    : vsftpd-3.0.2-25.el7.x86_64                                  1/1
  验证中      : vsftpd-3.0.2-25.el7.x86_64                                  1/1

已安装：
  vsftpd.x86_64 0:3.0.2-25.el7

完毕！
```

图 8.11　安装 vsftpd 服务

```
[root@localhost ~]# yum  install  ftp  -y
已加载插件：fastestmirror, langpacks
Loading mirror speeds from cached hostfile
正在解决依赖关系
--> 正在检查事务
---> 软件包 ftp.x86_64.0.0.17-67.el7 将被 安装
--> 解决依赖关系完成

依赖关系解决

================================================================================
 Package          架构              版本                    源              大小
================================================================================
正在安装：
 ftp              x86_64            0.17-67.el7             vsftpd          61 k

事务概要
================================================================================
安装  1 软件包

总下载量：61 k
安装大小：96 k
Downloading packages:
Running transaction check
Running transaction test
Transaction test succeeded
Running transaction
  正在安装    : ftp-0.17-67.el7.x86_64                                      1/1
  验证中      : ftp-0.17-67.el7.x86_64                                      1/1

已安装：
  ftp.x86_64 0:0.17-67.el7

完毕！
[root@localhost ~]# rpm -qa | grep ftp
vsftpd-3.0.2-25.el7.x86_64
ftp-0.17-67.el7.x86_64
```

图 8.12　安装 FTP 服务

2. vsftpd 服务的启动、停止

安装完 vsftpd 服务后，启动该服务。vsftpd 服务可以以独立或被动方式启动，在 CentOS 7.6 中，默认以独立方式启动 vsftpd 服务。

重新启动 vsftpd 服务、随系统启动 vsftpd 服务、开放防火墙、启用 SELinux，执行命令如下。

```
[root@localhost ~]# systemctl start vsftpd
[root@localhost ~]# systemctl restart vsftpd
[root@localhost ~]# systemctl enable  vsftpd
[root@localhost ~]# systemctl enable  vsftpd
[root@localhost ~]# firewall-cmd  --permanent  --add-service=ftp
success
[root@localhost ~]# firewall-cmd  --reload
success
[root@localhost ~]# setsebool  -P  ftpd_full_access=on
[root@localhost ~]#
```

3. 查看 FTP 服务是否启动

查看 FTP 服务是否启动，执行相关命令，如图 8.13 所示。

```
[root@localhost ~]# ps -e | grep ftp
  9806 ?        00:00:00 vsftpd
[root@localhost ~]#
[root@localhost ~]# systemctl status vsftpd.service
● vsftpd.service - Vsftpd ftp daemon
   Loaded: loaded (/usr/lib/systemd/system/vsftpd.service; enabled; vendor preset: disabled)
   Active: active (running) since 一 2020-09-07 05:12:45 CST; 11min ago
 Main PID: 9806 (vsftpd)
   CGroup: /system.slice/vsftpd.service
           └─9806 /usr/sbin/vsftpd /etc/vsftpd/vsftpd.conf

9月 07 05:12:45 localhost.localdomain systemd[1]: Starting Vsftpd ftp daemon...
9月 07 05:12:45 localhost.localdomain systemd[1]: Started Vsftpd ftp daemon.
[root@localhost ~]#
```

图 8.13 查看 FTP 服务是否启动

8.2.4 vsftpd 服务的配置文件

vsftpd 服务的配置主要通过以下几个配置文件来完成。

1. 主配置文件

vsftpd 服务的主配置文件（/etc/vsftpd/vsftpd.conf）的内容有百余行，但其中大多数参数行在开头添加了“#”，从而成为注释。目前没有必要在注释上花费太多的时间，可以使用 grep –v 命令，过滤并反选出不包含“#”的参数行（即过滤掉所有的注释），并将过滤后的参数行通过输出重定向符写到原始的主配置文件中。安全起见，建议先备份主配置文件，执行命令如下。

```
[root@localhost ~]# mv /etc/vsftpd/vsftpd.conf  /etc/vsftpd/vsftpd.conf.bak
[root@localhost ~]# ls -l /etc/vsftpd/
总用量 20
-rw-------. 1 root root  125 10月 31 2018 ftpusers
```

```
-rw-------. 1 root root  361 10月 31 2018 user_list
-rw-------. 1 root root 5116 10月 31 2018 vsftpd.conf.bak
-rwxr--r--. 1 root root  338 10月 31 2018 vsftpd_conf_migrate.sh
[root@localhost ~]# grep -v  "#"  /etc/vsftpd/vsftpd.conf.bak > /etc/vsftpd/vsftpd.conf
[root@localhost ~]# ls -l /etc/vsftpd/
总用量 24
 -rw-------. 1 root root  125 10月 31 2018 ftpusers
-rw-------. 1 root root  361 10月 31 2018 user_list
-rw-r--r--. 1 root root  248 9月   7 05:40 vsftpd.conf
-rw-------. 1 root root 5116 10月 31 2018 vsftpd.conf.bak
-rwxr--r--. 1 root root  338 10月 31 2018 vsftpd_conf_migrate.sh
[root@localhost ~]#
[root@localhost ~]# cat  /etc/vsftpd/vsftpd.conf  -n
     1  anonymous_enable=YES
     2  local_enable=YES
     3  write_enable=YES
     4  local_umask=022
     5  dirmessage_enable=YES
     6  xferlog_enable=YES
     7  connect_from_port_20=YES
     8  xferlog_std_format=YES
     9  listen=NO
    10  listen_ipv6=YES
    11
    12  pam_service_name=vsftpd
    13  userlist_enable=YES
    14  tcp_wrappers=YES
[root@localhost ~]#
```

vsftpd 服务的主配置文件中常用的参数及其功能说明如表 8.2 所示。

表 8.2　vsftpd 服务的主配置文件中常用的参数及其功能说明

参数	功能说明
anonymous_enable=[YES|NO]	设置是否允许匿名用户访问
local_enable=[YES|NO]	设置是否允许本地用户登录 FTP
write_enable=[YES|NO]	用于控制 FTP 用户对服务器文件系统是否有写入权限
local_umask=022	设置本地用户上传文件的 umask 值
dirmessage_enable=[YES|NO]	用于控制是否启用目录欢迎信息功能
xferlog_enable=[YES|NO]	设置是否开启对文件传输事件的记录
connect_from_port_20=[YES|NO]	设置 FTP 处理主动模式下的数据传输时，客户端从端口 20 发起数据连接
xferlog_std_format=[YES|NO]	设置 FTP 在记录文件传输日志时是否采用标准的 xferlog 格式
listen=[YES|NO]	设置是否以独立运行的方式侦听服务
listen_ipv6=[YES|NO]	设置 FTP 是否侦听并使用 IPv6 格式地址的客户端连接请求

续表

参数	功能说明
pam_service_name=vsftpd	设置使用 PAM 进行身份验证时所关联的 PAM 服务名称为 vsftpd
userlist_enable=[YES|NO]	设置允许操作和禁止操作的用户列表
tcp_wrappers=[YES|NO]	设置是否对特定网络服务的访问请求进行拦截、检查和过滤

2. /var/ftp 目录

/var/ftp 目录是 vsftpd 提供的服务的文件“集散地”，它包括一个 /pub 子目录，在默认配置下，所有的目录都是只读的，只有超级用户有写权限。

3. /etc/vsftpd/ftpusers 文件

所有位于 /etc/vsftpd/ftpusers 文件内的用户都不能访问 vsftpd 服务，安全起见，这个文件中默认包括 root、bin 和 daemon 等系统账号。执行相关命令，查看该文件的内容，如图 8.14 所示。

```
[root@localhost ~]# ls -l /etc/vsftpd/ftpusers
-rw-------. 1 root root 125 10月  31 2018 /etc/vsftpd/ftpusers
[root@localhost ~]# cat /etc/vsftpd/ftpusers
# Users that are not allowed to login via ftp
root
bin
daemon
adm
lp
sync
shutdown
halt
mail
news
uucp
operator
games
nobody
[root@localhost ~]#
```

图 8.14　查看 /etc/vsftpd/ftpusers 文件的内容

4. /etc/vsftpd/user_list 文件

/etc/vsftpd/user_list 文件中包含的用户有可能是不允许访问 vsftpd 服务的，也有可能是允许访问 vsftpd 服务的，这主要取决于 vsftpd 的主配置文件 /etc/vsftpd/vsftpd.conf 中的 userlist_deny 参数设置为“YES”（默认值）还是“NO”。

（1）当 userlist_deny=NO 时，仅允许文件列表中的用户访问 FTP 服务器。

（2）当 userlist_deny=YES 时，不允许文件列表中的用户访问 FTP 服务器。

5. /etc/pam.d/vsftpd 文件

/etc/pam.d/vsftpd 文件是 vsftpd 的可插拔式验证模块（Pluggable Authentication Module，PAM）配置文件，主要用来加强 vsftpd 服务器的用户认证功能。

8.2.5　vsftpd 服务器配置实例

1. vsftpd 的认证模式

vsftpd 作为安全的文件传输服务程序，允许用户以如下 3 种认证模式登录 FTP 服务器。

（1）匿名开放模式：这是 3 种模式中最不安全的认证模式，任何人都可以不经过密码验证而直接登录 FTP 服务器。

（2）本地用户模式：这是通过 Linux 操作系统中本地的账户及密码信息进行认证的模式，比匿名开放模式更安全，配置起来也很简单。但是如果黑客破解了账户的信息，则其可以畅通无阻地登录 FTP 服务器，从而完全控制整台服务器。

（3）虚拟用户模式：这是 3 种模式中最安全的认证模式。使用它时需要为 FTP 服务单独建立用户数据库文件，虚拟化用来进行密码验证的账户信息，而实际上这些账户信息在服务器系统中是不存在的，仅供 FTP 服务程序认证使用。这样，即使黑客破解了账户信息也无法登录 FTP 服务器，从而有效缩小了黑客的破坏范围并降低了影响。

2. 匿名用户登录的权限参数

匿名用户登录的权限参数及其功能说明如表 8.3 所示。

表 8.3 匿名用户登录的权限参数及其功能说明

权限参数	功能说明
anonymous_enable=YES	允许使用匿名开放模式
anon_umask=022	设置匿名用户上传文件的 umask 值
anon_upload_enable=YES	允许匿名用户上传文件
anon_mkdir_write_enable=YES	允许匿名用户创建目录
anon_other_write_enable=YES	允许匿名用户修改目录名称或删除目录

3. 配置匿名用户登录 FTP 服务器实例

【实例 8.6】搭建一台 FTP 服务器，允许匿名用户上传文件和创建文件夹，将匿名用户的根目录设置为 /var/ftp，FTP 服务器与 Windows 客户机的主机名称、操作系统及 IP 地址如表 8.4 所示。

表 8.4 FTP 服务器与 Windows 客户机的主机名称、操作系统及 IP 地址

主机名称	操作系统	IP 地址
FTP 服务器：CentOS7.6-1	CentOS 7.6	192.168.100.100
Windows 客户机：Windows10-1	Windows 10	192.168.100.1

（1）新建测试文件，编辑 /etc/vsftpd/vsftpd.conf 文件，执行命令如下。

```
[root@localhost ~]# touch  /var/ftp/pub/test01.tar
[root@localhost ~]# vim  /etc/vsftpd/vsftpd.conf
anonymous_enable=YES                    //允许匿名用户登录
local_enable=YES
write_enable=YES
local_umask=022
```

```
……
anon_root=/var/ftp                         // 设置匿名用户的根目录为 /var/ftp
anon_upload_enable=YES                     // 允许匿名用户上传文件
anon_mkdir_write_enable=YES                // 允许匿名用户创建目录
```

（2）启用 SELinux，设置防火墙允许 FTP 服务通过，重启 vsftpd 服务。

SELinux 有以下 3 种工作模式。

① enforcing：强制模式，即违反 SELinux 规则的行为将被阻止并记录到日志文件中。

② permissive：宽容模式，即违反 SELinux 规则的行为只会被记录到日志文件中，一般在调试时使用。

③ disabled：关闭 SELinux。

设置防火墙允许 FTP 服务通过，执行相关命令，如图 8.15 所示。

```
[root@localhost ~]# setenforce  0
[root@localhost ~]# firewall-cmd --permanent --add-service=ftp
Warning: ALREADY_ENABLED: ftp
success
[root@localhost ~]# firewall-cmd --reload
success
[root@localhost ~]# firewall-cmd --list-all
public (active)
  target: default
  icmp-block-inversion: no
  interfaces: ens33
  sources:
  services: ssh dhcpv6-client samba ftp
  ports:
  protocols:
  masquerade: no
  forward-ports:
  source-ports:
  icmp-blocks:
  rich rules:

[root@localhost ~]# systemctl  restart vsftpd
[root@localhost ~]#
```

图 8.15　设置防火墙允许 FTP 服务通过

在 Windows 客户机的资源管理器中输入“ftp://192.168.100.100”，打开 /pub 目录，新建一个文件夹，系统提示出错，如图 8.16 所示。

图 8.16　系统提示出错

为什么用户无法创建文件夹呢？这是因为没有设置系统的本地权限。

（3）设置系统的本地权限，将所有者设置为 ftp，或者赋予其他用户对 /pub 目录的写权限，执行相关命令。

```
[root@localhost ~]# ls  -ld  /var/ftp/pub
drwxr-xr-x. 2 ftp root 24 9月   7 18:16 /var/ftp/pub     //其他用户没有写权限
[root@localhost ~]# chown  ftp  /var/ftp/pub              //将所有者改为匿名用户 ftp
[root@localhost ~]# chmod  o+w  /var/ftp/pub              //赋予其他用户对 /pub 目录的写权限
[root@localhost ~]# ls -ld  /var/ftp/pub
drwxr-xr-xrwx. 2 ftp root 24 9月   7 18:16 /var/ftp/pub   //已将所有者改为匿名用户 ftp
[root@localhost ~]# systemctl  restart  vsftpd
```

再次在 Windows 客户机上进行测试，发现已经可以在 /pub 目录下建立新文件夹。

（4）在 Linux 客户机上进行测试，测试结果如图 8.17 所示。此时，FTP 服务器与 Linux 客户机的主机名称、操作系统及 IP 地址如表 8.5 所示。

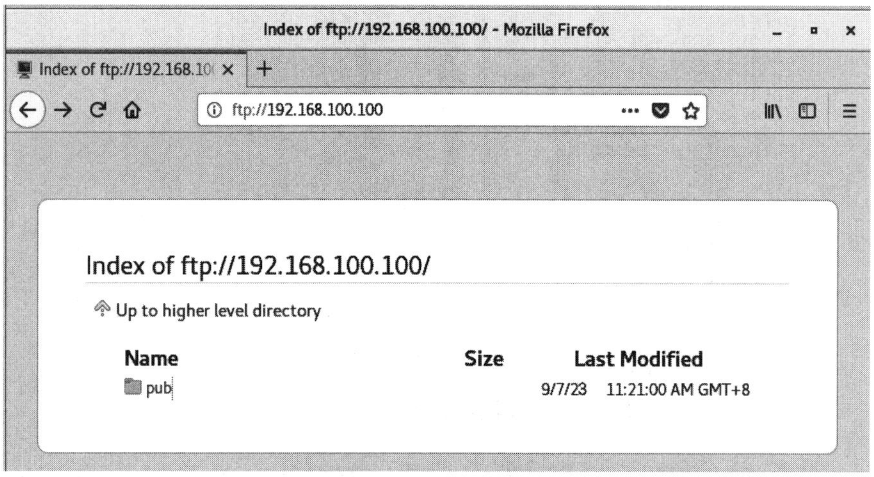

图 8.17 测试结果

表 8.5 FTP 服务器与 Linux 客户机的主机名称、操作系统及 IP 地址

主机名称	操作系统	IP 地址
FTP 服务器：CentOS7.6-1	CentOS 7.6	192.168.100.100
Linux 客户机：CentOS7.6-2	CentOS 7.6	192.168.100.101

注 意

如果要实现匿名用户创建文件等功能，仅仅在配置文件中进行相关设置是不够的，还需要开放本地文件系统权限，使匿名用户拥有写权限，或者将文件属主改为 ftp。另外，要特别注意防火墙和 SELinux 的设置，否则一样会出问题。

4．配置本地用户登录 FTP 服务器实例

（1）FTP 服务器配置要求

某公司内部现有一台 FTP 服务器和一台 Web 服务器，主要用于维护公司的网络功能，包括上传文件、创建目录、更新网页等。该公司现有两个部门负责维护工作，二者分别使用 team01 和 team02 账号进行管理，要求仅允许 team01 和 team02 账号登录 FTP 服务器，但不能登录本地系统，并将这两个账号的根目录设置为 /web/www/html，它们不能进入除该目录以外的任何目录。

（2）需求分析

将 FTP 服务器和 Web 服务器放在一起是企业经常采用的方法，这样方便进行网站维护。为了增强安全性，首先，仅允许本地用户访问，并禁止匿名用户访问；其次，使用 chroot 功能将 team01 和 team02 账号锁定在 /web/www/html 目录下；最后，如果需要删除文件，则需要注意本地权限的设置。

（3）方案配置

① 建立用于维护网络功能的 FTP 账号，并禁止匿名用户登录，为其设置密码，执行命令如下。

```
[root@localhost ~]# useradd  -p 123456  -s /sbin/nologin  team01
[root@localhost ~]# useradd  -p 123456  -s /sbin/nologin  team02
[root@localhost ~]# useradd  -p 123456  -s /sbin/nologin  test01
```

② 对 vsftpd.conf 主配置文件做相应修改。在修改配置文件时，注释一定要去掉，语句前后不要加空格，按照原始文件进行修改，以免互相影响，执行命令如下。

```
[root@localhost ~]# vim  /etc/vsftpd/vsftpd.conf
anonymous_enable=NO                               //禁止匿名用户登录
local_enable=YES                                  //允许本地用户登录
local_root=/web/www/html                          //设置本地用户的根目录为 /web/www/html
chroot_local_user=NO                              //默认不限制本地用户登录
chroot_list_enable=YES                            //激活 chroot 功能
chroot_list_file=/etc/vsftpd/chroot_list          //设置锁定用户在根目录下的列表文件
allow_writeable_chroot=YES
//只要启用 chroot 功能，就一定要添加该命令，即允许 chroot 限制，否则会出现连接错误
```

③ 建立 /etc/vsftpd/chroot_list 文件，添加 team01 和 team02 账号，执行命令如下。

```
[root@localhost ~]# vim  /etc/vsftpd/chroot_list
team01
team02
```

④ 开放防火墙，启用 SELinux，重启 FTP 服务，执行命令如下。

```
[root@localhost ~]# setenforce 0
[root@localhost ~]# firewall-cmd --permanent --add-service=ftp
[root@localhost ~]# firewall-cmd -reload
```

```
[root@localhost ~]# firewall-cmd --list-all
[root@localhost ~]# systemctl restart vsftpd
```

⑤ 修改系统的本地权限，执行命令如下。

```
[root@localhost ~]# ls -ld /web/www/html
drwxr-xr-x. 2 root root 6 9月   7 20:58 /web/www/html

[root@localhost ~]# chmod -R o+w /web/www/html
[root@localhost ~]# ls -ld /web/www/html
drwxr-xrwx. 2 root root 6 9月   7 20:58 /web/www/html
[root@localhost ~]#
```

⑥ 在 Linux 客户机上安装 FTP 工具，进行相关测试，执行命令如下。

```
[root@localhost ~]# mkdir  /mnt/cdrom
[root@localhost ~]# mount  /dev/sr0  /mnt/cdrom
[root@localhost ~]#yum  clean  all
[root@localhost ~]#yum  reoplist  all
[root@localhost ~]#yum  install  ftp  -y
```

⑦ 使用team01和team02账号时不能转换目录，但可以建立新目录，显示目录为根目录，实际上就是 /web/www/html 目录，执行命令如下。

```
[root@localhost ~]# ftp 192.168.100.100
Connected to 192.168.100.100 (192.168.100.100).
220 (vsFTPd 3.0.2)
Name (192.168.100.100:root): team01          //锁定用户测试
331 Please specify the password.
Password:
230 Login successful.
Remote system type is UNIX.
Using binary mode to transfer files.
ftp> pwd                                     //显示当前目录
257 "/"
ftp> mkdir testteam01                                //建立新目录
257"/ testteam01" created
ftp> ls  -l
227 Entering Passive Mode (192,168,100,100,106,224).
150 Here comes the directory listing.
drwxr-xr-x. 2 root root 6 9月   8 05:16 testteam01
-rw-r--r--. 1 root root 0 9月   8 05:14 test.txt
226 Directory send OK.
ftp> cd /etc
550 Failed to change directory.
ftp> exit
221 Goodbye.
```

5. 配置虚拟用户登录 FTP 服务器实例

FTP 服务器的搭建工作并不复杂，但需要按照服务器的用途合理地进行相关配置。如果 FTP 服务器并不对互联网中的所有用户开放，则可以关闭匿名访问功能，并开启实体账号或者虚拟账号的认证机制。但在实际操作中，如果使用实体账号访问 FTP 服务器，则 FTP 用户在拥有服务器管理员用户账号和密码的情况下，会对服务器产生潜在的危害。如果 FTP 服务器配置不当，则用户有可能使用账号进行非法操作。所以，为了 FTP 服务器的安全，可以使用虚拟账号认证机制，即将虚拟账号映射为服务器的账号，客户机使用虚拟账号访问 FTP 服务器。

下面使用虚拟用户 user01、user02 登录 FTP 服务器，访问目录 /var/ftp/vuser，用户只能查看文件，不能对文件进行上传、修改等操作。

虚拟用户的配置主要有以下几个步骤。

（1）创建用户数据库。

① 创建用户文本文件。建立保存虚拟账号和密码的文本文件，格式如下。

```
虚拟账号 1
密码
虚拟账号 2
密码
```

使用 Vim 建立用户文件 vuser.txt，添加虚拟账号 user01 和 user02，相关命令如下。

```
[root@localhost ~]# mkdir  /vftp
[root@localhost ~]# vim /vftp/vuser.txt
user01
123456
user02
123456
```

② 生成数据库文件。保存虚拟账号及密码的文本文件无法被系统直接调用，需要使用 db_load 命令生成数据库文件，相关命令如下。

```
[root@localhost ~]# db_load  -T  -t  hash  -f  /vftp/vuser.txt  /vftp/vuser.db
[root@localhost ~]# ls /vftp
vuser.db  vuser.txt
```

③ 设置数据库文件访问权限。数据库文件中保存着虚拟账号和密码信息，为了防止被非法用户盗取，可以修改该文件的访问权限，相关命令如下。

```
[root@localhost ~]# chmod 700  /vftp/vuser.db
[root@localhost ~]# ls  -l /vftp
总用量 16
-rwx------. 1 root root 12288 9月   8 05:43 vuser.db
-rw-r--r--. 1 root root    29 9月   8 05:39 vuser.txt
```

（2）配置 PAM 文件。

为了使服务器能够使用数据对客户机进行身份认证，需要调用系统的可拔插认证模块（Pluggable Authentication Modules，PAM）。服务器不必重新安装应用程序，通过修改指定的配置文件，调整对该程序的认证方式即可。PAM 配置文件的目录为 /etc/pam.d，该目录下保存着大量与认证相关的配置文件，并以服务器名称命名。

下面修改 vsftpd 对应的 PAM 配置文件 /etc/pam.d/vsftpd，将默认配置用“#”全部注释掉，并添加相应字段，相关命令如下。

```
[root@localhost ~]# cp /etc/pam.d/vsftpd /etc/pam.d/vsftpd.bak
[root@localhost ~]# vim  /etc/pam.d/vsftpd
#%PAM-1.0
#session    optional     pam_keyinit.so    force revoke
#auth required pam_listfile.so item=user sense=deny file=/etc/vsftpd/ftpusers onerr=succeed
#auth       required    pam_shells.so
#auth       include     password-auth
#account    include     password-auth
#session    required     pam_loginuid.so
#session    include     password-auth
auth        required    pam_userdb.so     db=/vftp/vuser
account     required    pam_userdb.so     db=/vftp/vuser
```

（3）创建虚拟账号对应的系统账号。

执行相关命令，创建虚拟账号对应的系统账号。

```
[root@localhost ~]# useradd -d /var/ftp/vuser  vuser            //①
[root@localhost ~]# chown  vuser.vuser  /var/ftp/vuser          //②
[root@localhost ~]# chmod 555  /var/ftp/vuser                   //③
[root@localhost ~]# ls  -ld  /var/ftp/vuser                     //④
dr-xr-xr-x. 3 vuser vuser 78 9月   8 05:59 /var/ftp/vuser
```

以上代码中，后面带有序号注释的各行的说明如下。

注释①表示使用 useradd 命令添加系统账号 vuser，并将其 /home 目录指定为 /var/ftp/vuser。

注释②表示变更 /vuser 目录的所属用户和组群分别为 vuser 用户、vuser 组。

注释③表示当匿名用户登录时会将其映射为系统用户，并进入 /var/ftp/vuser 目录，但其没有访问该目录的权限，需要为 /vuser 目录的所有者、所属组群和其他用户、组群添加读及执行的权限。

注释④表示使用 ls 命令，查看 /vuser 目录的详细信息，可知用户账号主目录设置完毕。

（4）修改主配置文件 /etc/vsftpd/vsftpd.conf。

修改主配置文件 /etc/vsftpd/vsftpd.conf 的相关修改内容如下。

```
anonymous_enable=NO                                             //①
anon_upload_enable=NO
anon_mkdir_write_enalbe=NO
anon_other_write_enable=NO
local_enable=YES                                                //②
chroot_local_user=YES                                           //③
allow_writeable_chroot=YES
write_enable=YES                                                //④
guest_enable=YES                                                //⑤
```

```
guest_username=vuser                                        //⑥
listen=YES                                                  //⑦
pam_service_name=vsftpd                                     //⑧
```

以上代码中，后面带有序号注释的各行的说明如下。

注释①表示为了保证服务器的安全，关闭匿名访问及其他匿名相关设置。

注释②表示虚拟用户会映射为服务器的系统用户，所以需要开启本地用户的权限。

注释③表示锁定用户的根目录。

注释④表示关闭用户的写权限。

注释⑤表示开启虚拟用户访问功能。

注释⑥表示设置虚拟用户对应的系统用户为 vuser。

注释⑦表示设置 FTP 服务器以独立方式运行。

注释⑧表示配置 vsftpd 对应的 PAM 配置文件 /etc./pam.d/vsftpd。

注　意

"="两边不要加空格。

（5）重启 FTP 服务。

开放防火墙，启用 SELinux，重启 FTP 服务，具体内容详见前文。

（6）在 Linux 客户机上进行相关测试。

具体内容详见前文。

项目实训

本实训的主要任务是在 CentOS 7.6 操作系统中搭建 Samba 服务器、FTP 服务器，并在 Windows 和 Linux 客户机上分别进行测试。

实训目的

（1）掌握创建本地 YUM 仓库源文件的方法，以及安装 Samba 服务器、FTP 服务器的方法。

（2）掌握配置 Samba 服务器的方法。

（3）掌握配置 FTP 服务器的方法。

实训内容

（1）使用系统镜像文件创建本地的 YUM 仓库源文件，安装 Samba 服务器、FTP 服务器，包括服务器软件和客户机软件。

（2）配置 Samba 服务器、FTP 服务器，并进行客户机的相关配置。

（3）在 Windows 和 Linux 客户机上分别进行测试。

练习题

1. 选择题

（1）Samba 服务器的主配置文件是（　　）。

A. smb.conf　　B. sam.conf　　C. http.conf　　D. rc.samba

（2）Samba 的主配置文件不包括（　　）。

A. global　　B. homes　　C. server　　D. printers

（3）FTP 服务器使用的端口是（　　）。

A. 21　　B. 22　　C. 23　　D. 24

（4）rpm　-qa | grep vsftpd 命令的作用是（　　）。

A. 安装 vsftpd 服务　　B. 启动 vsftpd 服务

C. 运行 vsftpd 服务　　D. 检查是否已经安装 vsftpd 服务

（5）下列应用协议中，（　　）可以实现本地主机与远程主机的文件传输。

A. SNMP　　B. FTP　　C. ARP　　D. Telnet

2. 简答题

（1）简述 Samba 服务器的功能及特点。

（2）简述配置匿名用户、本地用户、虚拟用户登录 FTP 服务器的操作步骤。